ソーシャル物理学

アレックス・ペントランド

小林啓倫＝訳

JN211334

草思社文庫

Social Physics
How Good Ideas Spread-
The Lessons from a New Science
by Alex Pentland

Copyright ©2014 by Alex Pentland
All rights reserved.

Japanese translation published
by arrangement with Brockman, Inc.

ソーシャル物理学　目次

Part 3 データ駆動型都市 207

Part 4 データ駆動型社会

はじめに――本書はいかにして生まれたか

私は未来に生きている。職場であるマサチューセッツ工科大学（MIT）は、イノベーションを生み出す中心的存在だ。新しいアイデアやテクノロジーのほとんどが、MITを通って世界へと羽ばたいていく。MITの周囲には、無数のスタートアップ企業が密集している（規模としてはシリコンバレーの方が大きいが）。中でも私が拠点としているMITメディアラボは、最先端の未来を体験できる場所と言えるだろう。たとえば15年前、私は世界初のサイボーグ・コミュニティを運営する実験をしていた。メンバーは仕事や生活をする間も無線通信でつながったコンピューターと、ディスプレイがついた眼鏡を身につけていたのだ。そこで生まれたアイデアの多くは、最終的に何らかの形で実用化された。私のかつての教え子たちは、企業に移りグーグルグラス（スクリーンが埋め込まれた眼鏡型コンピューター）やグーグルプラス（世界第2位のソーシャルネットワーク）といった最新のプロジェクトを進めている。

私は恵まれた立場にいると言えるだろう。おかげでこれまで、創造的な文化が新しいアイデアを生み出し、育て、実用化する機会にじかに触れることができた。さらに重要なのは、創造的な文化の変化に立ち会えたという点だ。MITでは人々が密につながり、飛ぶような速さで働いているが、いまや世界全体が似たような環境になりつつある。その中で生き残るには、自らの姿を変えなければならない。

ＭＩＴの経験から学んだのは、私たちが伝統的に抱いてきた人間に関する見解や、社会とはどう動くものかということに関する見解の多くが間違っているということだ。たとえば「最良のアイデアを持っているのは最も賢い人だ」と思うかもしれないが、実際はそう単純ではない。最良のアイデアを持っているのは、他人のアイデアを最もよく取り入れることのできる人なのである。また社会に変化を引き起こすのは、確固たる意志を持つ人ばかりではない。自分と同じ考えを持つ人とのつきあいが多い人々も、変化を引き起こす。そして人々を最も動かすのは、お金や名声ではなく、周囲の人々からの尊敬や支援なのである。

メディアラボや私の研究チームが成功できたのは、こうした発見があったからだ。またそれは、私の率いる起業プログラムの中心概念でもある。私は伝統的なスタイルの授業を行わず、新しいアイデアを持つ人物を招き、参加者の交流を深めるようにしている。メディアラボで教授陣のリーダーをしていた際には、従来の評価方法を廃止させて、代わりに人々が同じ立場で集まるコミュニティをつくった。実社会で行われるプロジェクトを尊重しそれに協力することが、成功とさらなるチャンスを手にするための通貨となるようなコミュニティを育てようと試みたのである。私たちは教室や研究室ではなく、ソーシャルネットワークの中で生きているのだ。

メディアラボ内での物事の進め方と、それ以外の世界での物事の進め方、これら2つの文化の間で衝突が起きたことが、本書の出発点となった。例を挙げよう。私がメディアラボ・アジアを創設した際（インド国内の複数の大学に分散して存在する組織となった）、最大の問題となったのは、各大学の研究者がばらばらに働いていて、研究活動が非生産的で停滞しがちである点だった。同じ分野、さらに同じ大学で働いているにもかかわらず、文字通り一度も顔を合わせたことがないという人々がいたのである。これは大学の運営者や研究資金の提供機関が、研究者は関係者の論文を読んでいれば十分で、わざわざ出張して会議やカンファレンスに参加する必要はないと考えていたためだった。しかし新しいアイデアが頭に浮かんだり、問題に対処する新しいアプローチが共有されたりするのは、研究者たちが非公式な交流の時間を過ごしたときなのである。

私は世界経済フォーラムで「つながりすぎた世界（Hyperconnected World）」というテーマを掲げたディスカッション（ビッグデータや、特に個人情報の無秩序な流出が生み出す問題の解決策を模索しようというものだ）の幹事を務めたのだが、そこでも多くの政府関係者や多国籍企業のＣＥＯたちが、同じ誤解をしていることに気づいた。

世界的なCEOやリーダーたちの多くが抱いている、技術革新や集団の行動に対する考え方と、私がMITにいて目にする実例との間に著しい違いがあるのは明白だった。ほとんどの人は物事を比較的静的な用語を用いて考える。たとえば競争やルール、そして（ときどきだが）複雑性といった用語を使うのだ。しかし私は物事を動的で進化的な用語で考える。注目するのはネットワークの中をアイデアがどのように流れていくのか、社会規範がどのように生まれるのか、複雑性はどのようなプロセスから生まれるのかといった点なのだ。多くの人はフレームワークとして、個人を中心に置くものや、最終的にたどりつく定常状態の結末を中心に置くものを使うが、私は「社会《ソーシャル》物理学（Social Physics）」、すなわちネットワークの中にある成長プロセスに基づく用語で考える。

この2つの考え方の違いを理解するため、私は10年にもわたる研究プログラムを立ち上げた。それは既存の個人を中心とした考え方に、「他人との交流」という要素を加え、拡張するような、厳密な知的フレームワークを開発するものである。またこのフレームワークでは、社会的学習と社会的圧力が主要な力となって文化の発展を促し、つながりすぎた世界を支配すると仮定している。このプログラムは学問として、驚くほど大きな成功を収めた。「社会物理学」フレームワークの各側面を整理した論文は、それぞれ世界有数の学術誌に掲載されたのである。こうした論文掲載を通じて、進化ダイナミクスの研究に新しい視点を提供すると共に、複雑性やネットワーク科学といった領域に対しても何らかの貢献ができると期待している。

しかしご存じの通り、学問は学問でしかない。そこで私は、こうしたアイデアが実用化される手助けをするため、半ダースものベンチャー企業を立ち上げた。そして他の企業がより生産的かつ創造的に行動できるように、モバイルSNSがよりスマートになるように、普通の人が投資家として成功できるように、そして私たちの社会の社会的・精神的な健康が保たれるように、さまざまな支援を行ってきたのである。こうした現実世界での取り組みについてもまた、驚くほど大きな成果をあげることができた。それには才気にあふれ先見の明にも恵まれた私のかつての教え子たちが、これらの会社のCEOとして活躍してくれたという理由が大きいだろう。

本書はさらなる議論の出発点となる。目標は、社会物理学における概念を一般にも活用できるものにすることだ。そうすることで、市場競争や規制といった従来の概念を、より正確に把握できるようになるだろう。「つながりすぎた世界」においては、社会のダイナミクスがさまざまな結果を決定づける重要な要因となるので、社会物理学をより深く理解することが非常に重要なのである。

第1章　社会物理学とは何か
――社会の進化をビッグデータで理解するための新しい枠組み

人間を理解する新しい言葉・概念・理論

新しいアイデアはどこで生まれるのだろうか？　それはどうやって行動に移されるのだろうか？　どうすれば協調的で生産性が高く、創造的な社会構造を実現できるのだろうか？　こうした問いはあらゆる社会にとって重要だが、特にグローバル経済や環境破壊、政府の無策といった課題に直面している現代社会にとっては、避けて通れないテーマである。

過去数世紀の間、欧米文化は繁栄を続けてきた。それにはアダム・スミスやジョン・ロックといった啓蒙主義者が遺したパラダイムによるところが大きい。彼らの知的フレームワークは、先ほどのような重要な問いに対する答えを提供してきた。それを基盤として、政治と経済が競争と交渉によって決定される多元的社会が築かれたのである。私たちの開かれた市民社会は、何事もトップダウンで決まる中央集権型社会よりも、多くの成果をあげることに成功してきた。いまや世界中のほとんどの国々で、市場経済と民主主義が実践されている。

しかしここ数年、私たちの生活に変化をもたらしてきたのは、人とコンピューターがつながるネットワークだ。それにより、社会における活動に多くの人々が参加できるようになり、変化のスピードが速くなった。インターネットが人々の生活をつないでゆくにしたがって、さまざまな出来事の起きるペースが加速している。人々は情報の洪水に飲み込まれ、どの情報に注意を払い、どれを無視すべきかを決められずにいる。

こうした変化が生まれたことで、いまや私たちの社会は、制御不能になる一歩手前まで来ているかのようだ。ツイッターのようなソーシャルメディアに対する投稿が、市場の暴落や政権の崩壊をもたらす事態が起きている。デジタルネットワークの登場によって、既に経済や企業、政府、政治の動きが変化しているにもかかわらず、私たちはいまだに、人間と機械が織りなす新しいネットワークの本質を見極められずにいる。社会は突如として、人間と機械が組み合わさって成り立つものとなった。その長所と短所は、これまでのいかなる社会とも異なっている。

残念ながら、私たちはそれにどう対処したら良いのかわからずにいる。人間が世界を理解し、対処するやり方は、かつての静的でつながりの弱い時代に生み出されたものだ。現在のような社会のあり方は、啓蒙時代の1700年代後半に芽が出て、20世紀前半にかけて洗練されていった。当時はもっと物事が進むスピードが遅く、社会を本当に動かしていたのは一握りの商人や政治家、富豪だったのである。したがって社会をどう管理するかを考える際には、「市場」と「階級」をもとに議論し、社会はゆっくり進むという前提に立っていた。その結果、誰もが同じ情報を手に、時間をかけて理性的に行動できたのである。

しかし現代は「つながりすぎた社会」であり、物事は光の速さで進む。そこでは先ほどのような前提は通用しない。数分もあれば、バーチャルな群衆があっという間にネット上に生まれる。世界中から数百万の人々が集まることも珍しくない。毎日のようにこうした数百万の群衆が生まれ、さまざまな貢献を行ったり、コメントを書き込んだりするのだ。もはや現実空間の証券取引所で株が売買されたり、タバコの煙が充満した密室で政治的取引が行われたり（そこでは少人数のグループで、お互いに納得できる結論に至るまで交渉が続けられた）する時代ではない。

この新しい世界を理解するためには、既存の政治的・経済的概念を拡張しなければならない。先ほどのような「数百万の人々が、お互いの意見から学んだり、影響を与えたりしている」という状況を考慮に入れられるようにする必要があるのだ。人間を「熟慮の上に意思決定を下す個人」として捉えることは、もはや不可能だ。個人の意思決定を左右し、バブル経済を煽り、政治的な混乱をもたらす、社会が持つ動的な影響力と、インターネット経済を考慮に入れる必要がある。

アダム・スミス自身、市場の「見えざる手」を導くのは市場における競争だけでなく、社会構造であることを理解していた。彼は『道徳感情論』の中で、人々がモノを交換するだけでなく、アイデアを交換したり、感情的な理由からお互いに助け合ったりするのは、人間の本質であると論じている。[1] さらに彼は、そうした社会的交流が資本主義を導き、コミュニティに利益をもたらす施策を生み出させると考えた。しかしスミスが生きていたのは、都市に住むほぼすべてのブルジョア階級がお互いに顔見知りで、「良き市民であれ」という社会的圧力に縛られていた時代である。社会的な絆によって生まれる義務感がなければ、資本主義経済はしばしば弱肉強食に、政治は有害なものへと変わる。そして新たに登場した「つながりすぎた社会」では、社会的絆の大部分は弱いものであり、見えざる手が機能しないことも珍しくない。

本書の目標は、既存の経済学的・政治学的思考を発展させる「社会物理学」理論を構築することである。社会物理学は、人間の行動についてより正しく理解するために、競争という概念だけでなく、アイデアや情報の交換、社会的圧力、社会的地位といった概念も考慮に入れる。また、社会物理学の構築には、社会的な交流が個人の目的や意思決定にどう影響するかだけでなく、それがアダム・スミスの言う「見えざる手」の実現にどう関わるのかを理解することが重要だ。[2] 社会的な交流と競争を共調して機能させる方法を理解できれば、現代の「つながりすぎた社会」に安定と公正をもたらすことが期待できるだろう。

社会物理学とは何か

社会物理学とは、情報やアイデアの流れと人々の行動の間にある、確かな数理的関係性を記述する定量的な社会科学である。社会物理学は、アイデアが社会的学習を通じて人々の間をどのように伝わっていくのか、またその伝播が最終的に企業・都市・社会の規範や生産性、創造的成果といったものをどうやって決定づけるのか、私たちの理解を助けるものだ。これにより、小規模なグループ、企業内の一部門、さらには都市全体の生産性を予測することが可能になる。またコミュニケーションのネットワークを微調整することで、より良い決断が下せるようにしたり、生産性を上げたりすることもできるようになるだろう。

社会物理学によって得られる主な知見は、人々の間に存在するアイデアの流れに関係している。こうしたアイデアの流れは、電話を通じた会話やソーシャルメディア上でのメッセージのやり取りなどのパターンから観測することが可能だ。しかしそれだけでなく、ある人と別の人が一緒に過ごした時間の長さや、彼らが同じ場所を訪れているか、同じ体験をしているかといったパターンからも把握することができる。これから解説するように、アイデアの流れを把握することは、社会を理解する際に大きく役立つ。情報をタイムリーに得ることが、効率的な社会システムを実現するのに不可欠だからだ。またさらに重要な理由として、新しいアイデアの普及と既存のアイデアとの融合が、行動変化とイノベーションを促すという点が挙げられる。

このようにアイデアの流れに注目するのが、社会物理学という名前をつけた理由だ。通常の物理学の目標が「エネルギーの流れがどのように運動の変化をもたらすか」を理解することであるように、社会物理学は「アイデアや情報の流れがどのように行動の変化をもたらすか」を考察する。

例を挙げよう。いまここに株のデイトレーダーがいて、SNS上で情報交換しているところを想像してほしい。ごくわずかなトレーダーが儲けの大半を手にするような状況は、トレーダーとブローカーの双方にとって望ましいものではない。トレーダーが取引をやめてしまえば、ブローカーも商売にならないからだ。そこでトレーダーが良い結果を出せるように、ブローカーは彼らに株取引の知識を与えたり、さまざまな情報を提供したりといった対応を行う。ただこうした従来型の対応の効果はごくわずかだ。ある研究では、トレーダーの株取引の成果を約２パーセントしか改善できなかったという結果が出ている。

以前あるブローカーに協力してもらい、ＭＩＴメディアラボ主導で社会物理学のアプローチ（ソーシャルネットワーク上でのアイデアの広がり方を表す数学モデルに依拠するもの）を使った分析を行ったことがある。その際、ＳＮＳ上で交わされた、数百万通にも達するトレーダーたちのメッセージを解析することで、ある事実を発見することができた。それはネットワーク内における社会的影響の力が非常に強いものであり、そのためにお互いの行動に過剰に反応し、結果的に株の売買にあたって全員が同じ戦略を取りやすくなる「ハーディング現象（群衆行動）」を起こしているというものだ。

社会物理学の観点から考えれば、この問題に対する最善の解決策は、新しい戦略が普及する速度が遅くなるようにソーシャルネットワークを変化させることである。実際にそのような変更を加えたところ、平均ＲＯＩ（投下資本利益率）は２倍に改善された。これまでの経済学的アプローチを上回ったというわけだ。

情報が普及するスピードを遅らせるというのは、従来の経営学では決して考えられなかった解決策だろう。しかしこの結果は、決してまぐれ当たりではない。私たちは数百万通というメッセージを解析することで、どのタイミングで情報の流れを絞れば良いかを割り出し、狙い通りの効果を出すことができたのである。この社会物理学の活用例については、第2章で詳しく解説しよう。

実用的な社会科学としての社会物理学

社会物理学という名前には、長い歴史がある。初めて使われたのは1800年代の初期だ。当時ニュートンの物理学をアナロジーとして、社会を巨大な機械として捉えようという動きがあった（社会は機械のように動くものではないにもかかわらず）。その後20世紀中頃になり、再び社会物理学に対する関心が高まる。多くの社会指標において、ジップの法則［出現頻度n位のものの出現確率がnのべき乗に反比例するという経験則］[3]や人口流動の重力モデル［都市間の人口の流動量がそれぞれの人口と距離を万有引力の方程式に当てはめた数式によって説明できるとするモデル］[4]などの統計的な規則性が確認されたためだ。それと並行して、社会科学者たちは社会的交流に関する基本的な理論を洗練させていった。[5]近年には「ソシオフィジクス（Sociophysics）」という呼び名も生まれ、人間の活動やコミュニケーションに関する規則性を分析し、それらとさまざまな経済指標との相関関係を模索するという研究が行われている。[6]こうして新しいデータが集まるようになったことで、社会科学の理論は定量的な性質を増すようになってきている。[7]

しかしこうした取り組みのいずれも、社会変化を促し、さまざまな規則性をもたらすメカニズムを本当の意味で明らかにするものではない。理論と数式がばらばらに構築されており、現実の問題に当てはめることも容易ではない。単に社会現象を分析することにとどまらず、社会構造に関するシンプルな理論を構築する必要がある。それを進めることで、デビッド・マー［1945〜1980。英国の神経科学者。計算論的神経科学の先駆者］が「行動の計算理論」と呼んだもの、すなわちなぜ社会がある動きを示すのか、それが人間の抱える問題の解決や悪化にどう影響するのかを数学的に説明する理論に近づくことができるだろう。[8]

このような人間がなす一連の行為に注目する計算理論は、今後より良い社会システムを構築する上で必要になる。社会的交流のメカニズムに関する理解と、新たに得られるようになった大量の行動データを計算理論によって結びつけることで、社会システムを改善できるようになるだろう。

そうした実用的な理論の実現に向けた第一歩を踏み出すことが、本書の目的である。私の論文は近年、世界トップクラスの学術誌に掲載されてきたが、それが本書の基礎となっている。理論には数学が使われ、一見難しそうに見えるが、実際はシンプルなものだ。この理論は通常の平易な言葉で説明することができ、本書に登場するさまざまな実例に合理的で正確な原因の説明を与える。いくつか紹介すると、金融取引に関する意思決定（バブルのような現象も含めて）や、人々の行動が雪崩を打ったように急変する「ティッピング・ポイント」、何百万もの人を動員して情報収集や省エネに協力してもらったり、投票に行かせたりする方法、さらには社会的影響とそれが人々の政治観の形成や購買行動・健康維持などに与える影響などである。

当然の話だが、実用的な理論が構築できたかどうかをテストする最良の方法は、それが何らかの成果を出すために役立つか試してみることである。この理論は本当に使えるのだろうか？　この問いに答えるために、本書では新たな理論が企業や都市、社会組織を改善するために既に利用されていることを紹介する。この新しい社会物理学フレームワークは、小さなグループから企業、都市、そして社会全体に至るまで、さまざまな規模で定量的な分析を行うことができる。これは社会科学の分野ではほとんど類例のないことだ。現時点でも社会物理学フレームワークは、商業活動の展開や投資に関する意思決定、健康状態のモニタリング、マーケティング活動の改善、生産性の向上、クリエイティブな活動の支援などといった目的に、日常的に活用されている。

ただ社会物理学の重要性は、実用的で定量的な予測を提供することだけではない。社会物理学がただの複雑な数式であるなら、使えるのは特別な訓練を積んだ専門家だけになってしまうだろう。それが本当に重要な存在になれるかは、「市場」や「社会階級」「資本」「生産」などの従来の語彙に代わるより良い言語を、政府や企業のリーダー、学者、そして一般市民に提供できるかどうかにかかっている。「市場」や「階級」「社会運動」といった言葉が、私たちの世界に関する思考を形作っている。もちろんこれらは役に立つ概念だが、物事を単純化しすぎており、明快で実際的に考える上での制約となってしまっているのだ。本書で紹介する新しいコンセプトは、私たちの世界をより良く理解し、未来を築くことに寄与するだろう。

人々の行動を記録したビッグデータを利用

社会物理学を動かすエンジンとなるのが、ビッグデータ、すなわち新たに利用できるようになった、人間の活動のあらゆる側面に関する広範囲なデータである。社会物理学は、人間の経験やアイデアのやり取りに見られるパターンを分析することで機能するが、その分析のもととなるのは、私たちが至るところに残す「デジタルデータのパンくず」、すなわち通話記録やクレジットカードの利用履歴、GPSによる位置情報などである。こうしたデータは人々が取った行動を記録し、日々の暮らしがどのようなものかを描いてくれる。そこに現れるのは、フェイスブック上では見ることのできないものだ。フェイスブックに書き込まれるのは、人々が「これを伝えたい」と思った情報であり、社会的なルールに合うように編集されている。私たちが実際には何者なのか、より正確に表してくれるのは、発言の内容ではなく、どう時間を過ごしているか、何を買ったかといった情報なのである。[9]

こうした「デジタルデータのパンくず」の中にあるパターンを見出そうとするのが、「リアリティマイニング」である。これにより、ある個人がどのような人物なのかに関する、膨大な情報を得ることができる。

私は学生たちとの研究を通じて、ある人物が糖尿病になりそうか、ローンをきちんと返していくタイプかといった傾向まで、リアリティマイニングによって把握できることを確認した。また大量の人々を対象にしてパターンを分析することで、バブルの発生と崩壊、革命など、かつては「予知不可能なアクシデント」と見なされていた事象を説明できることが明らかになった。その結果、私たちの研究はMITテクノロジー・レビュー誌から、「世界を変える10のテクノロジー」のひとつとして選ばれたのである（リアリティマイニングに関する詳しい解説については付録1　リアリティマイニングを参照のこと）。

社会物理学で使われる研究手法は、他の社会科学における手法とは異なる。それは社会物理学が「生きた実験室」を活用しているためだ。生きた実験室とは何だろうか？

ある社会全体を、仮想のドームでおおってしまうところを想像してほしい。そしてその中で行われる人々の行動、コミュニケーション、交流をすべて記録するのである。人々が日常生活を続けながら、こうした観察を数年間続けられるとしたら――それが「生きた実験室」だ。

この10年間というもの、私は学生たちと共に、生きた実験室を構築する方法を開発してきた。小規模なグループから企業、コミュニティ全体に至るまでの社会的組織全体を、同時に、秒きざみで数年にもわたって観測する方法である。手法は単純だ。携帯電話に組み込まれたセンサーを通じて「デジタルパンくず」を収集し、さらにソーシャルメディア上の書き込みやクレジットカードによる購買履歴などを集め、分析したのである。

研究を行う上では、生きた実験室に参加する被験者たちにどのようなデータが集められ、分析されているのかを理解してもらい、望めばいつでも実験から抜けられる環境を整えておく必要があった。そこで彼らの権利とプライバシーを守るため、ソフトウェアに加えて法律に関するツール類も開発している。後ほど説明するように、私たちが開発したソリューションは、すべての市民のプライバシーを守ることに対して重要な貢献を行ってきた（こうしたツール類に関する詳しい解説は、付録1　リアリティマイニングと付録2　オープンPDS（パーソナルデータストア）で行っている）。

収集された数十億件にも及ぶ通話履歴やカード購買履歴、GPSデータにより、社会の動きを非常に細かく観察できるレンズが手に入った。[10] オランダの職人が世界初の実用的なレンズを生み出し、それにより学者たちが顕微鏡や望遠鏡をつくることが可能になったように、私たちが開発した社会全体の「デジタルパンくず」を収集できるツールは、世界初の「ソシオスコープ（社会鏡）」の実現を可能にするだろう。そして人々が織りなす複雑な行動を理解する手助けとなり、将来の社会科学の主流となるはずだ。顕微鏡や望遠鏡が生物学や天文学に革命をもたらしたように、生きた実験室にソシオスコープを持ち込むことで、人間の行動に関する研究は大きく発展するだろう。

従来とはケタ違いの豊富なデータに基づく社会科学

これまでの社会科学では、多くの場合、実験室の中で起きた現象を分析するか、アンケートに頼るしかなかった。それは平均を表したものか、既成概念に基づいたものになってしまう。これでは私たち全員が同時に気まぐれを起こすような、複雑な現実世界を正確に把握することはできない。もうひとつの問題は、研究対象である人々と研究者の関係が、市場や階級と同じぐらい影響を与えるという重要な事実を見落としている点だ。社会現象は、人々の間で交わされる何十億という小さな交流の積み重ねによって成り立っている。その中で人々は、モノだけでなく金や情報、アイデア、うわさ話などさまざまなものを交換するのである。株式市場の暴落や「アラブの春」といった現象のもととなる交流には、一定のパターンが見られる。私たちがしなければならないのは、そうした小さなパターンを把握することである。従来のように現象を平均化するやり方では、社会を十分に理解できないからだ。ビッグデータ技術の登場によって、個人の間で生まれる膨大な量の交流を分析し、社会を複雑な姿のままで捉えられる可能性が生まれた。

もしすべてを見通す「神の目」を持つことができたとしたら、人間の社会がどのように動いているのかを正しく理解し、そこに生じている問題を解決する方法を見出すことができるだろう。残念ながら図1で示されているように、従来の社会科学(1)で収集されるデータはごくわずかなもので、100人に満たない被験者から数時間ほどのデータを収集する程度の場合がほとんどだ。(2)と(3)が示しているのは、社会科学においてこれまで行われた中で最大規模の研究である[11]。ただこの10年間で、社会科学においてコンピューターを活用することが進み、携帯電話会社やソーシャルメディアなどから大量のデータを入手して、ビッグデータを研究に役立てる方法が確立されつつある。グラフ上(4)で示されているのが、その典型的な研究だ。しかしこうした研究においても、データが収集されるのは数える程度の項目でしかない。そのため人間の本質に関する、ごくわずかな分析しかできないのである。

社会物理学が目標としているのは、可能な限り豊富な情報を集めて研究を行うことである。(5)、(6)、(7)で示されている研究は、私の研究グループで行ったもので、スマートフォンを使ってデータを収集している。(8)の研究は、「ソシオメーター」と呼ばれるネームカードサイズのデータ収集端末を使用している（詳しくは付録1　リアリティマイニングを参照）。そして(9)が示しているのは「データ・フォー・デベロップメント（D4D）」（「発展のためのデータ」を意味する）というプロジェクトで行ったデータ収集で、コートジボワールの住民全体を対象としている。

図1を眺めただけでも、社会物理学における研究では、従来の社会科学における研究の何倍ものデータが使用されていることが簡単に理解できるだろう。この大規模なデジタルデータには、非常に大量の被験者を対象とした、長期間に及ぶ綿密な情報が含まれており、人々の複雑な日常行動に関する定量的な予測モデルを構築することを可能にしている。

重要なのは、グラフ上の(10)で示されている部分に世界が向かっているという点だ。ほんの数年のうちに、人間のあらゆる行動に関する、これまでには考えられなかったほど豊富なデータを継続的に入手できるようになる可能性がある。こうしたデータは既に、携帯電話ネットワークやクレジットカードのデータベースといったものの中に存在しているが、いまそれにアクセスできるのは技術に関する専門知識を持つ人々だけだ。しかし学問の分野でより広く活用できるようになれば、社会物理学はさらに勢いを増していくに違いない。そして人々の生活をより正確に見える化できれば、人間とテクノロジーが織りなす複雑な現代社会を、その姿に合う形でより良く理解し、管理できるようになるだろう。

本書のために、私はいくつか

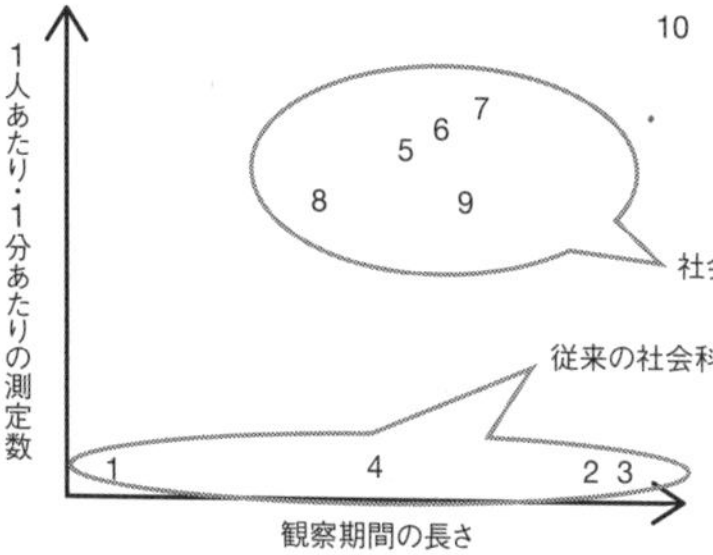

図1．社会科学における観察と実験の性質を整理したもの。横軸はデータ収集の期間を示し、縦軸は収集される情報の豊かさを示す。グラフ上の数字は次の研究を表している：(1)社会科学における実験の大部分、(2)ミッドウェスト・フィールド・ステーション（Barker 1968）、(3)フラミンガム心臓研究（Dawber 1980）、(4)通話記録データセット（Gonzalez et al. 2008; Eagle et al. 2010; Hidalgo and Rodriguez-Sickert 2008）、(5)リアリティマイニング（Eagle and Pentland 2006）、(6)ソーシャル・エボリューション研究（Madan et al. 2012）、(7)フレンズ・アンド・ファミリー研究（Aharony et al. 2011）、(8)ソシオメトリック・バッヂ研究（Pentland 2012b）、(9)「データ・フォー・デベロップメント（D4D）」データセット（http://www.d4d.orange.com/home）、(10)世界が目指している方向

の「生きた実験室」に関するデータセットをウェブ上で公開している。世界最大の規模で、最も詳細なデータセットだ。こうした新しいデジタルデータソースを活用することで、人と人との間で生まれる交流におけるパターンを正確に測定し、人々が生活を通じて得ていく経験のパターンを図式化することが可能になる。公開されているのは次のようなデータだ。

フレンズ・アンド・ファミリー（友人と家族）研究…いくつかの若者世帯で構成される小さなコミュニティの行動を記録した、約18ヶ月分のデータ。位置情報やコミュニケーション履歴、購買履歴、ソーシャルメディアや携帯電話アプリの使用履歴、睡眠情報など、30に及ぶ多様なデータ項目が含まれている。[12]データは半年に1回という頻度で収集された。[13]全体としてこのデータには、人間の社会行動に関する150万時間分の定量的な調査結果が収められている。

ソーシャル・エボリューション（社会進化）研究…大学の学生寮で収集された9ヶ月分のデータ。含まれているのは位置情報、互いの接近の情報、5分間隔で計測されたコミュニケーション履歴、健康状態、政治観、ソシオメトリー変数である。[14]全体として、50万時間分の定量的観測結果が収められている。

リアリティマイニング…2つの大学内研究室の院生に関する、9ヶ月分のデータ。

含まれているのは位置情報、互いの接近の情報、５分間隔で計測された通話履歴、その他ソシオメトリー変数である。[15] 全体として、33万時間分の人々の交流に関するデータが収められている。

バッヂ・データセット…ホワイトカラーの人々が働くオフィスで収集された、１ヶ月分のデータ。位置情報、コミュニケーション履歴、16ミリ秒間隔で計測されたボディランゲージに関するデータが、正確なワークフローと作業成果のデータとともに含まれている。[16]

以上に関する匿名化されたデータ、それを見える化したもの、プログラムコード、文書、論文が次のＵＲＬで確認できる。：http://realitycommons.media.MIT.edu/　またデータの収集は、米国連邦法に沿う形で行われた。[17]

こうした生きた実験室において集められたデータは、米国人の生活のさまざまな側面について、詳しい情報を与えてくれるものになるだろう。しかし世界には多くの人々が暮らしている、発展途上国に関してはどうだろうか？　２０１３年5月1日、私は「データ・フォー・デベロップメント」というプロジェクトをお披露目するイベントを開いた。おそらくこれは、世界初となるビッグデータのコモンズ（社会の共有物）

と言えるだろう。データ・フォー・デベロップメントが収集しているデータは、コートジボワールの住民全体を対象としており、移動や通話履歴、経済活動、国勢調査、政治、食料、貧困、インフラといった分野が含まれている。データはウェブ上で公開されており、http://www.d4d.orange.com/homeで確認することができる。

この匿名化されたデータは、携帯電話キャリアのオレンジから提供されたものである。またルーヴァン大学（ベルギー）およびＭＩＴ内の私の研究グループが支援しており、またコートジボワールのブアケ大学、国連のグローバルパルス〔国連のビッグデータ・イニシアチブ〕、世界経済フォーラム、さらに携帯電話会社の世界的な業界団体であるＧＳＭＡと提携して活動を行っている。本書の最終章では、このデータ・コモンズが現在どのように活用され、コートジボワールにおいて政府や公的サービスを大きく改善させることに役立てられているかについて解説しよう。

本書の構成

本書の目標は、いかに社会物理学が、行動に関するビッグデータと社会科学理論を駆使し、現実世界に応用できる実用的な科学を構築しようとしているか（そしてそれがどれだけ達成されているか）を皆さんにお見せすることである。パート１では、いくつかの例を使い、理論面での前提知識について解説する。そこで登場するのは、社会物理学において最も重要な次の2つの概念である。

アイデアの流れ…いかにアイデアがソーシャルネットワークの中を伝わるのか。アイデアの流れの過程は後に説明する「探求」（新しいアイデアや戦略を発見すること）と「エンゲージメント」（人々が自分の行動を適合させること）の2つに分けられる。

社会的学習…新しいアイデアが習慣となる過程で生じるもので、学習が社会的圧力によって加速したり、形作られたりすること。

またパート1では、「デジタルパンくず」を活用して、社会的影響力や信頼、社会的圧力といった抽象的な概念に関する、正確で実用的な指標を得る方法についても解説する。このテクニックを使うことで、ソーシャルネットワークの中のアイデアの流れを測定することができるようになる。またインセンティブをうまく設定して、社会的学習のパターンを形成することが、現実の世界でも可能になる。社会物理学がどう機能するかを解説するために、オンラインのソーシャルネットワークのほか、健康、政治、経済、購買活動といった分野の例を紹介する。

私たちはこれまで、社会物理学を使い、いくつもの組織をより柔軟かつ創造的・生産的に変化させてきた。パート2では、その方法を解説しよう。事例として挙げるのは、研究所、広告会社のクリエイティブ制作部門、企業のバックオフィス部門、コールセンターである。

パート3では、都市全体など、より大規模な形で社会物理学を活用することについて解説する。社会物理学を使い、私たちの都市をより効率的かつ創造的・生産的な存在へ再構築する方法について考えてみたい。

最後のパート4では、社会物理学を公的な組織や機構に応用することについて検討する。「データ駆動型社会（data-driven society）」、すなわちデータが社会を動かすような環境において、政府の役割や各種の法律・規制の構造がどうあるべきかを考え、プライバシーや経済活動に対する規制について、いくつかの改善策を提案してみたい。

こうした解説を通じて、読者の皆さんが社会物理学的な考え方を学んでくれると期待している。多くの点において、この新しいアプローチは経済学に似ている。どちらも定量的な分析を行い、予測の実現を目指しているからだ。実際、本書に登場する用語の多くは経済学から借用したものである。しかし経済学と違い、社会物理学の目的は経済の動きの研究ではなく、アイデアの流れがどのようにして行動へと結びついていくのかを明らかにすることだ。言い換えれば、経済学ではいかに市場が通貨の交換によって機能するかを研究するのに対して、社会物理学はいかに人間の行動がアイデアの交換によって促されるのか（人々がどのようにして戦略の発見・選択・学習を協力して行い、行動の調整を行うか）を研究する学問である。

他にも社会物理学と表面上の類似性を持つ学問領域がある。認知科学はそのひとつだ。ただし、認知科学と社会物理学の間には大きな違いがあることを理解しておかなければならない。社会物理学では個人の思考や感情に焦点を当てるのではなく、社会的学習が習慣や規範をもたらす力に注目する。その根底にあるのは、他人の行動（およびその背景に関する情報）を模範として学習するという行為が、人間の行動変化をもたらす主要なメカニズムであるという仮説だ。社会物理学では、人間の内側にある認知の過程までは追わない。そのため社会物理学は本質的に確率的であり、人間の思考がいかに形成されるかを検討外とすることで生まれる不確実性が、その中核に存在している。

データ駆動型社会の実現と「プロメテウスの火」

社会物理学はビッグデータを活用し、経済学、社会学、心理学といった学問領域や、ネットワーク、複雑性、意思決定、生態などの概念をひとつにまとめようとしている。

市場や階級、政党といった集合体によって社会を理解しようとするのではなく、アイデアの交換におけるパターンを研究することで社会を理解するシステムをつくろうとしているのだ。この社会物理学というシステムによって、市場の暴落を防いだり、人種や宗教の間での対立を回避したり、政治的な膠着状態を脱したり、腐敗や権力集中を防いだりできる社会が実現可能であることを本書で示していこう。そうした取り組みの第一歩となるのは、成長やイノベーションを実現するための、科学的で信頼できる政策を確立することである。またプライバシーと透明性を確保するために、適切な情報と法律のアーキテクチャを整備する必要もある。それによりさまざまな政策がどのように機能しているのかが明らかになり、知らないうちに騙されていたり、悪影響を被っていたりといった状況も避けることができる。そして効果的な対策を迅速に行うことが可能になるだろう。

こうした「データ駆動型社会」の理想を実現するには、データが間違った使われ方をされないという前提が必要になる。しかし経済活動や革命といった現象の詳細を見渡したり、それを予測・管理したりする能力は、「プロメテウスの火」と呼ぶべき存在になるだろう。つまりその力は、良いことにも悪いことにも使えてしまうのだ。簡単に言えば、データ駆動型社会がもたらす素晴らしい可能性を手にするためには、私が「データのニューディール」と呼ぶものが必要になる。すなわち公益に資するデータを誰もが活用できるようにすると同時に、市民に悪影響がおよぶことを回避するという実効性のある保証が必要だ。[18] プライバシーや個人の自由を保護することは、どんな社会が成功する上でも欠かせない。

この5年間、私は、著名な政治家・グローバル企業のCEO・個人の自由を守るために活動している市民団体が集まる会議を共同で運営してきた。その結果として、「データのニューディール」は米国・欧州諸国・その他の国々で商取引上の規制として具体化されつつある。[19] それにより、個人が自分自身の個人情報に対して、かつてないほど大きな権限を持つようになっている。それでいて同時にパブリック、プライベート両方の場における人々の行動について、より透明性が高く、多くの洞察が得られるようになっているのだ。

ただこうした改革は、個人を企業から守る効果を発揮することは期待できるが、政府から守ることは望み薄だ。2013年6月、米国政府が通話履歴とインターネットに関するデータの大規模な傍受を行っていたことが明らかになった。暴露したのはエドワード・スノーデン、かつて国家安全保障局（NSA）で契約社員として働いていた人物で、彼は一連の行為を「抑圧の構造」と呼んだ。個人のプライバシーと、政府による個人情報の収集・利用をどうバランスさせるのか、改めて国民的な議論を行わなければならない。つまり「データのニューディール」は、政府も射程に収めたものである必要があるのだ。またコンピューターやコミュニケーションのためのテクノロジーを改善し、政府がその権限を乱用できないような形にしておかなければならない。

もうひとつ考えなければならないのは、私たちの社会システムの中で、より制御された実験を行う方法が必要だという点だ。現在の政府や企業は、新しい政策や仕組みを立ち上げるにあたり、ごくわずかな根拠しか手にしていない。また現在の社会科学で使用されている研究手法は、私たちを失望させるもので、ビッグデータ時代においては滅亡の危機にある。[20] たとえば「コーヒーや砂糖は健康に良いのか、悪いのか」という問いは、何十億もの人々が何世紀にもわたってこれらの食品を口にしてきたのだから、答えがわかっていて当然だろう。ところが、答えは明らかではないのだ。私たちは、「科学的」見解が毎日のように変わる世界に生きている。生きた実験室を構築し、そこでさまざまな実験を行って、データ駆動型社会の構築に向けたアイデアを生み出すことで、社会科学を再び活性化しなければならない。

私たちはかつての印刷技術やインターネットの発明に匹敵するほどの、大きな変化に直面している。私たち自身を本当に理解し、社会がどのように発展するのかを把握するのに十分なデータを、初めて手にしようとしているのだ。人間をより良く理解できるようになることで、戦争や市場の暴落のない社会を構築できるかもしれない。また、伝染病の発生を素早く察知して対応し、エネルギーや水といった資源の浪費を防止することもできるだろう。さらに、政府が問題ではなく解決をもたらす存在となるだろう。しかしこうした目標を達成するには、まずは社会物理学を理解することが必要だ。その上で、私たちの社会が何に価値を置くのか、それを達成するためには何を変えるべきかを考えなければならない。

トピックス　本書で使用される言葉

一般的に使われている言葉が、技術や科学の分野では特別な意味で使われていることは多い。本書でも混乱を避けるために、ここでいくつかの単語を定義しておきたい。

エンゲージメント…エンゲージメント［一般的な意味は、婚約や契約、雇用など］とは仲間同士のグループ内で主に発生する「社会的な学習」を意味する。「行動規範」の形成や、さらにはそうした規範の遵守を求める「社会的圧力」の形成へとつながっていくのが一般的だ。企業においては、メンバー間での「アイデアの流れ」が活発なグループの方が、生産性が高くなる傾向にある。

探求…探求とは、新しい（そして価値があると考えられる）「アイデア」を探すプロセスのことで、多様な人々から形成されるソーシャルネットワークを構築しながら、あるいはその中を動き回りながら行われる。企業においては、外部から多くのアイデアを取り入れているグループの方が、より革新的なアイデアを生み出す傾向にある。

アイデア…アイデアとは、望ましい状態を生み出すための戦略（行動およびそれが生み出すもの、そしていつ行動を取るかを判断する仕組み）を意味する。互いに矛盾しない、価値のある一連のアイデアは、「行動習慣」となり、「速い思考」を実現するために使われる。[21]

アイデアの流れ…社会的学習や社会的圧力といった手段により、ソーシャルネットワークを通じて行為や考え方が伝播していくこと。アイデアの流れを左右するのは、ソーシャルネットワークの構造、アイデアを伝える人物の社会的影響力の強さ、そしてアイデアを伝えられる側の人物の新しいアイデアに対する感受性の強さといった要因である。

情報…情報は観察によって得られる知識のことで、意見の中に組み込まれたり、アイデアを構築したりするのに使われる。

インタラクション（相互作用）…インタラクションには直接的なもの（例：会話）と間接的なもの（例：会話の立ち聞き）が存在する。

社会的影響…ある人物の行為が、別の人物の行為に何らかの変化を及ぼす公算《ゆうど》（尤度・確率）のこと。

社会的学習…社会的学習は、（1）他人の行動を観察したり、印象的な物語を聞かされたりすることを通じて、新しい戦略（状況や行動、結果など）を学ぶこと、もしくは（2）経験や観察を通じて新しい考え方を学ぶことを意味する。

ソーシャルネットワーク・インセンティブ…2人の人物の間にあるやり取りのパターンを変更させるようなインセンティブのこと。

社会規範…社会規範は、社会を構成するメンバーからやり取りの価値を最高に高めるものとして認められた、互いに矛盾しない戦略のセットである。通常、社会的学習を通じて形成され、社会的圧力によって拡散される。

社会的圧力…社会的圧力は、交渉において、ある人物が別の人物に対して行使することのできる影響力のことである。しかしその効果は、彼らの間のやり取りが持つ価値の大きさによって制限される。

社会…社会物理学では、人間の社会の大部分は、個人同士が何らかの交換を行うネットワークによって構成されているという前提に立っている（階級や市場によって形成されているという説明のしかたは取らない）。

戦略…状況を把握する仕組みと、その状況の中で取ることのできる行動、さらにその行動から生まれることが期待される結末をまとめたもの。

信頼…安定的な交換価値が維持されると期待すること。

価値…交換ややり取りが行われる関係性が持つ「価値」と言った場合、本書では、その交換がどれだけ社会的・個人的欲求（たとえば実利や好奇心、社会的支援など）を満たすことができるかを意味する。

Part 1
社会物理学

第2章　探求

――いかにして良いアイデアを発見し、優れた意思決定に結びつけるか

創造性は個人の才能ではなく群衆の英知

抜群に頭の良い、ごく少数の人々だけが、素晴らしいアイデアを生み出す魔法の力を持っている。それ以外の凡人は、アイデアが浮かぶように祈るしかない――イノベーションや創造力といった話をすると、一般にこうした考え方が行われる。しかし私の意見は違う。優れたアイデアとは、社会的な探求行為を、慎重かつ継続的に行うことによってもたらされるのである。

ここＭＩＴにおいて、私はちょっと変わったポジションにいる。多種多様な人々が交わる、交差点に立っているのだ。たとえば私は、同僚である世界最高級の頭脳を持

つ研究者たちと、ボストンで膝をつき合わせて研究を行っている。またビジョナリーと称されるビジネスリーダーたちがMITにやって来て、私の起業家育成クラスで講演してくれたり、研究を支援してくれたりしている。世界経済フォーラムでは、世界中から集まった政治的リーダーたちと出会い、新しいアイデアについて議論している。さらにMITメディアラボでは、数多くの新進気鋭のアーティストたちとふれ合う機会がある。MITには学生がいることも忘れてはならない。世界中から集まった、優秀で聡明な若者たちだ。

彼らは驚くほど普通の人々である。中には世界有数の才能を持つ人物もいるが、そうした才能が新たなアイデアの源泉になるわけではない。かつてスティーブ・ジョブズが、こんな風に語っている。

創造力とは、物事を結びつける力にすぎません。クリエイティブな人々に「どうやってそれを思いついたの?」と尋ねても、彼らはばつの悪い思いをするだけでしょう。彼らは思いついたのではなく、目にしたにすぎないからです。しばらく眺めているうちに、彼らの目にははっきりと形が浮かんできます。クリエイティブな人々は、自らの経験をつなぎ合わせ、新しいものを合成するのです。[1]

常に創造的で深い洞察力を持つ人々は、「探求者」なのだ。彼らは長い時間をかけ、新しい人々や新しいアイデアを探求する。しかし「最良の」人々やアイデアを見つけようとはしない。「異なる」視点を持つ人々、「異なる」アイデアを探そうとするのである。

そうした絶え間ない探求を続ける一方で、彼らはもうひとつ面白い役割を演じる。探求者はその活動を通じて、さまざまな人物と出会うことになるが、新しく見つけたアイデアを、出会った人々すべてにぶつけてみるのだ。そうやってアイデアを精査して、優れたものをふるい分けるのである。多様な視点や経験を持つことは、革新的なアイデアを育む際に重要な要素となる。幅広い人々から驚きや関心といった反応を引き出せるようであれば、そのアイデアは手元に置いておく価値がある。そうしたアイデアが拡張され、世界を説明する新たなモデルの一部となり、行動や意思決定を導くようになるのだ。

最も生産性の高い人々は常に新たなモデルを構築し、テストしており、新たに見つけたアイデアをモデルに付け加えて、出会う人々すべてに意見を求めようとする。土をこねて美しい像をつくるように、彼らのモデルは時間と共により説得力を増していく。そして時が来れば、彼らは覚悟を決め、それを現実の世界で試してみようとする。こうした行動を取る人々にとって、新しいアイデアを収集し、ふるいにかけ、選んだアイデアで新しいモデルをつくることは、一種の遊びのように感じられる。実際、ある人物は一連の行為を「真剣な遊び」と呼んでいる。[2]

科学やアート、あるいはリーダーシップといった行為に共通しているのは、それらが「世界を説明する説得力のあるモデルを構築し、それを現実世界でテストする」という役割を果たす点である。科学においては、モデルは現実世界での現象と対比される。アートにおいては、社会における文化の潮流にどこまで影響を与えられるかが試される。そして企業経営や政治においては、彼らがどこまで成功できるかが試される。

こうした探求行為（アイデアを集め、精査し、有効なアイデアを選び出す）は、優れた意思決定をもたらすアイデアへと帰結することになる。しかし、それはどのようになしとげられるのだろう？　アイデアをランダムにつなぎ合わせ、そこに個人の知性による後押しを若干加えるだけで良いのか？　あるいは探求行為の成否を左右する戦略があるのだろうか？

探求プロセスは本質的に、実行者のソーシャルネットワークを通じて行われるものだ。したがって、この質問に答えるためのスタート地点として適しているのは、私たちが新しいアイデアを発見し、それを意思決定に活用するプロセスにおいて、社会的交流が果たす役割を考えてみることだろう。

未開の部族に関する研究の成果からも、社会的交流が人間の情報収集および意思決定活動の中心であるという捉え方が肯定されている。また民族学者たちの研究によれば、集団全体に影響を及ぼすような意思決定は、ほぼすべてが社会的状況下で行われているそうだ[3]。ただこのパターンには1つの例外がある。人間にも、他の動物にも共通しているのだが、それは戦闘時や緊急時など、非常に素早い判断が求められている場合である[4]。

なぜ人類が社会的意思決定の仕組みを進化させてきたのか、最初に考えられるのは、多くの人々が集まって異なるアイデアを出し合うことに有利な点があったという可能性である。アイデアを持ち寄ることで「群衆の英知」が生まれ、個人で行う場合よりも優れた判断が行えるようになるというわけだ。この概念は、数年前にジェームズ・スロウィッキーが「群衆の知恵」をテーマに書いた本によって有名になった［邦訳は『群衆の智慧』］。また直感的にも正しいと感じられる概念であり、匿名投票やソーシャルメディア上での「いいね！」、星をつける形の評価方式、あるいはウェブサイトでのダウンロード数表示を行う動機となっている[5]。

しかし大勢がアイデアを持ち寄るというアプローチが機能するのは、参加者の間に社会的交流が存在していない場合であるという研究結果が出ている。言い換えれば、群衆を構成する個々人が、それぞれ独立して行動することがうまくいく前提となるわけだ。そこに交流が生まれてしまうと、すべてが狂ってしまう。人々はお互いに影響を与え始め[6]、結果としてパニックやバブル、熱狂状態などが生まれてしまうのである。[7]アイデアの持ち寄りが機能するのは、社会的交流がなくて情報が独立した状態で存在し、そのため単純に答えの平均値や中央値を算出すれば良い場合だけなのだ。

残念ながら、より複雑で重要な意思決定に関わる情報を持ち寄り、意思決定することは簡単ではない。しかし可能性はある。生物学者が動物の群れを観察した結果によれば、社会的学習（つまり成功した個体の真似をすること）によって、採餌活動や繁殖行為、生息地選択における意思決定の精度を高めることができるそうだ。[8]人間の場合、現時点で最良のアイデアをフィードバックするという社会的学習戦略によって、たとえ小さな集団においても「群衆の英知」効果を生み出すことができる。強制的に、アイデアの収集の時期と、専門家によるアイデアの検討の時期とを交互に行わせるような、人工的な社会的相互作用によってフィードバックするのである。[9]だが動物の場合であれ、人間の場合であれ、群衆の英知を実現するには、個体が意思決定を下す際に十分な多様性が確保されていなければならないという点は一致している。[10]優れた意思決定をもたらすアイデアを収集するためのカギは、他人の成功と失敗から学び、さらにこうした社会的学習における多様性を確保しておくことにあると言えそうだ。

社会的学習のネットワークを見る

しかし多様なアイデアを十分に集めるには、いったいどうすれば良いのだろうか？どういったパターンの社会的学習が群衆の英知を生み出すのかを理解するためには、まずは社会的学習を通じて最良のアイデアを発見する方法を詳しく理解しなければならない。群衆の英知を実現する方法を説明するために、私が博士研究員のヤニフ・アルトシュラーおよび大学院生のウェイ・パンと共に行った研究を紹介しよう。これはイートロ（eToro）のソーシャルネットワークを対象にした研究で、ハーバード・ビジネス・レビュー誌で「エコーチェンバー（共鳴室）を越えて」というタイトルで発表された[11]。

まずは背景を解説しておこう。イートロはオンラインの金融取引サービスで、デイトレーダーをターゲットとしている。最もユニークなのは、「オープンブック」と名付けられたソーシャルネットワーク機能を有している点だろう。オープンブック上では、ユーザーたちは他人がどのような取引を行っているのか、ポートフォリオはどのような構成になっているか、あるいは過去の成績はどうだったかといった情報を確認することができる。しかしそうした戦略を誰が真似しているのかまでは知ることはできない。イートロで行うことのできる取引は、次の2種類である。

シングルトレード…通常の取引をユーザー自身の判断で行う。

ソーシャルトレード…他のユーザーのシングルトレードとまったく同じ内容の取引を行う。あるいは他人の取引を自動的にコピーして実行する。

ほとんどのユーザーが自分の取引内容を公開しており、他のユーザーが真似できるようにしている。他人に取引をコピーされる度に、ユーザーは少額の報酬をイートロから得ることができる。そのためオープンブックで取引を公開すれば、かなりの額の利益を手にすることも夢ではないのだ。また多くのユーザーが、複数の他ユーザーをフォローしている。

2011年、私たちはイートロ上で、160万人が行ったユーロドル取引のデータを収集した。そしてこのデータセットから、約1000万件分の金融取引を分析したのである。重要なのは、これによって社会的学習が実際にどう展開されるのか、またそうした学習が人々の行動にどのような影響を与えるのか、彼らの行動が利益を生んだのかどうかを追跡することができるという点だ。要するに、社会的学習の全体像を見ることのできる「神の目」が得られたわけである。この目を通して、個人間で発生する情報のやり取りが、実際の行動にどのような影響を与えるのか、また取引成績をどれほど左右するのかが把握できるようになる。これほど明快な形で社会的探求を確認することができ、どのようなパターンで社会的学習が行われるのが望ましいのかを判断できるデータは、他にほとんど見られないだろう。

図2はイートロユーザーの間で行われた社会的学習のパターンを表したものだ。各点は1件のソーシャルトレードを示しており、横軸は取引をコピーされたユーザー、縦軸はコピーしたユーザーを示す。このグラフが与えてくれる「神の目」を通して見えてくるのは、これまで誰も見たことのない、社会的学習の大まかなパターンだ。**図2**で明らかに示されているように、点と点の間には多くの空白地帯が存在する。つまり多くのユーザーは、

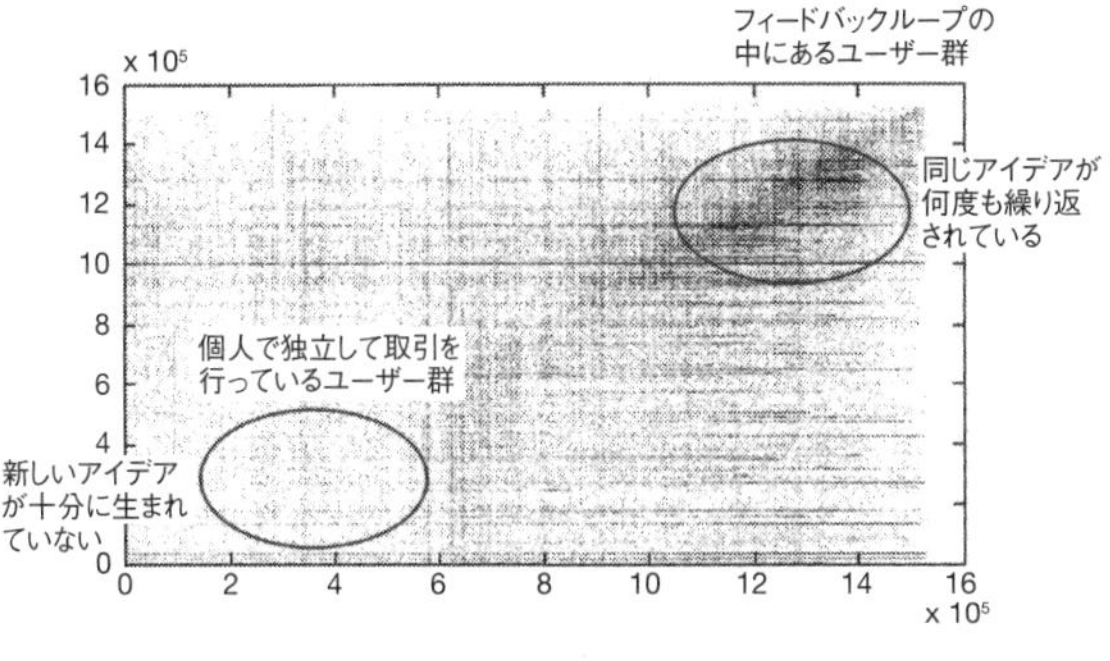

図2. グラフ内の各点は1件のソーシャルトレードを示している。横軸は160万人のうちコピーされたユーザーを、縦軸はコピーしたユーザーを表している。2つの楕円が描かれているが、左下の楕円は取引を独立して行う、社交的ではないユーザー群を示し、右上の楕円はお互いの取引をコピーする、社交的なユーザー群を示している。

ごくわずかなユーザーしかコピーの対象としておらず、誰も参考にしないというユーザーも少なくない。ここに現れているのは、トレーダーたち（コピーする側とされる側）が形成する、つながりの緩やかなソーシャルネットワークである。個々のトレーダーは、誰かの戦略を真似しようと決断したり、逆に他のユーザーから真似されたりする。そうして新しい取引戦略は、個人から個人へと、ソーシャルネットワークを通じて広がっていくのである。

またこのグラフは、一口に社会的学習と言っても、数多くのバリエーションが存在することを明らかにしている。ある領域は点でほとんど埋め尽くされているが、これはトレーダーの間に密な社会的学習のネットワークが存在していることを意味する。しかし別の領域には、ほとんど点が存在していない。つまりそれが示すトレーダーは、社会的学習を行っていないわけだ。しかしグラフの大部分では、ある程度の点が存在しており、ほとんどのトレーダーは両極端の中間地点に位置していることがわかる。

この結果は個々のトレーダーにとって、何を意味するのだろうか？　彼らの中には、明らかに社会的学習の機会を逸してしまっている人々がいる。他人とのつながりが薄すぎるのだ。逆にフィードバックループに囚われてしまい、同じアイデアを繰り返し耳にしてしまっている人々も存在する。ただほとんどの人々はその中間で、適度な社会的学習の機会を手にしているようだ。イートロ上で取引を行っているユーザーは、それぞれ異なった探求のパターンを見せており、結果としてどのようなアイデアを手にするのかも異なっている。

アイデアの流れの速さと群衆の英知

どのようなパターンで社会的学習が行われれば、最善の結果を手にすることができるのだろうか？ その答えは、ヤニフがあるグラフを作成したことによって得られた。彼は縦軸に投資利益率を、横軸にトレーダー間でアイデアの流れの速さ（ソーシャルネットワークを通じて新しい投資戦略がユーザー間に伝わった場合、すなわちあるトレーダーが別のトレーダーの取引をコピーした場合にアイデアの流れが発生したと見なした[12]）を置き、すべてのトレーダーの投資利益率をプロットしてみたのである。

図3はアイデアの流れの速さと投資利益率の関係を示したグラフである。各点はイートロでソーシャルトレードを行ったトレーダーが、一日の取引で得た成果の平均を表している。このグラフを作成するために使われたのは、およそ10万人分の取引データだ。横軸はアイデアの流れの速さ、縦軸は投資利益率であり、投資の成果は市場の変動による影響を取り除いて計算してある[13]。

グラフをざっと眺めるだけでも、多くのことがわかるだろう。左側には独立して取引を行っているトレーダーがおり、その反対側にはエコーチェンバーに囚われている、すなわち似たアイデアに繰り返しさらされているトレーダーがいる。これら両極端のグループと、中間グループが記録した利益率を比べれば、社会的学習がいかに影響力を持つか一目瞭然だ。トレーダーがソーシャルネットワークを通じて、多様なアイデアをバランス良く手に入れる場合には、個人で取引を行っている場合に比べて投資利益率が30パーセント上昇するのである。[14]

イートロの取引環境では、「群衆の英知」は完全な孤立状態と、ソーシャルメディアがエコーチェンバーとなって生まれる集団行動という両極端の間

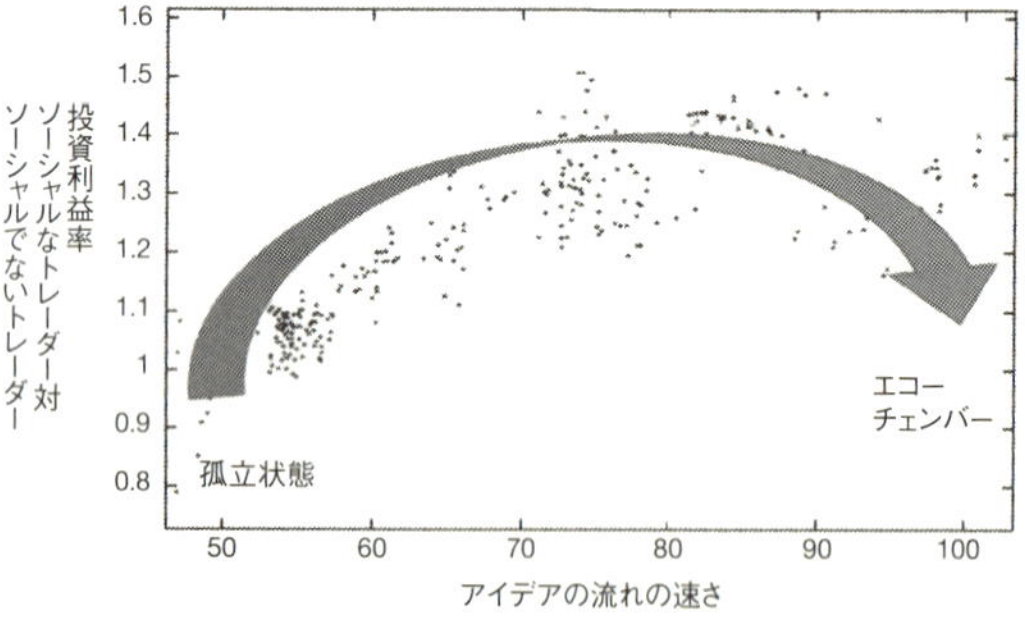

図3. 各点はトレーダーが一日に得た取引成果の平均を表している。縦軸はソーシャルトレードの投資利益率を示し（市場の変動による影響が出ないように修正している）、横軸はイートロのソーシャルネットワーク内でのアイデアの流れの速さを示している。アイデアの流れの速さが適切なレベルであれば、個人で取引を行っている場合に比べ、ソーシャルトレードは投資利益率を30パーセント上昇させる。

に発生するようだ。この中間地帯こそ社会的学習、すなわち成功者の行動を真似するという行為が現実の利益を生み出す場所なのである。後の章で、この「群衆の英知」という概念が企業や都市、社会制度に応用されている例を見ていこう。

　群衆の英知は突如として発見されたものではない。サルの群れ[15]や小規模な人間の集団[16]などの研究でその兆候が見られたし、コンピューター学習アルゴリズムのネットワークにおけるシミュレーション[17]や社会的学習の数学モデル[18]でも確認されている。博士研究員のエレツ・シュムエリとヤニフ、私の3人による共同研究で確認されたのは、社会的学習者のコミュニティは自発的に「スケールフリー・フラクタル・ネットワーク」と呼ばれるものを形成する点である[19]。これは内部のつながりが、単にランダムに生じた場合よりも多様性を持つようになっているネットワークで、さらにそのつながりが時間と共に、スケールフリーのフラクタル構造へと変化していくようなネットワークを指す[20]。学習者間のつながりの形が最適なものになるにつれ、群衆全体のパフォーマンスは劇的に改善される。そして学習というダンスがフラクタル構造のように積み上げられ、アイデアが知見へと変わるのである。

　それではアイデアの流れとは、正確にはどのようなものなのだろうか？　アイデアがソーシャルネットワークを通じて伝播するというのは、インフルエンザが伝染する過程に似ている。インフルエンザの場合、感染者と非感染者が接触すると、一定の確率で非感染者もウィルスに感染する。接触が何度も発生し、非感染者がウィルスに対する抗体を持っていなければ、インフルエンザを発症する。抗体を持たない人が多ければ、最終的に人口の大部分がウィルスに感染するわけだ。

アイデアの流れにおいても同じことが起きる。社会的学習では、行動を示す人物（ロールモデル）と示される人物の間で多くの交流が発生し、行動を示される人物が他人の影響を受けやすい（受容性が高い）場合、新しいアイデアが受け入れられて行動変化が起きる可能性が高くなる。他人からどの程度の影響を受けるかは、ロールモデルが自分と近い人物で、新しい行動が有益なものになりそうか、ロールモデルに対して信頼感を抱いているか、新しい行動とこれまでに学習した行動が一貫したものであるかなど、いくつかの要因によって決まる。広告業界の人々はよく「バイラルマーケティング」に期待するが、アイデアの流れるスピードは極めて遅くなる場合もあるのだ。[21]

したがって私たちは、アイデアの流れの速さの尺度として、ある人物がソーシャルネットワークを通じて新しいアイデアに触れた際、彼らの行動が変化するかどうかの確率を見ている。ちょうどインフルエンザのシーズンに、インフルエンザに感染する確率を確認するようなものだ。ただアイデアの場合、普通はインフルエンザほど広まることはない。アイデアを滝のように激しい勢いで拡散したいと思ったら、ソーシャルネットワークを利用したインセンティブを使うしかないのである。この点については、後の章で見ていくことにしよう。

自分の周囲のアイデアの流れを改善する方法

イートロの例は、アイデアの流れの速さが、さまざまな戦略を集めて良いものを選択する上で、ソーシャルネットワークがうまく機能するかどうかを決定づける指標であることを明確に示している。後の章で、アイデアの流れの速さを確認することで、生産性や創造性まで予測できることを解説しよう。

しかし、個人の力でソーシャルネットワーク内の自分の周囲のアイデアの流れを速くすることは可能だろうか？　実はそれを可能にする方法はいくつもある。1985年、カーネギーメロン大学のボブ・ケリーが、現在では有名になった「ベル・スター研究」を実施した。[22] トップクラスの研究機関として知られるベル研究所で、「花形研究者（スター）と平均レベルの研究者では何が違うのか」をより深く検証しようとしたのである。優れたパフォーマンスを見せる人物は、生まれつきの才能を備えているのだろうか？　それとも学習してなれるものなのだろうか？　ベル研究所では既に、世界中の一流大学から最も聡明で優秀な研究者たちを集めていたが、潜在能力を最大限に発揮できる人物はわずかだった。多くの研究者はそれなりのパフォーマンスを見せたものの、AT&Tが市場における競争優位を維持するという目標に対して、さほど貢献できなかったのである。

研究の結果、ケリーはスターたちが「準備的探求」と呼ばれる活動を行っていることを発見した。どういうことかと言うと、彼らは事前に専門家たちと双方向的の関係を築いており、自身の研究において重要なタスクを実行する際に、その関係に頼っていたのである。またスターが築いているネットワークは、平均的な人物が持つネットワークとは2つの点で大きく異なっている。第一に、スターはネットワーク内の人物とより強い関係を結んでおり、彼らから迅速かつ有益な反応を得ることができるのだ。その結果、彼らは無駄に時間を費やしたり、袋小路に迷い込んだりすることが少ない。

第二に、スターのネットワークにはより多様な人々が含まれている。平均的な人物は、世界を自分の仕事の観点からしか見ようとせず、ずっと同じ観点で考えてしまう。一方スターはと言うと、広範囲な立場の人々を自身のネットワークに含めており、自分以外にも顧客やライバル、マネージャーの視点から物事を考えることができる。その結果、問題に対してより優れた解決策を編み出すことができるのだ。

他にもアイデアの流れを増やすために、個人でできることがある。2004年、博士課程の大学院生だったタンジーム・チョードリーと私は、ソシオメトリック・バッヂ（この装置の詳細は、付録1　リアリティマイニングの中で解説されている）を使った研究を行った。4つの研究グループを対象に2週間の調査を行い、所属している人々の行動をミリ秒単位で追跡して、1人あたり平均で66時間分のデータを収集したのである。[23]

そこから判明したのは、他人との深い関わりを精力的にこなす人々は、より双方向型の会話をする傾向にあり、結果としてソーシャルネットワーク上でのアイデアの流れに重要な役割を果たしているという点だ。[24] これは私が世界で最も生産性の高い人々を観察してきた結果とも一致している。彼らは常に他人と関わり、新しいアイデアを集めており、こうした探求行為が良いアイデアの流れを生み出すのである。

アイデアの流れは、社会的学習と個人学習がどのように混ざりあっているかによっても左右される。たとえば人は、他人が自分と同じ戦略を採用しているのを目にすると、自信がわいてさらにその戦略を深めるようになる。人がどのような意思決定を下すかは、個人的情報と社会的情報がミックスされた結果であり、個人的情報が不足している場合には、人はより社会的情報に依存しようとする。先が読めない状況では、社会的学習が持つこうした自信醸成効果はより大きなものになる。[25] これはまったく理にかなっている。何が起きているのかわからない場合、人は他人が何をしているのかをより時間をかけて観察することで、多くのことを学べるのだ。

しかしこの傾向は、過剰な自信や集団思考［合議により不合理な意思決定に陥ること］

といった弊害をもたらすこともある。社会的学習が意思決定を改善するのは、そこに参加する個人がそれぞれ異なる意見を持つ場合のみだからである。したがって、外部の情報源（雑誌やテレビ、ラジオなど）が伝える情報が過度に画一的になると、集団思考の危険性が現実のものとなる。

それと同様に、ソーシャルネットワーク内にフィードバックループが生まれてしまうと、同じアイデアが何度も繰り返し伝えられることになる。しかしアイデアは人から人へと伝えられる際、ほんの少し姿を変えることが普通なので、繰り返されても同じアイデアだとは気づかれないかもしれない。そして他の人々が自らの判断で、同じ結論に至ったのだと思い込んでしまい、過度な自信を抱いてしまうのである。このエコーチェンバーによる自信増幅効果は、ブームやバブルをもたらす一因となっている。

エコーチェンバーが悲惨な結末を迎える場合があることは、バブルやパニックの例を見ればわかるだろう。**図2**で見られるような、密度の高いフィードバックループは、一種のバブル状態と言える。かつてラトビアに、連戦連勝を続けるトレーダーがいることが明らかになった。そしてその人物の戦略が模倣され、その模倣者まで模倣されるという状態に至った。静かに、しかしあっという間に、ひとつの戦略を追求する巨大な「組織」を社会的学習が生み出したのである。

しかし個々のトレーダーは、ネットワークの全体像を把握することはできない。つまり彼らは、自分たち全員が、ラトビアに住むたった1人のトレーダーの戦略を真似していることに気づかなかった。彼らは複数の異なる「投資の教祖」を参考にしていて、教祖たちはたまたま同じような戦略を採用しているのだと信じていた。多くの独立した情報がその戦略を支持しているように見えたことで、トレーダーたちは必要以上の自信を持つに至ってしまったのである。残念ながら、最終的にすべての教祖たちが取引に失敗し、たった1人のラトビア人トレーダーを参考にしてポートフォリオを組み立てていた人々も、最悪の事態を迎えることとなった。バブル崩壊である。

ネットワークのチューニングで成果が向上

アイデアの流れの速さは、ソーシャルネットワーク構造内の変数や、人々が互いに及ぼしあう社会的影響力の強さ、個々人の新しいアイデアに対する受容性の高さといった要素によって算出される。したがってアイデアの流れの速さは、もうひとつの重要な役割を果たすことになる。こうした変数が変化した際に、ネットワーク内にいるすべての人々のパフォーマンスがどのように変化するかについて、信頼できる予測を行うことができるのである。アイデアの流れの速さという数学的概念を使い、ソーシャルネットワークを「チューニング」することで、意思決定を改善してより良い結果を生み出すことが可能なのだ。

たとえばアイデアの流れが希薄でゆっくりすぎるものだった場合、あるいは逆に濃密で速すぎるものだった場合、それを修正するために何ができるのだろうか？　イートロを対象にした研究では、人々に簡単なインセンティブを与えたり、個々人にちょっとした示唆を与えるだけで、アイデアの流れの形を変えることができるとわかった。孤立状態で取引しているトレーダーを、もっと他人と交流するようにさせたり、一定の人々と過度に接しているトレーダーを、新しい人々と交流するようにさせたりといった具合である。

イートロのユーザーを対象にしたある実験で、ヤニフ・アルトシュラーと私はこの手法を使ってソーシャルネットワークをチューニングし、「群衆の英知」が正しく働くような状態に保つことができた。そこではトレーダーたちが、十分に多様性のある社会的学習の機会を手にし、エコーチェンバーに陥ることはなかった（すなわち社会的学習によって同じアイデアが際限なくループするということはなかった）。このチューニングの結果、私たちはソーシャルトレードを行ったユーザー全員の収益性を6パーセント以上向上させ、最終的には彼らの収益性を2倍に改善することに成功した。[26]

この事例では、チューニングによってエコーチェンバーが生まれるのを防ぐことができ、特定の戦略に人気が集中するのが抑えられ、新しい戦略が採用されることも増えた。アイデアの流れを少し抑えて、戦略の多様性を保つことで、ソーシャルネットワークを最適な状態に維持して参加者の平均パフォーマンスを上げることができた。アイデアの流れを管理することを通じて、平均的なトレーダー（現状の金融システムでは敗者となることが多い）を勝者へと変えたのである。アイデアの流れを適切な状態に保つことは、金融のネットワーク上だけでなく、これから見ていくように、企業や都市においても金銭的なメリットを生み出すことができる。

チューニングによるメリットを享受できるネットワークは、イートロ内のものだけではない。同じようなネットワーク構造は、報道機関の情報源（これを調べることで、事件の全貌をつかめているかどうかが確認できる）や財務統制（あらゆる不正の可能性がチェックされたかを確認できる）、広告キャンペーン（十分に幅広い顧客の意見を拾うことができているかを確認できる）にも見られる。一連の研究の結果、ヤニフと私は、世界の金融および意思決定に関するネットワークのチューニングを行う「アテナ・ウィズダム」という会社を立ち上げた。

良い結果を生む「探求」のポイント

イートロとベル・スターの事例によって、人と人とのつながりがいかに意思決定を左右するかを理解できたのではないだろうか。ここからは「探求」という言葉を、「アイデアや情報を収集するためにソーシャルネットワークを活用する」という行為を指すものとして使う。探求はアイデアの流れの一部であり、新しいアイデアをグループやコミュニティの中に持ち込む。探求については、留意しておくべき点が3つ挙げられる。

社会的学習が極めて重要：成功した他人を真似するという行為は、個人学習と組み合わされた場合、個人学習のみの場合と比較して劇的に優れた効果をもたらす。自分自身の持っている情報が不確かなものである場合は、より社会的学習に頼れば良い。自分の情報が確かなものであれば、社会的学習への依存を下げれば良い。この例はまた、良い意思決定とは何かについて重要なことを教えてくれる。社会的学習の力は、ソーシャルネットワークの中から生まれてくる。自分がつながっている人々を増やしたり、その多様性を高めたりすることで、最良の戦略を発見できる確率が高まるわけである。

多様性が重要：周囲の誰もが同じ方向に進んでいるときには、自分の情報源が十分に多様化されていないと考えるべきだ。その場合には、さらに広い範囲で探求を行うべきである。[27] 社会的学習は「集団思考」という大きな危険もはらんでいる。どうすれば集団思考や、エコーチェンバーが生まれてしまうのを防ぐことができるのだろうか？ それには社会的学習がもたらすものと、孤立した個人（集団の内部に情報源を持たない人）の行動を比較してみる必要がある。もし社会的学習によってもたらされる「常識」と呼ばれるものが、単に孤立した個人の思考の自信過剰版になっている場合には、集団思考やエコーチェンバーの状況に陥っている危険性が高い。この場合、「常識」に反する行動を取ることが非常に有効だ。実際にイートロの実験では、この戦略を採用したユーザーは、トップトレーダーを除く全員の中で最高のパフォーマンスを発揮している。

他人と反対の行動を取る人物が重要…人々が社会的学習とは無関係に行動している場合、彼らは独自の情報を持っていて、社会的影響の効果を打ち消すほどその情報を強く信じている場合が多い。そんな「賢人」をできる限り多く発見し、彼らから学ばなければならない。彼らが最高のアイデアを持っていることもあれば、ただの変人であることもある。それを判断するにはどうすれば良いのだろうか？ もしこうした独自の思考を行う人物を数多く見つけることができたら、彼らの中に似たような意見が多く見られないか確認してみよう。もしそんな意見が発見できたら、それに従うのが非常に有効な投資戦略となる。たとえばイートロのネットワークにおいて、こうした独自の戦略の中に生まれたコンセンサスは信頼に足るもので、最高のトレーダーの成績と比べて2倍のパフォーマンスを発揮するほどだった。

要するに、人間はアイデアを処理する機械であるかのように行動し、個人で考えたアイデアと、他人の行動から得られた社会的学習を結びつけるのである。それが成功するか否かは、探求行為の質に大きく左右される。そして探求行為の質は、情報やアイデアの源がどれほど多様で、他から独立したものが含まれているかに大きく左右される。続く章で、この探求のプロセスが組織や都市、あるいは社会全体の創造的な活動において、重要な役割を演じていることを解説しよう。

こうした発見から、ある懸念が生まれる。私たちの「つながりすぎた世界」では、アイデアの流れが速すぎるのではないか、というものだ。エコーチェンバーの世界では、ブームやパニックが日常の光景となり、良い意思決定を行うことがますます難しくなる。つまり私たちは、どこからアイデアを得ているのかにもっと注意を払わなければならないのだ。そして世間で一般に支持されている意見を積極的に疑い、反対意見を経過追跡するよう心掛けなければならない。それを自動的に行うソフトウェアも開発できるが、そのためにはアイデアの出処の記録が必要だ。これまで使われてきた著作権のようなシステムは、アイデアの流れを追跡するための第一歩となるだろう。しかしもっと統合的で、簡易なメカニズムが必要だ。このトピックについては、最後の2章で改めて考えてみることにしよう。個人のプライバシーを保護しつつ、十分なアイデアの流れが保たれるような、信頼に基づくネットワークをいかに構築できるかについて解説してみたい。

最後にもうひとつ述べておきたい。本章では私たちの研究について解説してきたが、その中核にあるのは、非常に高度な数学だ。ヤニフ・アルトシュラー、ウェイ・パン、ウェン・ドン、そして私の4人は、社会的学習と探求のプロセスを定量化する、詳細な数式をつくり上げた。これを使って、ソーシャルネットワークを通じてアイデアを集め、より良い意思決定を行うための最善の方法を考えることができるだろう。私たちの数式があれば、個人がどのような選択を行うか、そしてその結果がどこまで優れたものになるかを予測することができるのだ。その対象も、企業（本書パート2）から都市（パート3）、そして国家全体（パート4）に至るまでと幅広い。

またこの数式は、社会物理学の中核をなすものでもある。より詳しい解説に興味のある方は、第4章末尾のトピック欄の「社会的影響の数学」と、付録4 数学を参照してほしい。

第3章　アイデアの流れ
——集合知の土台となるもの

「アイデアの流れ」が組織の能力を決める

非常に活動的で、創造的な企業がある一方で、古くさく、停滞した企業があるのはなぜだろうか？　あるいは誰もが熱心に働いているように見えながら、団結や方向性といったものが感じられない企業があるのはなぜだろうか？「働くのが楽しくて、胸が躍るような会社もあれば、退屈で興味を引かれない会社もあるから」、あるいは「管理が行き届いている会社もあれば、そうでない会社もあるから」といったところが、普通の答えだろう。

しかし実際の調査で私が目にしたのは、これとは異なる状況だ。個々の会社には、それぞれ異なる「アイデアの流れ」がある。その結果、コミュニティの内外から学ぶ力に差異が生じる。社内の興奮や停滞、あるいは熱狂を引き起こすのは、経営テクニックやその企業における業務の性質よりも、社員がお互いにどの程度密接に結びついているか、部の間の溝がどの程度深いかといったところが大きいと私は考えている。言い換えれば、もし私たちが共同作業を成功させたければ、理解しなければならないのは「アイデアの流れ」がどの程度発生しているか、あるいはそれがどの程度妨げられているかなのである。

私は「組織」というものを、アイデアの流れの中を航海する人々の集団だと捉えている。アイデアが豊富にある、清らかで速い流れの中を航海することもあれば、よどんだ水たまりや、恐ろしい渦の中を航海することもある。あるときには、アイデアの流れが分岐して、一部の人々が新しい方向へと向かうかもしれない。私にとっては、これこそがコミュニティと文化の現実なのだ。残りは単なる表層的な出来事か、幻影にすぎない。

アイデアの流れとは、例示や物語などを通じて、企業や家族、都市といったソーシャルネットワークの中をアイデアが拡散することである。このアイデアの流れが、伝統や、究極的には文化の成立を左右するカギを握っている。人から人へ、そして世代から世代へと、習慣や慣習が伝わっていくのを促すのだ。またこのアイデアの流れの一部となることで、人々は自分の身を危険にさらすことなく新しい行動を学んだり、労力をかけることなく社会の大きな流れに合致した行動を身につけたりすることができる。[1]

団結したコミュニティには、それぞれ固有のアイデアの流れが存在する。それを通じてメンバーたちは、他のメンバーが生み出したイノベーションをコミュニティに組み込んだり、新たな文化をつくったりすることができる。中世に栄えた職人ギルドや、現代の専門家組織、あるいは前章で解説したイートロのコミュニティなどが、こうした「コミュニティ・オブ・プラクティス（実践コミュニティ）」の例だ。

第2章で見たように、アイデアの流れの速さが適切である場合、その集団に所属するメンバーは、孤立して行動している場合よりも優れた意思決定を行えるようになる。習慣が共有されるようになると、コミュニティは一種の集団的知性を発達させるようになり、これはメンバーの個々の知性を上回る。他人と関わり、彼らから学び、お互いにアイデアを共有して検討することで、集団的知性が生み出されるのだ。

アイデアの流れの速さは社会的学習によって決まる。それこそが社会物理学が成立する理由だ。人間の行動は、他人のどのような例示的行動に接しているかから予測できるのである。事実、人類は周囲にあるアイデアから学ぶ力に大きく依存しているので、人類を「ホモ・イミタンス（模倣するヒト）」と呼ぶ心理学者もいる。[2] 社会的学習を通じて、私たちはさまざまな状況においてどのように行動するかという、共通の習慣を形成するのである。日常生活におけるありふれた行動は、習慣が基礎になっている。そしてそれが集まって、私たちの社会を形成しているのだ。自動車は道路の左側（もしくは右側）を走り、朝8時（もしくは6時）に起床し、食事にはフォーク（もしくは箸）を使う。

こうした社会的学習は、人間だけに限られた行動ではない。チンパンジーやオランウータンといった他の霊長類も、野生の中で行動による文化形成を行っている。たとえば食料採集に関するイノベーションが群れの中で伝播し、アイデアの流れによって古い行動が置き換えられ、より効率的な新しい方法が確立されることがあるのだ。ただ確かに、こうしたアイデアの流れによって、新たなイノベーションが習慣の一部として取り込まれることになるものの、霊長類の文化は単純で静的なものにとどまっている。

人類の文化が発展する一方で、類人猿の文化が足踏みしている理由のひとつは、人間はサルと違って周囲の流れに逆らったり、別のアイデアの流れに飛び込んだりすることがあるからだろう。第2章において、人がソーシャルネットワークを通じて新しいアイデアを探求し、テストすることで、より成功につながりやすい行動をコミュニティに持ち込めることを見てきた。違うアイデアの流れがあるソーシャルネットワークに参加し、そこでアイデアを集めること、すなわち社会学者のロン・バートが、社会的なつながりの中における「構造的空隙」と呼んだものを越えることで、私たちはイノベーションを起こすことができる。新しい流れに飛び込んだとき、新しい習慣や信念を手に入れる。それによってより良い判断が下せるようになり、コミュニティが繁栄する可能性があるのだ。[3] 個々のアイデアの流れを、ミツバチの群れのような集団的知性として捉えることができると私は考えている。その中で人々は、周囲にある物理的・社会的環境に最も適した選択の優先規準や習慣のパターンを共同で発見するために、他人の経験から学習していくのである。

　現代の西欧人の多くは、自分自身をこのようには捉えていない。彼らは自分が理性的な個人であり、自らが望むものを理解していて、目的を達成するためにどのような行動を取るべきか、自ら判断を下すという姿を思い描いているのだ。行動の優先性や方法など、人間の理性を示すものは何から生じてきたのだろうか。それは私たちの内部からと同じぐらい、周囲のコミュニティから生み出されたとは言えないだろうか。経済学者は個人を理性的な存在と定義しているが、集団も同じくらい理性的な存在なのではないだろうか。

習慣、選択の優先規準、好奇心は何で動かされるか

この問いに答えるためには、アイデアの流れがいかに機能するのか、すなわち私たちの周囲にある模範的行動が、いかにして習慣や選択の優先規準、関心といったものに結びついていくかを理解する必要がある。そこで私は、2つのビッグデータ研究を立ち上げた。ひとつは「ソーシャル・エボリューション（社会進化）」、もうひとつは「フレンズ・アンド・ファミリー（友人と家族）」と名付けられている。この研究では合計で2年間以上かけて、2つのコミュニティのメンバー間で生まれた交流データ、およそ200万時間分が集められた。[4]（詳しくは付録1 リアリティマイニングを参照のこと。また論文やデータ、ビジュアル化については、次のURLを参照のこと：http://realitycommons.media.MIT.edu）。

習慣：習慣とは、私たちが下した選択の結果なのだろうか、それとも周囲にあるアイデアの流れからもたらされたものなのだろうか？ 肥満や喫煙などといった健康に関する行動は、社会的学習から影響を受けていることがわかっており、社会的支援は個人の健康を促進する上で大きなカギを握っている。たとえばフラミンガム心臓研究［1948年に始められた、米マサチューセッツ州フラミンガムを対象とした心疾患に関する大

規模な住民研究」の長期にわたる調査によって、肥満から幸福感に至るまで、さまざまな行動の伝播に社会的交流が重要な役割を演じていることが判明した。[5] しかしこれらの研究では、私たちがどのように健康関連の習慣を身につけるかについては、あまり理解の役には立ってくれない。なぜなら、個人の周囲で観察対象として含まれているのは友人や家族だけの場合がほとんどであり、データ量はわずかで、しかも対象者に過去をふり返ってもらって情報を集めるという形式を取っているからだ（つまり人の記憶から集めた断片的なデータで、よくビッグデータ分析で見られるような、リアルタイムの定量的な測定というわけではない）。

そこで私たちの研究チームは、「習慣はどのように形成されるのか」という質問に答えるため、ある学部生の寄宿舎（非常に関係性が密な集団だ）で、健康に関する習慣が伝播する速さを1年間にわたって調査した。それが大学院生のアンモル・マダンと私が行った「ソーシャル・エボリューション」研究プロジェクトで、ここではデビッド・レーザー教授の助けを借りて実験とデータ分析の設計を行い、被験者となった学生全員に特別なソフトウェアが組み込まれたスマートフォンを配布した。それを通じて、学生たちの社会的交流を把握したのである。最終的にこの研究では、50万時間分以上のデータが集められ、面と向かってのコミュニケーションだけでなく、電話の通話記録、テキストメッセージによるやり取りなどのデータ収集、さらにアンケートや体重測定まで実施された。[6] この数百ギガバイトのデータによって、習慣が形成される過程で何が起きているのかを検証することが可能になったのである。

私たちが特に注目したのは体重変化で、それが友人の行動と、周囲のコミュニティ内にいる同窓生のどちらからより大きな影響を受けるかを調査した。一般的に、人々が普段から接している人物の中で友人と呼べるのは数人だけで、残りはそれほど交流することのない「知人」といった程度の存在である。知人と友人が重なりあうことはごくわずかで、この2つのグループはまったく異なる存在である。

研究の結果、調査対象となった学生の体重変化と、体重が増えた同窓生の存在との間に強い関連性が認められた。しかし体重を減らした同窓生の存在との間には、関連性は認められなかった。また体重の変化した友人がいても、彼らと交流することは体重変化には何の影響も及ぼしていなかった。同じ傾向は食事習慣においても確認され、同窓生との接触が影響を与えていた。

この場合では、問題となるのは直接的なやり取りだけではなかった。体重が増加した人々の行為に、直接的な交流もしくは間接的な観察を通じて、合計でどのくらい接したのかという量が重要だったのである。言い換えれば、他人の行動がたまたま目に入ったり、あるいは他人の行動に関する話が耳に入ってきたりするだけで、アイデアの流れが発生し得るのだ。場合によっては、それは会話や電話、ソーシャルメディア上でのやり取りのように、より直接的な交流が生み出す場合以上の流れになる。またアイデアの流れは、他人から「私はこう行動している」という話を聞くよりも、彼らが実際にどのような行動を取っているかを目にした方が生まれやすくなる場合がある。

実際に、自分の周囲で行われている模範となるような行動に接することは、この研究で調査されたすべての行動に影響を与えていることが確認された。その影響力は個々が持つ他の要素、たとえば、友人の体重増加、性別、年齢、ストレスや幸福感などといったものをしのぎ、これらすべての要素を合わせた影響力をも上回る。知能指数が標準テストの点数に与える影響度と同程度と言えるだろう。

読者の中には、周囲の行動への接触がアイデアの流れの原因であることを、どうやって確認したのか——もしかしたら、両者は単に相関があるだけかもしれない、と疑問を感じた方もいるだろう。「この実験では、時刻を同期させた定量的予測を行うことができた」というのが、そうした疑念への答えとなる。この結果は、他の非因果的な説明を合理的に排除するものだ。より説得力のある説明をすれば、周囲の行動への接触と、実際の行動との間にある関係を利用して、さまざまな異なる状況下でも結果を予測することができたし、また接触の量を操作することで、行動変化を促すこともできたのである。[7] さらに実験室において、細かく設計された定量的な実験を行っている。そこでは寄宿舎での実験と同じような結果が得られただけでなく、確かな因果関係があることが確認された。[8]

こうした実験結果から、人間の行動の一部は、周囲の人々（それは友人に限らない）と接することによって生じたものと考えられる。皆が2枚目のピザに手を伸ばしているなら、おそらく自分もそうするだろう。アイデアの流れを促進する上で、こうした周囲の人々との接触が他のどのような要素よりも重要であるという事実は、私たちが日常生活を送る上で、無意識の社会的学習が非常に大きな影響を及ぼしていることを示している。

選択の優先規準…食べ過ぎという行為は、周囲の人々の行動を自然と「吸収」してしまう例のひとつと言えるだろう。「郷に入っては郷に従え」というわけだ。しかし周囲にある行動の例は、どのようにして信念や価値観など、より理性的で考え抜かれた思考に影響を与えるのだろうか？

特に私たちが注目したのは、政治志向である。人は投票する候補者をどのように選ぶのだろうか？　選択の優先規準も周囲にいる人々から影響を受けるのだろうか？　私たちはこの問題に対して、「ソーシャル・エボリューション」実験を行うことにした。これは2008年の大統領選挙における学生たちの政治観を分析したものである。[9]　私たちは「政治観は周囲にいる人々の行動を反映するのか、それとも個人の理性的な判断によって形成されるのか」というテーマを掲げた。そして実験に参加した学生たちに特別なスマートフォンを配布し、彼らが誰と一緒に過ごしているのか、誰に電話をかけているのか、どこにいるのかといった情報を追跡することで、社会的交流のパターンを観察したのである。

また学生たちに対し、政治的関心や政治への関与、政治に関する知識の学習など、さまざまな質問を行った。最終的には（選挙の終了後）、彼らがどの候補者に投票したのかも把握している。この実験を通じて、学生たちの交流パターンに関する50万時間以上のデータが収集された。それを考え方や信念、性格などに関するアンケート結果と統合し、分析を行った。

数百ギガバイトに及ぶデータを分析してわかったのは、自分と同じ意見を持つ人物に接触した時間の量から、ある学生が大統領選挙にどの程度の関心を抱いているか、また政治傾向がリベラルか保守かを正確に予測できるという点である。個人の意見に対して集団が与える影響は、極めて明確なものだった。同じ意見を持つ人物に接すれば接するほど、学生は自らの意見を先鋭化させていったのである。

より重要なのは、同じ意見を持つ人物への接触の量によって、学生の最終的な投票行動を予測できたという点だ。大学1年生の場合、この社会的接触による影響は、前述の体重増加に関する実験と同じような効果をもたらした。一方で高学年になると、より政治的態度が固定化されてきていると考えられ、影響力は依然として大きかったものの、1年生と比べれば低かった。

では投票行動に影響を与えなかったものは何だろうか？　被験者が政治的な会話を行った相手の考え方と、友人の考え方は影響を与えなかった。体重増加の場合と同様に、アイデアの流れと意見の形成を最も力強く後押ししたのは、周囲にいる知人たちの行動（被験者の周囲を囲んで規範を示すような一連の行動）だった。この場合も、単に直接的な交流の回数だけが影響するのではないという点に注意が必要だ。会話などの直接的交流だけでなく、たまたま居合わせた人物の行動を目にするといった間接的交流も含めて、他人の意見や姿勢にどれだけ接したかが結果を左右したのである。誰かの言葉が耳に入ってきたり、行動が目に入ってきたりというのは、アイデアの流れを大きく促進する。

ただこのケースでは、状況はもう少し複雑になる。大統領選挙のテレビ討論会が始まる直前など、政治的なテーマが会話においてより重要になる場面においては、学生たちは一緒に過ごす相手を変えるためである。保守的な政治姿勢を持つ学生は、リベラルな学生が集まる場所を避けようとする。逆にリベラルな政治姿勢を持つ学生は、保守的な学生が多い場所を避けるようになるのだ[10]。

少し安心できるのは、個人の優先規準が一定の役割を演じている点である。学生たちが一緒に過ごす集団を選ぶ際、判断材料となっているのが、その集団内で何気なく交わされる言葉や意見に、どの程度の快適性を感じられるかであるようだ。この選択的接触の後に、政治的意見の強化が行われることになる。いったんどの立場を取るのかが決められると、似たような意見に接触する機会が増え、次第に意見が形成されていくように、最終的には信奉者へと変貌する。ノーベル賞受賞者のダニエル・カーネマンが解説しているように、私たちはどのアイデアの流れに飛び込むかという点について、意識して論理的な判断を下すことができるが、いったんその流れに触れてしまうと、無意識のうちに習慣や信念が形作られてしまうのだ。

新しいアイデアと情報：食事の習慣や政治に関する態度を調べることで、直接的・間接的な接触が、習慣や嗜好が形成される際の重要な要因であることが明らかになった。政治的意見の場合には、一緒にいて快適だと感じられる集団との接触が増えることで、異なるアイデアの流れに接触するようになり、そののちに信念や習慣が強化されていた。

しかし新しいアイデアや情報を探す場合はどうだろうか？　好奇心や関心というものは、個人の判断から生まれてくるのか、それとも周囲にいる人々の影響のせいなのか？　仮に後者だとしたら、新しい行動を選択して身につけるプロセスだけでなく、アイデアの流れの源もコミュニティ内のコンセンサスに左右されることになる。アイデアを発見するプロセスがどのようなものかを調査するため、私は大学院生のウェイ・パンとナダフ・アーロニーと共に、「フレンズ・アンド・ファミリー」研究を実施した。この研究で行ったのは、若い家族のコミュニティにおいて、スマートフォンアプリが普及する過程の追跡である。[11] 対象となるコミュニティに属する成人の全員に、特別なソフトウェアがインストールされたスマートフォンを配布し、誰に電話やメールをしたのか、ソーシャルメディア上で盛んに交流している相手は誰か、対面での交流が多い相手は誰か、どこにいることが多いかを記録した。

さらに私たちは、アプリをダウンロードする行動を分析するため、スマートフォン上にどのようなアプリがダウンロードされるかについてもモニタリングを実施した。それにより、被験者がどのようなツールやゲーム、情報源を選んでいるのかを確認することができた。こうした情報をすべて合わせると、配布したスマートフォンから150万時間分のデータが生成されたことになる。それに加えて、被験者に対してアンケートを実施し、彼らの信念や態度、性格といったさまざまな要素に関するデータを収集した。[12]

アプリのダウンロードに関するデータによって、アプリをダウンロードするかどうかを選ぶ際の意思決定環境が検証可能になった。あるアプリをダウンロードすることを選んだのは独立した判断の結果なのか、広告に触発されたからなのか、それとも他人との接触、すなわちそのアプリを既にダウンロードした人物とのやり取りがあったからなのかを確認できたのである。

この調査から得られた数百ギガバイトのデータを分析した結果、最初に明らかになったのは、標準的な社会学の知識がここでも当てはまるという点だ。すなわち、同じような特徴（歳や性別、宗教、職場など）を持つ人々は、同じようなアプリをダウンロードしていたのである。しかしこの類似性効果からは、被験者の行動を12パーセントの正確性でしか予測できなかった。それとは対照的に、被験者がさまざまなチャネルを通じて行った他人との接触（会話や偶然居合わせた人の観察といった対面での交流や、電話やソーシャルメディアを通じた交流など）を分析した場合、誰がどのアプリをダウンロードするのかを4倍正確に予測することができた。つまり間違いなく理性的な意思決定の分野に属すると思われる現象であっても、周辺にいる人々への接触が、人間の行動を左右する大きな要因となっていたのである。新しい習慣の形式など、新しいアイデアや情報の探求は、主に社会的接触によって促されると考えられる。

同じようなプロセスは、オンライン上の探求においても発生していると思われる。パブリック・ライブラリー・オブ・サイエンスが発行する評価の高い学術誌『プロスワン』で発表した、別の実験を紹介しよう。[13] この実験で私たちは、1万4000人のユーザーがデジタル音楽のダウンロードを通じて交流を行っているオンラインサービスから得られたデータを分析した[14]。オンラインサービスでは一般的なことだが、このサイトでは人気の曲が上の方に表示されるようになっており、各曲のダウンロード回数も確認することができる（他の表示形式もテストされていたが）。前に説明したアプリに関する調査の場合と同様に、私たちはユーザーがどのような行動を取るかを、社会的影響に関する単純な統計モデルから極めて正確に予測することができた。どの曲を試聴するかという意思決定は、オンライン上の社会的影響、すなわち曲のランキングやダウンロード回数などによって左右されていたのである。

しかしアプリや音楽のダウンロードに関するケースでは、健康習慣や政治志向に関するケースとは異なる点があった。人々が何を試してみるかを予測することは正確にできたのだが、実際に使い続けたり、購入したりするものについてはそうではなかったのである。社会的交流の効果は情報の伝播にとどまり、新しいアプリや楽曲を探求する行動には影響があったのだが、規範となることはなかった。つまり試されることの多いアプリや楽曲でも、それが習慣的に使われるようになることは少なかったのである。

結論を言おう。健康習慣、政治志向、消費活動というこれら3つの例において、周囲の人々の行動に接することは、直接的なものかどうかを問わず、アイデアの流れに大きな影響を与えていた。その力の大きさは、遺伝子が行動に及ぼす影響や、ＩＱが学業成績に及ぼす影響とほぼ等しい。さらにすべての研究において、周囲の行動への接触が、アイデアの流れを規定する最大の要因となっていた。

こうした現象が見られた理由はおそらく、個人で自分の経験から学ぶよりも、周囲の行動に倣った方がずっと効率的だからだろう。複雑な環境における学習を数学モデルにして確認したところ、最善の学習戦略は、エネルギーの90パーセントを探求行為（うまく行動していると思われる人を見つけてそれを真似する）に割くことだった。[15] そして残りの10パーセントを、個人による実験と考察に費やすのが良いという結果になった。[16]

この理由は単純だ。誰かが努力して優れた行動を見出したのであれば、その行動をコピーしてしまう方が、自分で最初から考え直すよりもずっと簡単である。単純な例を挙げよう。新しいコンピューターシステムを使うとなった場合に、既にその使い方を習得している人が近くにいるとしたら、マニュアルを読む必要があるだろうか？人間は社会的学習に大きく依存しており、それを通じてより効率的な行動を取ることができるのだ。

また人々が自分の接触する行動を変えるために、環境そのものを変えるという発見も重要である。こうした発見を解釈するならば、人は特定の集団から何かを学びたいと考えると（たとえば彼らにより馴染みたいと思うと）、その集団と共に過ごす時間を長くする傾向がある、ということになるだろう。

アイデアの流れを促す「接触の力」を駆使することで、行動を望ましい方向へと変化させることができる。たとえば「ウェイトウォッチャー」のようなチーム型減量プログラムや、「ビゲストルーザー」のような参加型テレビ番組（参加者の中で誰が一番減量できるかを競うというもの）が成功したのは、同じような接触による行動変化メカニズムによるところが大きい。

スタンレー・ミルグラム［米国の社会心理学者。服従実験など独創的な実験研究を行った。1933～1984］による社会順応に関する研究が示しているように、周囲にいる人々が同じ行動を取っていると（体重の増減から、誰かに電気ショックを与えるなどの異常行動に至るまで）、それが無意識の習慣と意識的な決定の両方に影響を与えるのである。社会的影響の力は、人を良い方向へも悪い方向へも導くものであり、私たちの行動を信じられないほど規定しているという指摘が数多くなされている。次章において、ソーシャルネットワークを通じたインセンティブを使うことで、いかに周囲の人々との接触のあり方を変えることができるか、そしてアイデアの流れを変えることができるかを解説しよう。実はこの方法は、人間の行動を変化させる上で、個人に対してインセンティブを用いるという従来の方法よりもずっと強力なものである。

新しい習慣が根付くのに必要なこと

ソーシャル・エボリューションとフレンズ・アンド・ファミリーという2つの研究によって、「船乗り」としての人間の姿が明らかになった。私たちはアイデアの流れを航海する船乗りであり、私たちの周囲にいる人々の模範的行動や物語が、その「アイデア」である。そしてこのアイデアの流れに接することによって、習慣や信念が形成されるのだ。やろうと思えばこの流れに逆らったり、別の流れに乗り換えたりすることもできるが、大部分の行動は私たちが接するアイデアによって規定される。そしてアイデアの流れは私たちを束ね、その参加者たちが学びを共有することにより、一種の集団的知性を生み出す。

しかしこうした捉え方は、私たちにとってあまり心地良いものではない。人間は主義や主張、良心といったものを持っているのではないか？　理性や信念体系は何の関係もないのか？　アイデアの流れにおける理性の役割を理解するためには、いかにして習慣や信念が形成されるのかという複雑な問題を整理し、分析しなければならない。

この問題を解くカギを握るのは、2人のノーベル賞受賞者、心理学者のダニエル・

カーネマンと人工知能研究のパイオニアであるハーバート・サイモンによる研究である。[17] **図4**で表されているように、彼らは人間の心が2つの思考回路によって成り立っていると捉える。速く自動的で、主に無意識のうちに行われるモードと、遅く論理的で、主に意識的に行われるモードの2つだ。[18] 簡単に言えば、「速い思考」は私たちの習慣や直感を司る。その際に活用されるのは、過去の経験や、他人の行動を観察することから導かれる連想だ。それとは対照的に、「遅い思考」では論理的思考が行われ、新しい結論に到達するために心の中にある信念が組み合わされる（詳しい解説は、付録3 速い思考、遅い思考、自由意思を参照のこと）。

何らかの課題をこなす際には、多くの

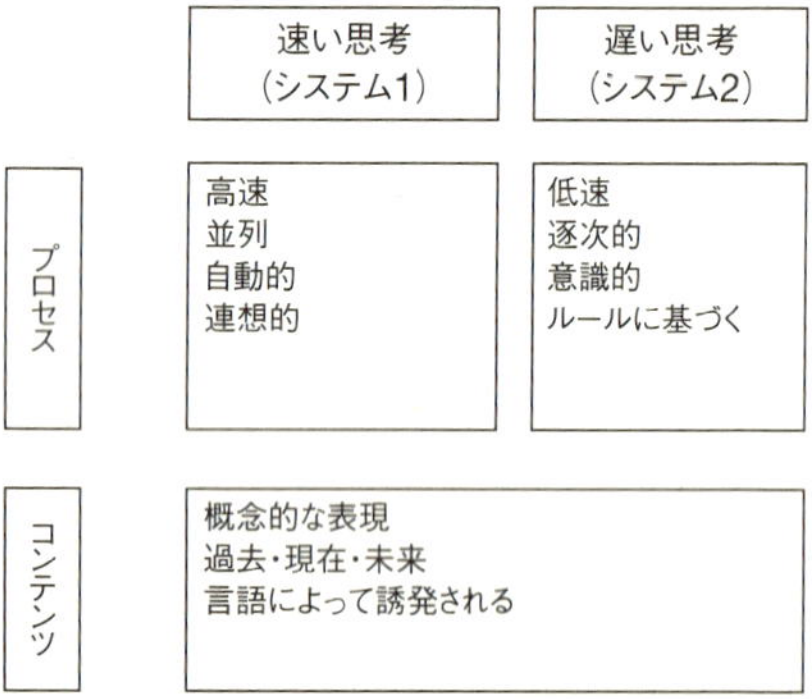

図4. （カーネマンのノーベル賞記念講演からの引用）人間は2つの思考システムを持つ。連想と経験に依拠する古いシステム（速い思考）と、注意深く、ルールに基づいた思考を行う新しいシステム（遅い思考）である。

場合、遅い思考よりも速い思考の方が優れている。[19]しかしそう言われると、たいていの人は驚くだろう。問題が複雑で、さまざまな目標の間でトレードオフが発生する場合、速い思考で用いられる連想力は、遅い思考の論理力よりも威力を発揮する。決断を下すまでの時間が限られている場合はなおさらだ。そのため多くの科学者たちは、私たちの日常行動の大部分は、この速い思考に依拠していると考えている。私たちには文字通り、遅い思考を使ってじっくりと物事を考える時間はないのだ。

面白いことに速い思考は、健全な社会を実現する上でも重要な役割を演じていると考えられている。心理学の研究によれば、瞬間的な判断とじっくりと熟慮した上での意思決定を比較した場合、前者の方がより利他的で、協力的であるそうだ。[20]ボストンマラソンで連続爆破事件が起きた際の観客たちの行動や、オクラホマで竜巻被害が出た際の住民たちの行動を見れば、この「速い思考」が強いコミュニティを築く上でいかに大切なものかを理解できるだろう。

もちろん私たちはよりハイレベルの、意識的な意思決定を行う場合もあるが、多くの行動はこれまで繰り返されてきたもので、自動的に行われる。それを促すのは速い思考で、ほとんど意識されることはない。特に熟達している行動、たとえば日常的に繰り返されるルーチンワークや、他人との雑談、自動車や自転車の運転などの場合、そうした自動的な性質が際立つことになる。このように習慣的な行動について、正確にどのような行動を取ったのか、なぜそうしたのかを説明するように尋ねられても、答えに窮するだろう。そうした行動は、自動操縦モードで行われるからだ。

しかし速い思考と遅い思考が、アイデアの流れや集団的合理性と何の関係があるのだろうか？　その答えは、これら2つの思考において、学習の過程が異なるという点にある。またそれは、日常的にも使い分けられているものだ。コミュニティがいかにして集団的知性を構築するのかを理解する際、こうした違いに注意する必要がある。

事実に関する学習の場合（「夕飯は午後7時から」など）、通常は誰か信頼している知人1人に接するだけで、十分にその情報を伝えることが可能だ。それとは対照的に、習慣や選択の優先規準、興味などを変える場合、短い期間に複数の人々と接触する必要がある。たとえば同じ職場で働く人々全員が、コーヒーではなく緑茶を飲んでいた場合、そこに加わった人は同じように緑茶を飲む習慣を身につけるようになるだろう。新たな習慣を身につける場合、その行動が良い結果を生む（社会的承認が得られるなど）という機会に何度か接する必要がある。

私が行った実験の結果から言うと、人間が行う継続的な探求行為は、周囲の集団において顕著に広く普及している行為から、素早く学習するというプロセスだ。それとは対照的に、習慣や選択の優先規準を身につけるのは遅いプロセスであり、模範となる行動に何度も接して、コミュニティの中で検証されなければならない。私たちの社会的環境は、探求によって得られる新しいアイデアがもたらすあわただしさと興奮の段階と、仲間たちとの社会的学習によってその中からどれを個人的習慣や社会規範として残すか選ぶという、より静かで緩やかな段階という、2つの部分から成り立っている。

私たちは時間をかけて、さまざまな状況においてどう行動し反応すべきかという、共通の習慣を築き上げる。そうやって根付いた習慣の多くは、行動を自動的に起こすものであり、日常的な行動の大半の原因となっている。ノーベル賞受賞者のハーバート・サイモンが述べたように、人間の合理的で意識的な思考は、日常生活における細々とした物事に対処する行動習慣を発動させるプログラムなのだ。ちょうどコンピュータープログラムにおいて、頻繁に繰り返される計算はサブルーチンによって対応されるように。

集団的合理性はあるが個人的合理性はほぼない

1700年代の終わり頃、哲学者たちは、人間が合理的な思考を行う存在であると捉えるようになった。個人として認識され、合理的と称されることに人々は喜び、この考え方はたちまち西洋の上流社会において支配的なものとなった。教会や国家は反発したものの、「理性的な個人」という概念は、真実をもたらすのは神や王のみであるという考え方を追いやることとなる。そして長い年月をかけて、理性と個人主義は西洋の知識社会における信念体系を根底から変化させたが、いま同じことを他の文化の信念体系に対しても行おうとしている。

ここまで見てきたように、新しく収集されるようになったデータは、この捉え方を変えつつある。人間の行動の多くを左右するのは、理性や個人的な欲求というよりも、彼らが置かれている社会的な環境であることが明らかになり始めた。よく経済学者が使うように、合理性とは人間が自分の求めるものを理解していて、それを手に入れるために行動することを意味する。しかし私の研究が示しているように、人間の欲求や意思決定はしばしば（「一般的に」という表現を使っても問題ないだろう）、ソーシャルネットワークからの影響を受けている。

最近になって経済学者たちは、限定合理性という概念を採用するようになった。これは人間には偏見や認知上の限界があり、完璧な合理性を実現することを妨げているという考え方だ。しかし人間が社会的交流に依存しているという状況は、偏見や認知上の限界とはまた別物である。第2章で解説したように、社会的学習は、個人による意思決定を改善する上で重要な機能を担っている。それと同様に、協力的な行動を促す社会規範が形成される上で、社会的影響が中心的な役割を演じていることを次の章で解説する。人類が生きのび、繁栄してこられたのは個人が持つ合理性のおかげかもしれないが、少なくともそれと同じだけの貢献を、社会的学習と社会的影響も果たしてきたのである。

私たちが何を求め、何に価値を見出すのか、また欲求を満たすためにどのような行動を選択するのかは、他人との交流のあり方によって常にその形を変えている。私たちのデータは、それを明らかにした。人間の欲求と嗜好を形作る上で重要な影響を与えるのは、生物学的な動因や先天的な道徳心に基づく理性的な内省ではなく、コミュニティの仲間たちが何に価値を認めているのかという点なのである。[21]たとえば２００８年の大不況の際、多くの住宅の評価額が突如として住宅ローン以下に下落したが、一部の人々が自宅を手放してローンも逃れるという行動に出たところ、周囲にいた多くの人々も同じ行動を取るようになったことが研究によって明らかになった。[22]意図的に債務不履行を起こすというのは、以前であれば犯罪に近い、あるいは道徳に反する行為と見なされてきたが、いまや当たり前となったのだ。経済学の言葉を使えば、私たちは多くの場合において集団的合理性を持ち、個人的合理性が見られるのは一部の領域でしかない。

常識が持つ意味

コミュニティの集団的知性は、アイデアの流れによって生まれる。私たちは身の回りにあるアイデアから学び、他の人々は私たちから学ぶ。そしてメンバーたちが積極的に交流しているコミュニティは、時間が経過することで、習慣や信念を共有するグループへと成長する。アイデアが外部からも流れ込む場合には、コミュニティのメンバーは彼らだけで判断する場合よりも、より良い意思決定を行えるようになる。

このように、コミュニティの中で集団的知性が形成されるという考え方は、古くから存在するものだ。英語の単語にもそれを見ることができる。たとえば"kith"（知人）という言葉を考えてみよう。現代の英語を話す人々には、"kith and kin"（親類縁者）という表現でお馴染みだろう。古い英語とドイツ語に由来するこの言葉は、共通の信念と慣習を持つ、団結した組織のことを指す。これらはまた"couth"（上品な、洗練されている）という言葉の語源でもあるが、反意語の"uncouth"（粗野な）の方が知られているかもしれない。つまり"kith"とは、（単なる友人ではなく）身近な人々のグループであり、そこから「正しい」行動を学ぶことのできる存在を意味する。

私たちの祖先は、文化や社会における習慣が社会的な契約であり、どちらも社会的学習の上に成り立っていることを理解していたのだろう。社会通念や習慣は、論理的な思考や議論から生まれるというよりも、仲間たちの態度や行動、その結果を観察することで習得される。人々がこうした社会契約を身につけ、強化していくことで、集団の中における行動が効果的に調整されるのだ。

現代社会は個人を重視する傾向にあるが、人間の意思決定の大部分は、仲間たちと共有する常識や習慣、信念などによって形作られる。そしてこうした習慣は、他人との交流を通じて形成される。私たちは常識を、周囲の人々が一般的に行っている行動の観察と真似を通じて、ほとんど無意識のうちに身につけるのである。そしてこうした集団的な選択の優先規準や意思決定メカニズムを通じて、人々はパーティーにおける丁寧な振る舞いや、仕事における敬意ある態度、公共交通機関における従順な姿勢といったものを自動的に行うようになる。[23] コミュニティの中で知性を生み出し、その繁栄をもたらすのは、アイデアの流れなのだ。

第4章　エンゲージメント

——なぜ共同で作業することができるのか

人はなぜグループの一員として行動するか

直前の2つの章において、アイデアはどこから流れてくるのか、それがどう行動へと変化し、習慣を形作るようになるかを解説した。しかし他人と共同で作業する能力というのは、コミュニティ内でのアイデアの流れだけで説明できるものではない。それには個人の間で、協調的な行動を取るような合意が形成される必要がある。また集団が一緒に働くためには、単に習慣が共有されるだけでは不十分で、協力を促すような習慣が共有されなければならない。共同作業を実現するために何が必要か、より深く理解する必要がある。まるでパズルのピースがぴたりとはまるような、優れた協調関係を可能にする習慣を打ち立て、多くの人々が同じ目標に向かって進むという状況を実現するにはどうすれば良いのだろうか？

グループとして行動する能力には、人類よりも長い歴史がある。たとえばマウンテンゴリラは、昼寝の時間を終わりにするタイミングを決める際、危険を知らせるシグナルを使う。[1] 群れの全体にそのシグナルが行き渡り、一定の強さにまで達すると、昼寝は終わりとなる。同じように、オマキザルはトリル音を使い、群れがいつ、どこへ移動すべきかを協力して決定する。[2] リーダーの立場にあるサルが最もトリル音を使い、発見した道に沿ってついてくるように促し、さらに別のサルがトリル音を使って群れ全体の動きを調整するのである。

こうした社会的意思決定が、霊長類のほぼすべての種と、その他多くの動物において見られる。どうやってシグナルを送るかについては、音声やゼスチャー、顔の動きなどさまざまな方法が取られるが、意思決定プロセスの構造そのものについてはほとんど変わらない。シグナルの発信とそれへの反応が、集団全体でコンセンサスが形成されるまで続くのである。[3] 進化理論研究者の中には、この方式の「社会的投票」プロセスは、社会性を持つ動物の間で最も一般的な意思決定方法である可能性があると主張する者もいる。それはこの方法が、集団に属する個々の費用対効果のトレードオフを非常にうまく説明できるというのが理由のひとつだ。さらにこの種の合意形成プロセスでは、極端な意見が回避される傾向にあるため、集団内の全員が決定に従いやすくなるという利点もある。

同じパターンは、人間の集団においても見られる。ボブ・ケリーによるベル・スター研究では、ベル研究所の平均的な研究者と「スター（花形）」研究者では何が違うのかが調査された。それによれば、スターはまさにこの社会的投票行動を研究グループが取るように促していた。[4] 平均的研究者が「チーム内で自分の役割を果たすこと」をチームワークだと考える一方で、スターはチーム内の全員が、目標設定・グループへの貢献・作業内容・スケジュール・グループとしての成果について当事者意識を持つように働きかけていたのである。言い換えると、スターはメンバー全員がチームの一部であるという意識を持たせることで、均一で調和したアイデアの流れをチーム内に生み出し、誰もが新しいアイデアに前向きに取り組めるように、十分なコンセンサスをつくり出そうとしていた。

グループ内で均一で調和したアイデアの流れを生み出すのは非常に重要だ。圧倒的多数が新しいアイデアを採用する姿勢を見せていれば、懐疑的な人々もそれに賛成するようになるだろう。驚くべきことに、人々が他人と協調して同じ行動をしている場合（一緒にボートをこぐ、ダンスするなど）、共同作業の報酬として、体からエンドルフィンが分泌される。エンドルフィンは天然の麻薬のような物質で、強い幸福感を与える。[5]

ベル・スター研究と同じように、この種のエンゲージメント（チーム内のメンバー全員の間で繰り返し共同作業が行われている状態）の存在が社会福祉を向上させ、[6]ビジネス上の関係を成功へと導くような、信頼に値する協調的姿勢を促進する[7]ことをさまざまな研究が証明している。グラミン銀行をはじめとした、マイクロファイナンスを行う金融機関（いまや発展途上国全体で一般的な存在となっている）の場合、強い社会的エンゲージメントがあるかどうかで成功が左右される。エンゲージメントが強いと、ローンが返済される可能性も高くなるからだ[8]「グラミン銀行では借り手5人が1組になり、互いに返済を助け合うのがルール」。

オンラインのデジタル世界におけるエンゲージメントに関して、もうひとつの面白い特徴を明らかにしたのが、最近フェイスブック上で行われた実験である。その実験結果はある意味で当然の内容で、おばあちゃん世代の人々であれば予想ができた話かもしれないが、それでもエンゲージメントの力を見せつけるものだ。２０１０年の米連邦議会選挙において、フェイスブックとカリフォルニア大学サンディエゴ校の研究者たちが、大規模な実験を実施した。これはジェームズ・ファウラー率いるグループが行ったもので、６１００万人のフェイスブックユーザーに対し、「投票にいこう」というメッセージをいくつかのバージョンに分けて送り、その反応を分析するという内容だった。

たとえば一部のユーザーには、「投票にいこう」と促すメッセージのみが送られた。このメッセージは数百万のユーザーの政治的意思表明に影響を与え、情報収集行動を引き起こし、実際に投票へと向かわせることができた。しかし投票行動に対する影響力は、がっかりするほど小さなものだった。

また別のフェイスブックユーザーには、「投票にいこう」というメッセージを送るだけでなく、既に投票を終えた友人の顔写真を表示するようにした。するとこの「知り合いの顔を見せる」という工夫により、メッセージの動員力は劇的に改善されたのである。しかし私たちのおばあちゃんは、社会的影響は顔見知りのような親しい友人の間で発生するものだということを、きっとわかっていただろう。

現実世界での友人は、フェイスブック上でのみ友達登録しているような人物とは異なる。研究の結果、実際の投票者数に対して親しい友人が与える影響の力は、メッセージ自体が持つ力の約4倍になることが明らかになった。投票を行ったという情報が、現実世界におけるフェイス・トゥ・フェイスのソーシャルネットワークを通じて伝えられた場合、平均して1つの投票がさらに3つの投票行為を生み出すという結果が出ている。

社会的圧力を利用する「インセンティブ」

いったい何が起きたのだろうか？　面と向かったコミュニケーションによるネットワークの方が、広く拡散する力を持つフェイスブックのメッセージよりも、人々に行動を起こさせる上で有効なのはなぜだろうか？　そしてこの効果を何らかの方法で使えば、他の状況においても人々に同じ考えを持たせることができるだろうか？　フェイスブックと投票行動の研究は、情報だけではモチベーションを高める力が弱いことを示している。その一方で、霊長類の群れとベル・スター研究の事例は、同じ集団に属するメンバーが新しいアイデアを受け入れているのを目にするだけで、それに加わって他のメンバーと協力しようという強いモチベーションが生まれることを示唆している。

新しい研究で次第に明らかになってきているのは、エンゲージメント（人々の間で発生する、強力かつポジティブな直接的交流）が、信頼できる協調的な態度を促すには不可欠だということだ。たとえば進化生物学の分野において、直接互恵性［二者間で繰り返される互恵関係。互いの行為を記憶している］やネットワーク互恵性［群れの中で隣合う個体同士が互恵的にふるまう場合、その群れが孤立していれば、他の群れより適応度が高まる］、群選択［群れに利益をもたらす行動をとる個体が多いと群れの長期的適応度が上がるとする説」のようなメカニズムが機能するのは、交流が局所的であることを活用しているからだ。[9] 小さな集団の中で人々が交流している場合、メンバーを罰したり賞したりすることは、協調的で信頼できる態度を促す上で非常に有効である。[10]

強い社会的絆が人々の行動を促すことはわかったとして、これを最大限に活用するにはどうすれば良いのだろうか？　一般的な経済的インセンティブの考え方では、人間を他者とのつながりから影響を受ける社会的存在としてではなく、合理的な行動を取る個人として捉えてしまうのでこれには的外れである。そうでなくても、経済的インセンティブはうまく機能しないという兆候が見られている。[11] しかし社会物理学は、他の可能性があることを示唆する。個人の行動変化を狙った経済的インセンティブや、情報そのものに頼るのではなく、人々のソーシャルネットワークに関係するインセンティブを使うのである。

ネイチャー系の学術誌『サイエンティフィック・リポーツ』で発表した論文において、私は大学院生のアンクール・マニと、アラブ首長国連邦のマスダールから来た客員講師イヤド・ラーワンと共に、ソーシャルネットワーク・インセンティブを使って人々の協力を最大限に促す方法を、数学的に解明した。[12] ソーシャルネットワーク・インセンティブは、社会的圧力を生み、特定のアイデアに関するやり取りを増加させ、その結果として人々がアイデアを行動として定着させる可能性を増やして、最終的にアイデアの流れを変化させるものである。

この理論を現実の世界で検証するために、私は前章で紹介した、フレンズ・アンド・ファミリー研究の若い家族のコミュニティにおいて、人々が運動する量を増やすという目標に取り組むことにした。ボストンの冬は寒く、この時期はみな室内にこもって活動的ではなくなるので、運動量を増やすというのはかなり難しい。もちろん体を動かさないというのは健康に悪く、さらにやっかいなことに、運動しないという習慣を取り除くのは非常に困難だ。気候が良くなってきても、人々は以前の運動量を取り戻すのに苦労する。これは「コモンズの悲劇」［共有地の悲劇とも言う。多数の人が利用する共有資源が個人の利益最大化により荒廃するという経済学の法則］の一種であり、少数の人々が不健康な態度を取ることで、コミュニティ全体のヘルスケアコストが増加しかねない。

そこで私はナダフ・アーロニーと共に、当時実施中だったフレンズ・アンド・ファミリー研究において、ファンフィット（FunFit）という仕組みをつくった。これはソーシャルネットワーク・インセンティブを与えるもので、人々が体を動かすように促すことを目的としている。フレンズ・アンド・ファミリー研究に参加した全員に、それぞれ2人の「バディ（パートナー）」が割り振られた。深いつきあいをしているような相手がバディとなることもあれば、顔見知り程度の場合もあった。またコミュニティ内のほぼ全員が参加していたため、自分自身も誰かのバディになっている状態であり、誰もが行動変化のターゲットであると同時に対象者のバディであった。

図5で示されているように、ファンフィットの最初の一歩は、既存のソーシャルネットワーク内に、行動変化のターゲットとなる人物が中心となるようにクラスターをつくることである。このクラスター内に含まれる人物が「バディ」だ（**図5**において薄い灰色で示されている人物）。バディたちは中心にいるターゲットの人物（**図5**では濃い灰色で示されており、AとBのラベルがついている）の直近3日間の運動の量に応じて、少額の現金を報酬として受け取る。

このような構図をつくることで、ターゲットの人物には、より運動するように仕向け

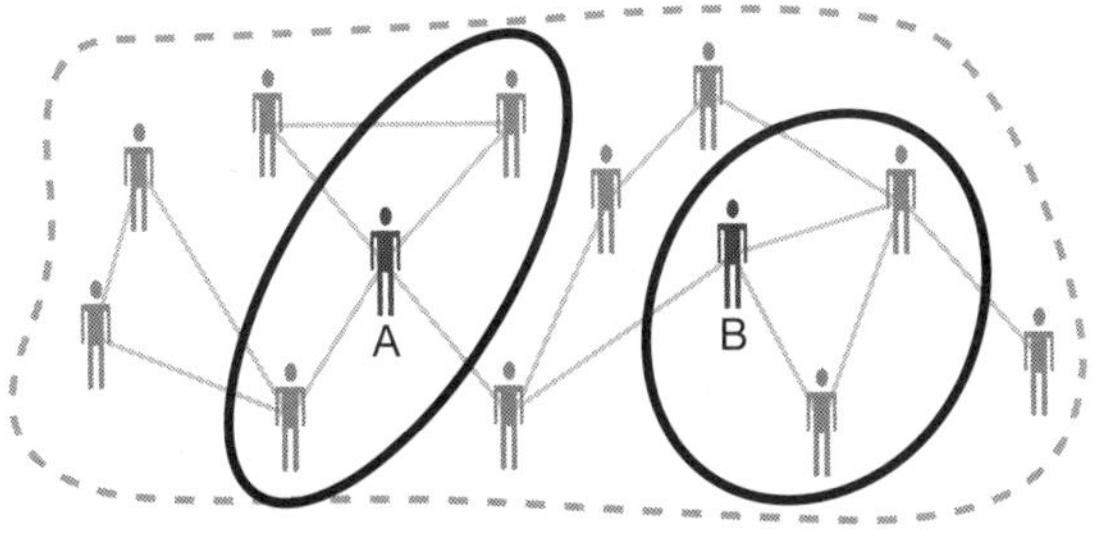

図5. 良い行動を促すインセンティブをローカルなソーシャルネットワーク（楕円で囲まれている人同士のつながり）内だけで働くように与えることで、ターゲットとなる個人に社会的圧力の影響が及ぶ。この仕組みは効果的だった。

る社会的な圧力がかかることになる。ターゲットと最も交流している人々にそのような社会的圧力をかけるインセンティブが生まれ、ターゲットが行動を改善することに対する報酬も、ターゲット本人ではなく彼らに対して支払われるからだ。言い換えれば、ソーシャルネットワーク・インセンティブは、どうやって運動量を増やすかというアイデアに関するエンゲージメント（チーム内のメンバー間で繰り返される協調的行動）を促すのだ。

私たちはスマートフォンに内蔵された加速度センサーを使い、コミュニティ全体を対象に、人々がどれほど運動しているかを測定した。一般的な社会科学の実験とは異なり、ファンフィットは実際の世界において実施されたもので、複雑な日常生活のすべてが絡んでいる。さらに人々が置かれた文脈に関するデータを数十万時間、数百ギガバイト分収集し、後でどの要素が最も影響を及ぼしたのか確認できるようにした。

平均すると、ソーシャルネットワーク・インセンティブは、従来型の個人に対する市場型インセンティブに比べおよそ4倍の効果を持っていることが判明した[13]。さらにターゲットとなる人物と最も頻繁に交流しているバディについては、効果は約8倍にも達していたのである[14]。

さらに良いのは、この効果が持続する点だ[15]。ソーシャルネットワーク・インセンティブが与えられた人々は、そのインセンティブがなくなった後にも、高い運動量を維持していた。この小さいが、ターゲットを絞った形でのソーシャルネットワーク・インセンティブは、コミュニティ内に行動変化に向けた社会的圧力をつくり出すことで、健康的な生活という新たな習慣に対するエンゲージメントを生み出したのである。

社会的絆の力に関してこれまでわかったことを考えれば、私がポスドク研究員のエレツ・シュムエリ、ヴィヴェク・シンと共に発見した内容は驚くに値しないだろう。実験の参加者が「バディ」たちとの間で行った直接的な交流の回数は、彼らの行動がどの程度変化するかを予測する優れた指標となっていたのである。[16]つまり直接的な交流の回数が多ければ多いほど、それを行った人々の間の社会的圧力が強くなることを意味する。[17]さらに交流の回数は、実験の終了後に参加者が健康的な行動をどの程度継続するかを予測するのにも役立った。

同様に、参加者同士の直接的交流の回数から、彼らがお互いをどの程度信頼しているかを驚くほど正確に予測することができた。[18]つまり2人の人間の間で交わされた直接的交流の回数は、お互いの信頼度と、社会的圧力の強さを予測するのに役立つのである。

人々に協力を促す場合、社会物理学のアプローチでは、個人を対象にした市場型のインセンティブを活用したり、新たな情報を付与したりするのではなく、ソーシャルネットワーク・インセンティブを活用する。つまり私たちは、個人としての人間に注目し、その行動を変えようとするのではなく、人々のつながりのあり方を変えることを重視するのである。その理由は明確だ。他人との交流は人間にとって非常に大きな意味を持つものであるため、そうした交流を利用することで、変化に向けた社会的圧力を生み出すことができるのだ。エンゲージメント（コミュニティのメンバー間で繰り返し行われる協力的な交流）は、協調的な行動へと向かう流れをもたらす。

ソーシャルネットワーク・インセンティブは、問題に対する協調的な行動を見出すように社会的圧力を生み出すことで機能する。そして人々は、さまざまな新しい行動を試し、より良い行動を探すようになる。生み出される社会的圧力の大きさは、人々の行動の食い違いがもたらすコスト、関係が持つ価値、交流の量によって左右される。つまり最も効果的なネットワーク・インセンティブは、最も強い社会的絆を持ち、他人との交流を最も頻繁に行っている人物に焦点を当てたものであるというわけだ。

SNSを通じての影響の広まり方

私たちが住む新しい世界、つまりデジタルメディアによってつながった社会では、デジタルなソーシャルメディアを使って人々の協力を促さなければならない。それに成功することもあれば、失敗することもある。どうすればデジタル世界におけるエンゲージメントを成功させることができるのだろうか？

それを考えるために、ファンフィットの別バージョン、ピアシー（Peer See）実験について解説しよう。私たちはフェイスブック上で行われた、投票行動実験で見られたのと同じ状況を再現できないかと考えた。つまり仲間の行動を自分のものと比較できるようにすることで、協力を促すわけである。ピアシー実験では、運動量を増やすことに対する報酬（一般的な経済的インセンティブ）を与えるだけでなく、オンライン上で「バディ」たちがどのような行動をしているのかを確認できるようにした。これは人々がお互いに競いあっている場合には、一種のソーシャルネットワーク・インセンティブとして機能する。

このピアシー実験におけるアプローチ（経済的インセンティブとソーシャルネットワーク・インセンティブを組み合わせたものと言えるだろう）は、検証の結果、ソーシャルの要素を持たせずに個人単位で報酬を与える場合（一般的な経済的インセンティブのアプローチ）よりも2倍の効果があることが確認された。単にバディたちが何をしているかを目にできるようにするだけで社会的圧力が生まれ、金銭的なインセンティブだけの場合の2倍の効果をもたらしたのだ。

この例を見れば、なぜフェイスブック上の実験において、対面での交流のある人物の行動が重要だったかがわかるだろう。ピアシー実験におけるソーシャルネットワーク・インセンティブと同じように、直接的な友人が既に投票にいったという情報が、人々を投票へと向かわせるのに十分な社会的圧力を生み出したのである。投票を促すフェイスブックのメッセージそれ自体は、さほど効果を持つものではない。しかしそれでわずかな人々でも投票に向かわせることができれば、それを起点として、彼らの直接的な友人の間に投票行動を波及させることができる。しかし対面でも交流のある友人の場合にしかほとんど効果がないのはなぜなのだろうか？　繰り返しになるが、それは社会的圧力の大きさが社会的絆の強さと交流の量に依存しているからだ。単なるフェイスブック上での友人では不十分なのである（こんなことは、おばあちゃんならとうに知っていたことだ）。

社会的圧力とデジタルネットワークを組み合わせた実験を、もうひとつ紹介しておこう。これは私がアンクール・マニ、イヤド・ラーワン、そして同僚のクレアマリー・ルーク、トーソン・スターク、さらにチューリッヒ工科大学のエルガー・フライシュと共に行った、省エネ行動に関する実験である。ここでは電力会社に協力してもらい、持ち家居住者に対して、電力消費を抑えるように促した[19]。

最初の実験では、持ち家居住者に対してソーシャル型のフィードバックを与えた。自宅の電力消費量と、他の平均的な世帯の消費量とを比較できるようにしたのである。

比較する相手が国全体における平均の場合、人々の行動は変わらず、省エネ行動もほとんど見られなかった。しかし比較する相手を周囲の近隣世帯にしたところ、行動変化が起きた。つまり比較する相手が自分とどれだけ近い関係であるかが重要なのだ。これこそソーシャルネットワーク効果である。比較する集団に含まれる人々の顔が見えるようになることで、その相手に対する信頼感が高まり、生成される社会的圧力も強くなるのだ。

この実験結果は、省エネについて社会物理学に基づくアプローチを試してみる価値があることを証明した。そこで次に私たちは、SNSを電力会社のウェブサイト上に開設し、まずは人々にローカルな「バディ」グループを形成するよう促すために、少額の報酬を与えるようにした。ファンフィット実験と同様に、このバディ・ネットワークは一般的な経済的インセンティブではなく、ソーシャルネットワーク・インセンティブを活用する。ある人が省エネ行動を取ると、彼のバディたちにギフトポイントが付与されるようにしたのである。

こうして生まれたソーシャルネットワーク・インセンティブによって、電力消費量を17パーセント抑えることに成功した。この効果は過去の省エネキャンペーンで最も成功したものの2倍であり、一般的に行われているキャンペーンと比較した場合には、4倍にもなった[20]。そしてファンフィット実験と同様に、行動変化の効果が最も大きかったのは、周囲の人々との社会的絆が強い場合だったのである。

これと同じように、デジタルと対面の両方を組み合わせた交流が、企業内におけるソーシャルメディアを通じて起きるようになっている。この種のエンゲージメントに対して、特に複数の大陸や時間帯にまたがる形でオフィスを展開している企業が関心を示している。なぜならこうした会社では、社員間での交流の大部分が、SNS、メール、ショートメッセージを通じて行われるからだ。これらのデジタルメディアは、フェイス・トゥ・フェイスでの交流や音声による交流に含まれる社会的シグナルの一部を欠いているため、効率的なワークグループを形成するために必要なエンゲージメントを生み出すという点では効果が薄い（トピック欄、第7章末の「社会的シグナル」と、第9章末の「デジタルネットワークか、対面でのコミュニケーションか」参照のこと）。それに気づいた企業は、デジタルメディアに失望するようになっている。

ビジネスの世界において、デジタルネットワークをより効果的なものにしたいというニーズがあるのは明らかだ。この点を理解するために、私は大学院生のイブ－アレクサンドル・ドゥ・モンジョワ、カメリア・シモワウと共に、1000社以上の企業において、デジタルの社内SNSについて検証を行った。[21] 各社において膨大な量のSNS参加への招待状、「いいね！」の投稿、投稿された記事など（平均で1年分）の分析を行い、何らかのパターンが見られないかを確認したのである。

その結果、驚くべきことがわかった。デジタルのSNSが、エンゲージメントが爆発的に増加する中で成長した場合、緩やかに成長した場合よりもはるかに効果的になるのである。たとえば社内SNSへの招待メールがひっきりなしに送られてくるような会社では、招待メールの数は一緒でも、送られてくる間隔が長い会社の場合よりも、SNSに参加して活用を始める人が多かった。そしてエンゲージメントが急激に発生しなかった会社では、ほとんどの社員がネットワークに参加せず、状況は悪化する一方だった。ベル・スター研究で明らかになったように、多くの人々が新しい行動へと雪崩を打ったように移行しない限り、大部分の人々は腰を上げようとしないのである。

こうした活動が一斉に行われた理由が、彼らのボスが命令したからだったのか、それとも単に期日が迫っていたから行ったのかという点は、それほど重要ではない。フェイスブックにおける投票行動の研究で見たように、人々に同じ行動を取るように促すのは、社会的圧力だからである。誰が誰を社内SNSに参加するよう誘うのか、という点が最も重要だった。招待のやり取りが行われたのが、既に日常的に交流している人々の間だった場合、特に彼らが同じグループの中で一緒に働いている場合には、弱い社会的絆でしか結ばれていない人々の場合に比べ、招待に応じる割合がずっと高くなった。

実際に、30分間で3つ以上の招待メールを受信した場合、またその招待が既に一緒のグループ内で仕事をしているメンバーから送られたものだった場合、受信者はほぼ確実にSNSに参加して、利用を始めた。それとは対照的に、30分間に12通もの招待メールを受け取っても、それが交流のない人やグループから送られたものだった場合には、比較的小さな効果しか見られなかったのである。

新しいデジタルツールを使い始めることを習慣の変化であると捉えるなら、このパターンは想定された通りと言えるだろう。第3章で解説した、速い思考と遅い思考を思い出そう。習慣を効率的に変えるためには、短い時間の間に、信頼を寄せる仲間が新しいアイデアを使ったり、使うことを推薦したりしている光景に接しなくてはならない。社内ネットワークを利用するという、新たな習慣を身につけさせるには、信頼する仲間が数多くの模範的行動を示してくれる、社会的学習に好ましい環境が必要となる。しかし大部分のデジタルのSNSは非同期的なものであるため、この種の継続的で、頻繁な模範的行動との接触をSNSだけで実現するのは困難な場合が多い。フェイスブックでの投票行動研究で示されたように、デジタル・ソーシャルメディアの利用もまたフェイス・トゥ・フェイスのネットワークを通じて広がるという方が、デジタルネットワークのみを通じて広がるというよりも一般的だ。

1000社から収集したデータを分析することで、新しいデジタルツールの活用を促す際は、ソーシャルネットワーク・インセンティブを活用するのが有効だということが明らかになった。たとえば対象となる本人の同僚がどの程度社内SNSを使って本人と業務をしたかに応じて、本人に報酬を与えるといった制度を設定すると良いだろう。そうしたインセンティブは社内ネットワークを使うように促す社会的圧力を生み出し、ネットワークを使うという新たな習慣の定着を促進するはずだ。

一連の研究の結論として言えるのは、エンゲージメント（繰り返し行われる協調的な交流）は信頼感を醸成し、他人との関係の価値を高め、それが結果として協調行動に必要な社会的圧力の土台となるという点である。言い換えれば、エンゲージメントは文化をつくるのだ。さらに研究によって、ソーシャルネットワーク・インセンティブがこのプロセスを加速し、個人的なインセンティブよりもはるかに効果的である場合が多いことが証明された。

なぜ企業はソーシャルネットワーク・インセンティブをもっと活用しないのだろうか？　おそらくソーシャル型のインセンティブが、曖昧でとらえどころがなく、信頼できる経営ツールというよりも単に「何かやった気持ちになれる」だけの戦略のように見えるというのが理由のひとつだろう。その結果、管理職の人々が一般的に使用するソーシャルなインセンティブ（「今月の優秀社員賞」など）は、たいてい現実の人間関係と無関係に設定されるので、嘘っぽく感じられるものになってしまう。

しかし社会物理学を活用すれば、こうした状況を変えることができる。社会物理学が提供する、新しく実用的なツールを使うことで、協力的な行動を促すソーシャル型インセンティブを構築できるからだ。社会物理学がもたらす新たな費用対効果の方程式は、経済的インセンティブよりもうまく機能し、協力を促進する新たな機会を開いてくれる。

やり取りがあっても支配と対立が発生する理由

アダム・スミスは、モノやアイデア、贈り物の交換や、助け合いを通じて生まれる社会構造が、コミュニティの利益となる問題解決をもたらす方向へ資本主義を導くと主張した[22]。私も同じ意見だ。コミュニティは社会的な絆からできており、そこから生まれる社会的圧力による制約がなければ、資本主義は弱肉強食の世界になってしまう。社会物理学は私たちに、経済的なやり取りだけでなく情報やアイデアの交換、そして社会規範の形成を考慮に入れなければ人間の行動を十分に説明できないことを教えてくれる。

アダム・スミスが考える「良い」資本主義は、理想的な状況を描いたものだ。人々の社会的な関わり合いがあれば、経済上の力関係はバランスの取れたものになると彼は考えていたのだろう。それは彼が、比較的狭い世界に住んでいたからである。都市に住むブルジョアはお互いに顔見知りであり、したがって同じような社会規範と「良き市民であれ」という圧力から行動を制限されていた。しかし彼の住んでいた時代、貧困は目に見えず、富裕層と貧困層の間に関わり合いがなかったことから、この2つのグループ間のやり取りには社会的な制約が生まれなかった。その結果、第一次産業革命における悲惨な状況が生まれたのである。

同じような社会の断絶は、異なる民族や宗教、利益集団が交わるところで発生し得る。最近サイエンス誌に掲載された、メイ・リム、リチャード・メッツラー、ヤニア・バー・ヤムらの論文によれば、集団間の暴力が起きやすいのは、コミュニティがあまり融和しておらず、一方のグループがもう一方のグループを支配し得る状態で、政治的・地理的な境界線が人口統計上の境界線と一致していない場合である。[23]例として挙げられているのは、1800年代の米国におけるネイティブアメリカン部族の強制移住、アイルランドにおけるカトリック住民とプロテスタント住民の衝突、ユーラシアで繰り返されたユダヤ人の大虐殺などだ。

こうしたミスマッチが起きると、その後に支配と迫害が続くことが多い。多数派の集団はローカルなルールを規定する力を持つが、少数派がある程度の大きさを持つと、対立が生じることになる。適切な境界線が引かれていたり、集団が十分に融和していたりすれば、暴力が生じる危険性は小さい。

私たちの「フレンズ・アンド・ファミリー」研究では、エンゲージメントによって信頼感が醸成されることが明らかになったが、それと先ほどのような集団間の暴力の存在とは矛盾しないのだろうか？　研究で扱ったコミュニティや社会集団では、行われるやり取りの大部分が協力的なものだった。しかしやり取りの大部分が搾取的なものである場合は、それが発生する度に、信頼感が失われることになる。他のコミュニティの人とやり取りする度に騙されていれば、そのコミュニティにいる人々全員を信頼しなくなるだろう。

信頼とは将来の協力的な行動に対する期待であり、過去のやり取りに基づいたものであるだけに、人々は私が「逆黄金律」と呼ぶルールに従って行動しているように見える。それは「自分がしてもらったように他の人にしなさい」というものだ[24]［いわゆる黄金律は「自分がしてもらいたいと思うことを他の人にしなさい」］。これは信頼ゲーム（古典的な「囚人のジレンマ」問題など）でしばしば見られる「報復戦略」に似ているが、現在では一般的な、デフォルトの戦略となっている。

残念ながら人々は、このルールを仲間と他人とで異なる形で適用している。つまり仲間のことは信頼するが、他人は信頼しないのだ。多くの人々が政治家や弁護士一般を不審に思う一方で、個人的に知っている政治家や弁護士個人に対しては信頼感を抱くのは、それが理由である。これは集団間に差別意識をもたらすものであり、ときには集団間の抗争にまで発展する。集団が別の集団を組織的に搾取する危険性があることは、さまざまな集団の間で協調的なやり取りを行うよう促進することがいかに重要かを示している。

エンゲージメントを成功させるルール

ここからは「エンゲージメント」という言葉を、人々の交流のネットワークによって行動変化が起きるプロセスを指すものとして使う。「探求」の概念と同様、エンゲージメントについて覚えておくことが3つある。

エンゲージメントには交流が必要…人々が共同作業を効率的に行うためには、「ネットワーク制約」と呼ばれるものが高い状態が必要になる。これは集団に属するすべての人々の間で、繰り返し交流が生まれていることを意味する。交流がリーダーとメンバーの間だけにしかない場合も、メンバー同士の間だけの場合も、ミーティングのように「構成員が一堂に会して」しかないという場合でもだめだ。

望ましいネットワーク制約の状態がどこまで具現化できるかは、メンバーに対して、他のメンバーとも会話するかどうか尋ねてみることで検証できる。答えが「ノー」なら、彼らの間で会話が生まれるようにしなければならない。私たちの研究によれば、協調的な行動を促す社会的圧力がどの程度存在するのかは、直接的な交流の数によって計測することができる。さらに交流の数に基づいて、人々が身につけた協調的な行動をどの程度維持するかも予測することが可能だ。

エンゲージメントには協力が必要…ベル・スター研究で明らかにされた「スター（花形）研究者」の姿は、チーム内の全メンバーに働きかけ、彼らにチームの一員であるという意識を持たせると共に、目標設定、研究活動、業績達成の各アクティビティに皆を巻き込むというものだった。こうしたスターたちは、チームメンバー全員に集団意識を持たせることで、チーム内のエンゲージメントを促す。そして誰もが新しいアイデアを受け入れるよう、十分なコンセンサスを形成しようとするのだ。

信頼感を醸成する…信頼感（公正で協力的なやり取りが将来行われると期待すること）は、人々の間で交わされた過去のやり取りの中から生まれる。その結果、ソーシャルネットワークには過去のやり取りの履歴とその勢いが反映される。また特定の人物の間で協力的なやり取りが直接行われた回数からも、彼らの間の信頼感を正確に予測することができる。ソーシャルネットワーク研究のパイオニアであるバリー・ウェルマンは、2人の人物の間で交わされた電話の回数によって、彼らがその関係に投じた労力の大きさ（しばしばソーシャルキャピタルと呼ばれるもの）が表せる可能性を示唆しているが、この推測は正しいだろう。

簡単に言えば、チームの一員として成功できるかは、チームのネットワークと継続的なエンゲージメントを築けるか否かにかかっている。人々はスポーツチームの選手のように振る舞い、個人が追い求める目標と社会的圧力の間でバランスを取りながら、協力して行動規範や、信頼と協力のパターンを構築していく。次の章では、エンゲージメントのレベルによってチームの生産性や、さまざまな人間の活動におけるレジリエンス（回復力）の程度を正確に予測できることを見ていこう。

次のステップ――社会を計測し繁栄へ導く

ここまでの3章で解説してきたのは、アイデアの流れ、すなわち「ソーシャルネットワークを通じた新しい行動の伝播」を、「新しいアイデアを収集する探求行為」と、「その後に起きる仲間とのエンゲージメント」を通じて、集められたアイデアの中から良いものを選び、習慣化する過程として概念化できる可能性だ。アイデアの流れは、社会的学習と社会的圧力を通じて、社会規範を確立することで機能する。そして最後に、ソーシャルネットワーク・インセンティブを活用してアイデアの流れのダイナミクスを変えることで、新しい行動を効率的に広められる可能性について説明した。

アイデアの流れが持つ行動変化の力は、人間の本質の中心に位置しているようだ。人類の部族社会では、部族全体に影響する決断は社会的状況の中で検討され、承認もしくは否認を示す多彩な社会的シグナルによって決定された。[25] それにより、コンセンサスが形成されて決定が実行される前に、すべての関係者の利害が考慮されることを可能にしたのである。類人猿の群れでも、集団の移動は、社会的シグナルを通じて形成されるコンセンサスに基づいて決定される。[26] 集団の中で社会規範が形成され、行使されるという例にはさまざまなものがあり、たとえばティーンエイジャーが必死になって周囲に合わせようとすることや、ギャングやごろつきが暴力的な行為に走ることもその一種だ。周囲が新しい行動を取るようになった場合、自分だけそれに合わせないでいるというのは難しい。[27]

社会学者に言わせれば、こうした発見は大騒ぎするほどのものではないかもしれない。これまでの章で登場した実験は、既に明らかになっている現象、たとえばホモフィリー（自分に似たものを好む傾向、「類は友を呼ぶ」）や社会的学習（「郷に入っては郷に従え」）の存在を強調しているだけではないのだろうか？ 確かにその可能性はあるが、これまで誰も、そのような良く知られる人間の行動パターンがもたらす情報処理効果について本格的に検討してこなかった。こうしたコミュニケーションのパターンは、個人の意思決定やコミュニティの健康状態にどう影響するのだろうか？ 社会的な環境によって、コミュニティの集団的知性が増加し、さらにコミュニティが一丸となって行動する能力も高まることについては、これまで解説した通りだ。さらに本書の残りの部分では、こうした情報処理効果が企業や都市、社会全体の機能の中心であることについて解説する。

次に掲載するトピック欄は、社会的影響を数学的に考察したものだ。どうすれば先ほど解説したような状況を数式に変換し、社会構造が新しいアイデアや新しいインセンティブに反応する様子を表現できるか、概要を理解してもらえるだろう。こうした数式を使うことで、個人の行動がどのように変化するか、さらにグループのパフォーマンスやコミュニティからのアウトプットがどうなるかを十分に予測できるようになるだろう。社会物理学で使用される数式について、もっと詳しく知りたいという方は、付録4 数学を参照してほしい。

残るパートでは、これらの概念と数式を使い、企業や都市、社会全体を計測し、管理する方法について解説しよう。それを通じて、いま現れつつある「つながりすぎた世界」が持つ可能性と危険性を把握するとともに、危機から身を守り、繁栄を続けていくためには何を変えなければならないかを理解してもらえれば幸いだ。

トピックス　社会的影響の数学

数学好きは少数派なので、本文では数式を一切登場させていない。しかしそうすると、社会物理学では人間の行動を数学モデルに置き換えることが可能であり、そのモデルを使って望ましい組織のあり方を検討できることが、忘れられてしまう。そこでこの欄では、社会物理学における数学モデルがどのようなものかを感じてもらうため、ごく簡単な説明を行ってみたい。

この50年以上というもの、社会システムの中で誰が誰に影響を与えているのかという問題について、社会科学者たちは考察を続けてきた。しかしそうした研究の多くが、定性的なものだった。問題は社会的影響をどう数式で表すかだ。しかもそうした影響を直接的に目にすることはできず、個人の行動を観察して類推するしかなかった。[28]

私たちが構築した「影響の数学モデル」は、人々の集団を示す「C（company）」から始まる。Cを構成する人々（$c=(1, \ldots\ldots, C)$で示される）は当初、独立した存在であり、彼らが何をしているのかは軽く観察した程度ではわからない。つまり彼らの行動を促すアイデアは、頭の中に隠れていて見えないのだ。この「行動を促す隠れたアイデア（hidden behavior idea）」をhで示してみよう。そしてある個人（c）がある時点（t）で持っている隠れたアイデアを、$h_t^{(c)}$と表す。各自が何を考えているのかを直接知ることはできないが、彼らの行動が「観察可能なシグナル（observable signals）」となり、これを$O_t^{(c)}$と表す。そしてある時点での観察可能なシグナルがどのようなものになるかは、各自の頭の中に隠れているアイデアによって左右される。この確率、すなわち、$h_t^{(c)}$のときに$O_t^{(c)}$が表れる確率を$Prob\left(O_t^{(c)}|h_t^{(c)}\right)$と表す［一般に$Prob(B|A)$は、「$A$の条件を満たしているときに、$B$が起こる確率」である「条件付き確率」を表す[29]］。

社会的影響を状態依存（ある人物の状態が別の人物の状態に影響を与える、あるいは別の人物の状態から影響を与えられること）として表すという発想は、長い歴史を持つものだ。[30] そしてこの発想を応用することで、社会的影響を、ある時点で各自の頭に隠れているアイデア$h_t^{(c)}$と、その直前の時点で集団全員の頭に隠れているアイデア$h_{t-1}^{(1)}$、……、$h_{t-1}^{(C)}$との間にある条件付き確率として示すことができる。このことを、ある個人（c）のある時点（t）における状態$h_t^{(c)}$は、t-1の時点における他の人々の状態から影響を受けると解釈すると、ある個人（c）がt-1の時点における状態から影響を受けて$h_t^{(c)}$の状態になる条件付き確率は、以下のように示すことができる。

$$Prob(h_t^{(c)}|h_{t-1}^{(1)},\ \ldots\ldots,\ h_{t-1}^{(C)}) \quad (1)$$

影響モデルでは、この「集団状態」全体を、ある個人（c）が他の個人（'c）に対して与える個々の影響に分解する：

$$Prob(h_t^{(c')}|h_{t-1}^{(1)},\ \ldots\ldots,\ h_{t-1}^{(C)}) = \sum_{c=(1,\ \ldots\ldots C)} R^{c',c} \times Prob(h_t^{(c')}|h_{t-1}^{(c)}) \quad (2)$$

この影響行列$R^{c',c}$は、ある個人（c）が別の個人（c'）に対して与える影響力の強さを表すとともに、集団のソーシャルネットワークを通じて影響がどのように広がるかも表現する。このモデルではパラメーターの個数の増加は、人数や人々の内的状態の個数の増加に対し、比較的緩やかなので、ライブデータを数学的にモデル化して、それをリアルタイムのアプリケーション内で活用することは容易である。これは事実上、社会的絆や行動がどのようなものかを事前に把握していなくても、この影響モデルのパラメーター（影響力や状態などを表すもの）を、期待値最大化アルゴリズムを使うことで決定することができるという意味である。パラメーターを推定するためのMatlabコードとサンプル問題を、次のURLで公開している。

http://vismod.media.MIT.edu/vismod/demos/influence-model

このモデルは、イートロの例でもトレーダーの行動を正確に表現することに成功している。またファンフィットの例では、私たちは各個人（c）の状態を偏らせるようなインセンティブを与えた。つまり、各個人cが影響行列を介して、対象c'に影響を与える確率が高い状態にしたのだ。その結果、対象c'は望ましい行動を取る状態になるのである。たとえばインセンティブが与えられることで、個人（c）は別の個人（c'）に話しかける確率が増えて、もっと運動をしろと言うようになるだろう。さらにファンフィット実験で見られたように、この行為がどれほどの効力を持つかは、個人（c）が相手（c'）との間で行った交流の量に左右される。

したがって、個人（c）と相手（c'）の間で行われた交流の量［および効果の大きさ］を計測することで、社会的影響（$R^{c',c}$）の大きさについて概算が求められる。そして本書に登場するほぼすべての事例（政治観や購買行動、健康習慣、生産性についても小集団のものから企業内の部署、都市全体まで）において、社会的交流（直接的・間接的両方）の量を計測して社会的影響を推測することで、将来における個人の行動を予測できる。

問題は、このモデル内のパラメーターが、交流における実際の影響力をどこまで一般的に表しているかという点である。検証の結果、小集団において、モデルが正確に人々の社会的役割（主唱者、敵役、支援者、中立者など）を識別できることが確認された。また組織においては、モデルを使って人々をいくつかのクラスターに分類して職場内のグループ分けを推測し、グループ内のリーダーを把握することで、組織内の関係性を図で示すことができた。[31] そしてもちろん、モデルの一部を変更することで、本書に登場する事例のすべてに対応することができる。実際にいま、このモデルを発展させたものが、1億人のスマートフォンユーザーの購買パターンを分析するために使われている（私が共同創業者となっている会社、センスネットワークスのウェブサイトで詳細を確認できる。http://www.sensenetworks.com）。

このモデルの最も重要な帰結のひとつは、このモデルに基づいて考えることで、人間の行動を観察した結果から、アイデアの流れの速さを数値的に推定するために必要な、ソーシャルネットワークに関するパラメーターが与えられるということである。アイデアの流れの速さとは、ソーシャルネットワーク内に新しいアイデアがもたらされた際に、それを受け入れるであろう人々の割合を意味する。アイデアの流れの速さは、影響モデルにおけるすべての要素（ネットワーク構造、社会的影響力の強さ、新しいアイデアに対する個人の受容性）から算出されることになる。

イートロの事例では、トレーダーがどの程度の利益をあげられるかはアイデアの流れに大きく依存していた。したがって、アイデアの流れの速さは、ある組織やソーシャルネットワーク内における意思決定の質を計測する手段を与えてくれる。続く章では、これと同様にアイデアの流れの速さから生産性やクリエイティブな活動の成果も予測できることを解説する。

最終的には、アイデアの流れの速さの定量的推定により、ネットワークをより良く機能させるチューニングが可能になる。ネットワーク構造の変化の結果や影響力の強さの変化の結果、あるいは個人の性格的要素の変化の結果を、アイデアの流れの速さから知ることができるからだ。

Part 2
アイデアマシン

第5章　集団的知性
——交流のパターンからどのように集団的知性が生まれるのか

集団を賢くするのは何か

社会的交流の物理学がいかに機能するのか、理解を進めるために、小規模な集団における相互作用を検証してみよう。人々の集団もコミュニティと同様に、個々の構成員が持つ知性とは別の、集団的知性を有している。さらにこの集団的知性は、IQが個人のパフォーマンスを予測する際に重要であるのと同じように、集団のパフォーマンスを予測する際に重要な要素となる。この驚くべき発見の研究を行ったのは、私の同僚であるアニータ・ウーリー、クリストファー・シャブリ、ナダ・ハシュミ、トム・マローン、そして私で、論文はサイエンス誌で発表された。[1] これは数百の小グループを対象に、集団的知性の検証を行うという研究がもとになっている。彼らにさまざまなブレインストーミングや意思決定、計画策定を行ってもらい、さらにグループ全体としてIQテストを実施したのである。

何が集団的知性の基礎となるのだろうか？　これは予想外だったのだが、集団のパフォーマンスを上げると多くの人々が一般的に信じている要素（集団の団結力やモチベーション、満足度など）には、統計学的に有意な効果は認められなかった。集団の知性を予測するのに最も役立つ要素は、会話の参加者が平等に発言しているかどうかだったのである。少数の人物が会話を支配しているグループは、皆が発言しているグループよりも集団的知性が低かった。その次に重要な要素は、グループの構成員の社会的知性（相手の社会的シグナルをどの程度読み取れるかで測定される）だった。社会的シグナルについては、女性の方が高い読み取り能力を持つ傾向にあるため、女性がより多く含まれているグループの方が良い結果を残した（第7章末のトピック欄「社会的シグナル」を参照のこと）。

集団のパフォーマンスを向上させる上で、女性たちはどのような役割を果たしているのだろうか？　社会物理学の視点から考えると、集団内のアイデアの流れに対して何らかの貢献を行っているのではないか、ということになる。幸いなことに、さまざまなグループに課題を行ってもらう際、私たちは多くのグループの人々をデータ収集装置「ソシオメトリック・バッジ」を使って測定していた。私は博士研究員のウェン・ドンと共に収集されたデータを分析して、アイデアの流れにパターンが見られるかどうかを確認した。[2]

一連の実験で使用されているソシオメトリック・バッジは、人々がどのように交流しているかを計測して、詳細な数値データを生成する。通常集められるデータは、着用者がどのようなトーンで話しているか、会話中に相手と向き合っているか、どの程度ゼスチャーしているか、話している時間・話を聞いている時間の長さ、相手の発言を遮る頻度などである。集団内の各個人から得られるデータを統合し、それをパフォーマンスのデータと比較することで、チームワークが成功する場合における相互作用のパターンを把握することができた（詳しくは付録1　リアリティマイニングを参照のこと）。

こうしたソシオメトリック・バッジからのデータを分析して明らかになったのは、アイデアの流れのパターンそれ自体が、他のあらゆる要素よりも、集団のパフォーマンスに大きく影響しているという点である。他の要素を合わせた影響よりも、アイデアの流れがどのようなパターンを取っているかの方が、大きな影響を与えているのだ。これは非常に重要な発見だ。個人の知性や個性、スキル、その他さまざまな要素が束になっても、アイデアの流れのパターンにはかなわないのである。

ウェンと私は、3つの単純なパターンが、さまざまな集団やタスクにおけるパフォーマンスのおよそ50パーセントを決定していることを発見した。最大のパフォーマンスを発揮するグループには、一般的に次のような特徴が見られる。⑴アイデアの数の多さ。数個の大きなアイデアがあるというのではなく、無数の簡単なアイデアが、多くの人々から寄せられるという傾向が見られた。⑵交流の密度の濃さ。発言と、それに対する非常に短い相づち（「いいね」「その通り」「何？」のような、1秒以下のコメント）のサイクルが継続的に行われ、アイデアの肯定や否定、コンセンサスの形成が行われている。⑶アイデアの多様性。グループ内の全員が、数々のアイデアに寄与し、それらに対する反応を表明しており、それぞれの頻度が同じ程度になっている。

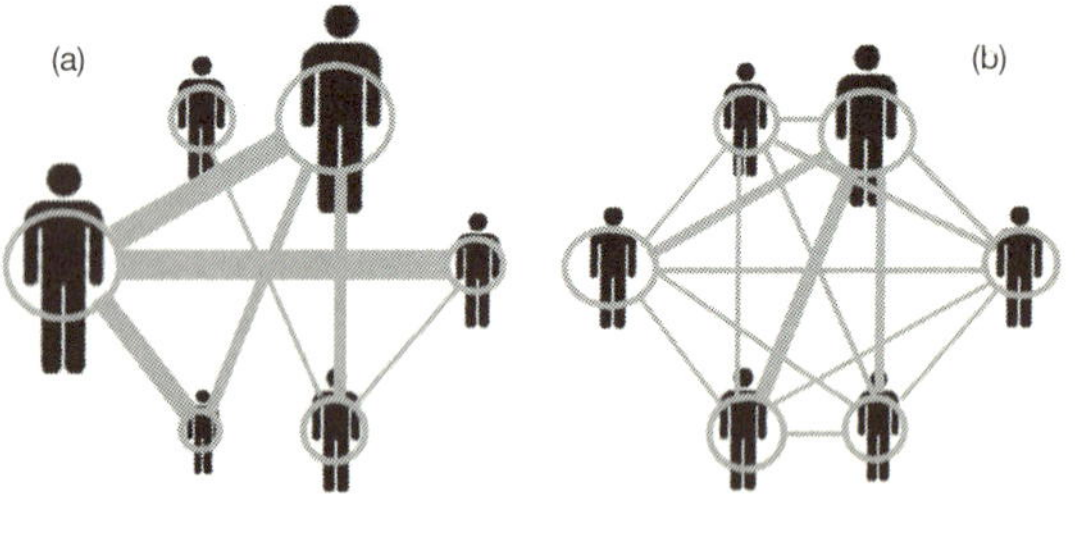

図6. 非生産的な交流のパターン(a)と、望ましい交流のパターン(b)

図6はこうしたパターンを図で表したものだ。この図は第2章、第3章、第4章で見てきた事例ともよく似ており、私自身が知っている創造的な人々の例にもよく当てはまる。アイデアを発見するための探求を行い、最高のアイデアを見つけ、誰もが同じ考えを持つようにするためのエンゲージメントに取り組むのだ。さらにこれまでの例で示されているように、アイデアの多様性が極めて重要な変数となる。

このパターンの例外となるのは、ストレスにさらされている場合である。いますぐに意思決定を行わなければならない場合、すべてのアイデアを並べて精査する時間はない。もうひとつの例外は、共同作業を行うのが難しく、感情的な反応が起きている場合だ。その場合、リーダーが世話人の役割を演じ、他人の会話に頻繁に介入する必要がある。しかしそうした介入はできるだけ短くし、新しいアイデアが検討される時間を確保しなければならない。

ソシオメトリック・バッヂから得られた小集団に関するデータを解析することで、チームが一種の「アイデア生成マシン」として機能することがわかった。このアイデアマシンは、アイデアの流れがどのようなパターンを取るかによって、発揮されるパフォーマンスが変化する。サイエンス誌に掲載された研究論文では、あるグループ内ですべてのメンバーからアイデアが集められ、そのすべてに対して反応が返されているかどうかが、グループのパフォーマンスを左右する要素になっていることを指摘している。私たちが行った実験では、先に挙げた女性などの集団的知性に貢献する参加者の行動によって、より多くのアイデアをより簡潔に提示するよう導かれて、それに対する反応も促され、すべての参加者が平等に関与するようになることで、結果としてより良いアイデアの流れが実現されている可能性がある。

アイデアの流れのパターンが、他のすべての要素を合わせたのと同じ程度の重要性を持つのはなぜなのだろうか？　この疑問に答えるために、私たちの先祖に目を向けてみよう。進化の上では、言語は比較的最近になって発生した要素であり、より古いメカニズムの上に築かれている。そうした古いメカニズムは、主従関係や興味、同意といったシグナルを送り、資源を見つけたり、意思決定をしたり、行動を共調させたりすることを司っている。現在でもそうした旧式の交流におけるパターンは、依然として私たちが意思決定を行う際や、周囲に合わせて自分の行動を調整する際に影響を及ぼしている。

古代に生きていた私たちの祖先が、どのように問題解決を行っていたのか想像してみよう。たき火の周りに人々が座って、何かを指示したり、見聞きしたことを関連づけたり、相手の話に頷きやゼスチャー、言語的シグナルを使って反応することで、関心や同意の度合いを示したりしている。あるアイデアに集団として承認を与えるかどうかを決定する際には、メンバーはそのアイデアに対する反応を積み重ねていき、メンバーの大部分が合意しているかどうかを判断する。

初期の人類の集団は、共通の問題を解決するために、アイデアを出し合う必要があった。そうしたアイデアの共有は、現代の類人猿の群れにも見ることができる。動物行動研究の結果から、類人猿の群れやミツバチのコロニーにおいて集団行動が決定される際にも、先ほどと同じような行動が取られることがわかっている。私たちがソシオメトリック・バッヂを使って収集したデータからは、現代の人々が問題解決を行う際、同じ行動が見られることが明らかになった。現代の会議室で見られる、新しいアイデアに対する「うーん」や「オーケー」といった相づちは、そうした古代のアイデア精査メカニズムを維持し、活用するものなのだ。[3]

サイエンス誌に掲載された論文における重要な結論は、「集団は集団的知性を持つ」というものである。そしてその集団的知性は、個々の構成員が持つ知性とはほとんど関係ない。個人の能力よりも優れた、集団で問題を解決するという能力は、個人の間のつながりから生まれる。特に皆から多様なアイデアを引き出し、共有を促す交流のパターンと、アイデアを精査してふるい分け、合意を形成するプロセスがその中核となる。私たちは個人よりも集団としてより良く機能するように進化したのだろうか？[4]

人々の集団を測定する

集団的知性に関する私たちの研究によって、チームが「アイデア生成マシン」として機能することが明らかになったが、そのときの交流のパターンが「アイデアのデータマイニング」を促していることがわかった。集団内にどのような交流のパターンが存在しているかを把握するだけで、その集団の最終的な生産性を正確に推測することができる。

私は企業についてもこのことを確かめた。きちんと油がさされた機械のように感じられる企業もあれば、複雑な部品が完璧に組み合わさって機能しているような企業もある。それでは内部でどのような交流が行われているかを把握するだけで、企業のパフォーマンスを予測できるのだろうか？　企業や政府といった組織も小集団と同様、アイデアマシンのように振る舞うのだろうか？　つまり、個人と個人のつながりを通じて、アイデアの収集や拡散を行っているのだろうか？

研究所内の実験とは異なり、職場では誰もが椅子に座ってじっとしているわけではない。忙しく動き回り、デスクやホールで話をしたり、ランチタイムにおしゃべりをしたり、休憩コーナーやプリンターの周囲でちょっとした議論を行ったりする。そこで私たちの研究では、実際の職場で従業員にソシオメトリック・バッヂをつけてもらい、現実世界のさまざまな場面で、対面での交流がどのように行われているかを計測した。

私は博士課程の学生だったテミー・キム、ダニエル・オルギン・オルギン、ベン・ウェーバー（現在は私たちが設立した会社であるソシオメトリック・ソリューションズで働いている）と共に、ソシオメトリック・バッヂを使って、企業内の研究チームやクリエイティブチーム、病院の術後病棟、伝統的なバックオフィス、コールセンターなどさまざまな種類の職場を調査した。[5] 組織内における交流パターンの全体像を把握するためには、メールやインスタントメッセージなど、利用されているすべてのメディアを確認しなければならない。そうしたコミュニケーションチャネルから得られたデータを統合した上で、パフォーマンスが高いグループと低いグループの間で、交流パターンにどのような差が見られるかを調べた。

ハーバード・ビジネス・レビュー誌に掲載した論文「チームづくりの科学」で詳しく解説しているように、私たちは数十の職場で調査を行い、数百ギガバイトのデータを収集した。[6] その結果、チームの生産性と創造的な成果に最大の影響を与える要因は、対面でのエンゲージメントのパターンと、企業内で行われる探求のパターンであることが多いと判明したのである。そうしたパターンがどのように成果に影響するのか、そして企業がこの知見を活かす方法を解説していこう。

エンゲージメントと生産性

最初の例として、コールセンターから得られたデータを解析してみたい。通常コールセンターにはさまざまな機器が導入されており、あらゆる行動が計測されている。コールセンターでは業務がルーチン化され、標準化されているため、オペレーターは他の従業員と会話する時間を最小限にしようとする傾向がある。彼らがお互いに学ぶことは少ない、と管理者は考えているのだ。この考え方はさまざまな場面で現れるが、そのよくある一例が「オペレーターがばらばらに休憩時間を取る」という制度だ。

２００８年、私たちはバンク・オブ・アメリカと共に研究を行うようになったのだが、銀行のコールセンターという厳しく管理された環境が、「従業員間のアイデアの流れは集団の生産性を決定する主要な要因である」という仮説を検証するのに適した場になるのではないかと考えた。そしてバンク・オブ・アメリカに対し、従業員の交流パターンを測定して、アイデアの流れを改善するための簡単な施策を考えることを提案したのである。

私たちは３０００人以上の従業員が働くコールセンターを対象に、研究を２つのフェーズに分けて行うことにした。最初のフェーズでは、それぞれ20人の従業員からなる４つのチームをターゲットにした。彼らに対し、コールセンターにいる間は、一日中ソシオメトリック・バッジをつけて行動するようお願いしたのである。この対応を6週間行ってもらった結果、数十ギガバイト分の行動データが集められた。

このコールセンターで最も重要な生産性指標となっていたのが、「平均通話処理時間（AHT）」である。この値がコールセンターの運営コストに直結するからだ。たとえばAHTを5パーセント減らすだけで、バンク・オブ・アメリカは年間約100万ドルのコストを削減できる計算になる。

しかし収集したデータを分析してみると、生産性を左右する最も重要な要素は、従業員同士が交流に費やした時間の合計と、エンゲージメントのレベル（職場の輪に皆が参加しているか）であることが判明した。この2つの要素を組み合わせるだけで、金額換算された生産性の変動の3分の1を予測することができたのである。

この研究結果は、アイデアの流れの速さがどのように変わるかによって、コールセンター内での生産性が変化することを示している。これはイートロの研究結果（第2章の図3を参照のこと）とよく似ている。そして繰り返しになるが、アイデアの流れの速さと成果の関係を図式化できれば、ネットワークの構造をチューニングすることで成果を改善できるのである。

この研究の結果、私たちは経営層に対して、休憩時間のあり方を変えるよう提案した。他社の場合と同様に、バンク・オブ・アメリカのコールセンターでも、休憩は従業員が個人単位で取るという形式を採用していた。しかし同社は多数の従業員を抱えていたので、チーム内で負荷を分散させるのではなく、チーム間で負荷を分散させることが可能だった。つまり個人単位ではなく、チーム単位で休憩を取ることができたのである。そこで非公式な交流の量を増やし、従業員のエンゲージメントを高めるために、同じチームの従業員全員が同じタイミングで休憩を取る形式を推奨した。

休憩時間に従業員同士が話をするようになることで、個々のチーム内で行われる交流の量が増え、従業員のエンゲージメントも高まる。その結果、AHTは急激に低下した（従業員の生産性が急上昇したわけだ）。つまり交流のパターンと、生産性の間に強い関係があることが確認されたのである。休憩時間を変えるという簡単な対応だけで生産性が上がったことを確認したバンク・オブ・アメリカは、コールセンター全体の休憩方法を同じ形式に変えることを決め、これによって年間で1500万ドル分の生産性向上が実現されると期待している。

この研究が明確に示しているのは、対面のコミュニケーションを通じたエンゲージメントが生産性に大きく影響するという点だ。これは他のタイプの職場でも言えるのだろうか？　この疑問を検証するために、私たちはソシオメトリック・バッヂを使って、一般的なホワイトカラーの職場を測定する研究を行った。対象となったのは、バックオフィス系の従業員で、ITソリューションを活用して営業スタッフを支援している人々である。特に28人の従業員からなる営業支援チームを対象とし、そのうち23人が測定に協力してくれた。このチームはシカゴ地域をカバーするデータサーバー営業の支援部隊で、データ収集は1ヶ月（20営業日）にわたって行い、誰と誰が会話したか、会話中にどのようなゼスチャーを行ったか、どのような口調で会話したかなど、合計でおよそ10億件のデータが収集された。時間に直すと1900時間分であり、従業員1人あたり平均で80時間分のデータが集められた[7]（この研究の詳細については、http://realitycommons.media.MIT.eduで確認できる）。

分析では、個々のタスクにおける従業員の行動の差が確認された。彼らはコンピューターシステムの設定を行う作業を任されており、先に届いた依頼から順に処理していくことになっている。作業が終わると、その結果と費用を営業員に伝え、次の依頼に取りかかる。作業の開始時間と終了時間は正確に記録されているので、それぞれのタスクにおける従業員の生産性を、金額に換算して把握することが可能だった。

分析の結果、生産性を左右する中心的な要素は、エンゲージメントの程度であることが判明した。エンゲージメントとは、共に仕事をするグループ内におけるアイデアの流れの速さであることを思い出そう。この研究においてエンゲージメントは、従業員が話しかけた複数の相手のそれぞれがさらに互いに話をしているかどうかの度合いから算出された。そして雇用期間や性別といった要素を調整すると、エンゲージメントの程度が高い上位3分の1の従業員は、一般的な従業員と比べて10パーセント以上生産性が高いという結果が得られた。

したがって、このホワイトカラー研究においても、「アイデアの流れ」という概念が、生産性と交流パターンの間にある関係性を理解するカギを握ることが明らかだ。職場の輪に加わることで、従業員は仕事のコツを学ぶことができるのだろう。そのコツとは、経験に基づく暗黙の知識で、初心者と熟練者を分けるものだ。そして誰もが会話に参加することで、「アイデアマシン」が効率的に機能するようになる。

探求とエンゲージメントの反復と創造性

交流のパターンは生産性に大きく影響するだけでなく、人間の最も洗練された能力である、創造性にも影響を与える。ソシオメトリック・バッヂを使い、多様な組織から集めたデータは、「アイデアの発見（探求）」と「発見したアイデアの行動への統合（エンゲージメント）」という2つのプロセスが、創造的な活動の成果を左右することを示している。創造性が高いグループと低いグループの間には、グループの外で行われる対面での探求行為と、グループ内でのエンゲージメントにおいて違いが見られる。

探求とエンゲージメントはどちらも創造的な活動に欠かせないが、交流のパターンにおいては、それぞれ異なる、そして対立する役割を担っている。この点について、他の社会的生物（類人猿の群れやハチのコロニーなど）が採用している解決策は、新しいアイデアの探求と行動変化に向けた他者とのエンゲージメントを交互に行うというものだ[8]。

資源の発見と集団による意思決定を統合するという大昔からあるメカニズムは、人間かそれ以外の生物かを問わず、さまざまな集団を機能させてきた。たとえばミツバチからは、望ましい社会的交流のパターンについて、多くを学ぶことができる。働きバチは食料が見つかる良い場所を探しに出かけ、巣に戻ると「尻振りダンス」をしてその場所までの方向と距離を伝える。この特別なダンスは、他の働きバチがこれまでの行動を変え、新しい食料源に向かうことを促す。

このミツバチの行動は有名だが、あまり知られていないのは、彼らが同じメカニズムを使って集団的意思決定を行うことである。ミツバチのコロニーで行われる最も重要な意思決定のひとつが「どこに巣をつくるか」であり、彼らはアイデアマシンと似た仕組みを使って、その判断を行う。まずコロニーから、斥候役を果たす少数のミツバチが飛び立ち、周囲の環境を探索する。候補となる場所を見つけたハチは巣に戻り、体を激しく動かすダンスをして、発見した内容を他のハチに伝える。すると他のハチたちは行動を変え、同じ場所に偵察に向かうようになるのだ。そこから戻ってきたハチたちは、ダンスを通じてさらに多くのハチを偵察に向かわせる。このサイクルは最終的に、最高の候補地を支持する斥候の数がしきい値を超え、コロニー全体が移転するまで続く。

ミツバチの意思決定プロセスでは、資源を発見する方法としての探求と、コミュニティの間に新しい行動を広める方法としてのエンゲージメントが交互に行われている。これから解説するように、この2つのプロセスは人間の組織においても重要だ。そしてそれぞれのプロセスでは、求められる要件が異なる。ミツバチが示している解決策は、探求に最も適している星形のネットワークと、エンゲージメントやアイデア統合、行動変化に最も適している、個々が密接につながった凝集性のあるネットワークを切り替えるというものだ。人間であろうと、ミツバチであろうと、必要に応じてネットワークの交流構造を変化させることで、探求とエンゲージメントの双方を最適化することができる。[9]

一般的な企業における探求では、従業員は他のチームのメンバーと接触して交流し、星形のネットワークを形成しようとする（図7⒜参照）。通常このネットワークは、チームの外からのアイデアの流れを生み出し、新しく有益なアイデアの発見を促進する。そして一般的なエンゲージメントにおいては、従業員は密接につながりあったネットワークを形成し、ほとんどの交流が同じチーム内のメンバーとの間に発生するようになる。彼らはチームメンバーと一緒にランチを食べたり、コーヒーを飲んだり、関係を深めたり、内気なメンバーを誘ったりする。つまり誰もが皆と会話する状態をつくり出そうとするのだ。これによりチーム内でアイデアの流れが生まれ、それが新しいアイデアの精査と、その規範化や習慣化を促すことになる（図7(b)参照）。

定性的には、これは第2章と第3章で取り上げた、ベル・スター研究でも明らかにされたことである。花形研究員（スター）は、自らの研究に関するさまざまな視点を得ている。経営層や顧客、販売部門、製造部門など、事業に関係する人々は、それぞれ異なるものの見方をする。そしてこうした異なる考え方を、自分たちのグループ内に存在している考え方と結びつけることが、創造的思考の源泉とな

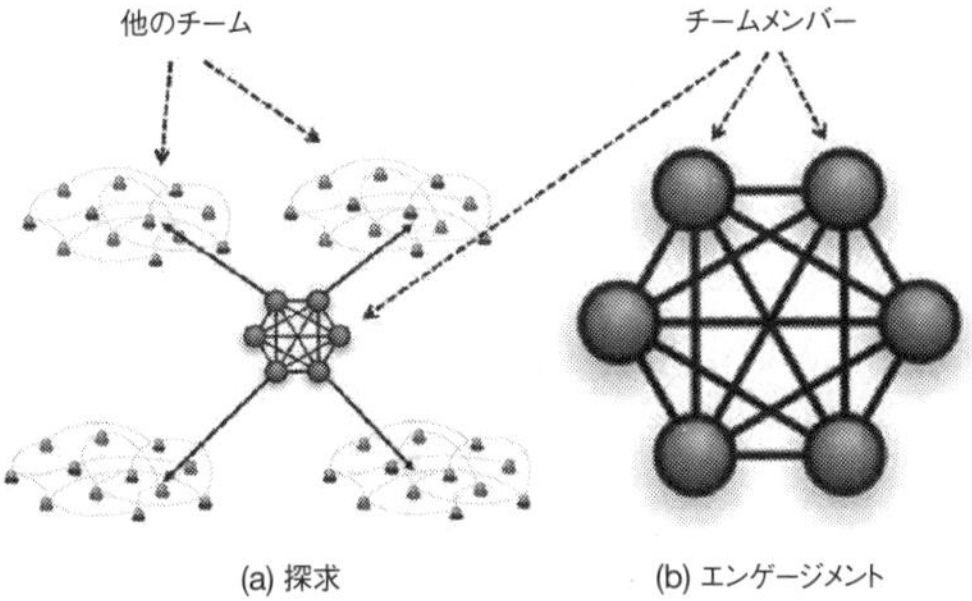

図7．探求時のネットワーク構造と、エンゲージメント時のネットワーク構造
(a)探求：チームメンバーが他のチームと交流する。
(b)エンゲージメント：同じチーム内でメンバーが交流する。

るということが、ベル・スター研究からわかった。今日の私たちの研究がベル・スター研究と異なるのは、ソシオメトリック・バッジを使うことで、この探求の量を正確に計測し、その頻度と多様性が十分に達成されているかどうかを確認できるという点だ。

探求とエンゲージメントを繰り返し行うというパターンが創造的な活動に影響を与えていることを検証するために、私は学生たちとピーター・グロア、および彼の協力者と共に、ソシオメトリック・バッジを使ってドイツ銀行マーケティング部門の中でどのような交流パターンが見られるかを測定した。５つのチームを構成する22人の従業員に協力してもらい、１ヶ月（20営業日）の間データを収集したのである。彼らには毎日ソシオメトリック・バッジを着用することをお願いし、合計で２２００時間分（従業員１人あたり１００時間分）のデータを集めることができた。またメールのやり取りも記録し、８８０通のメールを分析した[10]。

これらのデータを調査した結果、従業員たちが探求とエンゲージメントという行動に合わせて、交流のパターンを変化させていることが明らかになった。たとえば**図8**で示されているのは、ある１日における従業員のチーム間のやり取りである。下部にある濃い灰色のアーチは、各チーム間のメールの量を、上部にある薄い灰色のアーチは、対面でのやり取りの量を示している。

データを分析した結果、新しいマーケティングキャンペーンの立案を任されているチームは、新しいアイデアを探すための探求と、見つけたアイデアをチームの行動へと統合するエンゲージメントを交互に繰り返し行っていることが明らかになった。このパターンは、創造的な活動を行うチームにアイデアの流れをもたらすのに向いている。それとは対照的に、生産系の業務に携わるチームでは、交流パターンの変化はほとんど見られない。チームメンバーが交流する相手は、同じチームの他のメンバーであることがほとんどだ。その結果、チームに新しいアイデアがもたらされることは少ない。

ドイツ銀行の研究では、アイデアの流れにおける「ブラックホール」も発見することができた。顧客サービスチームと他のチームと

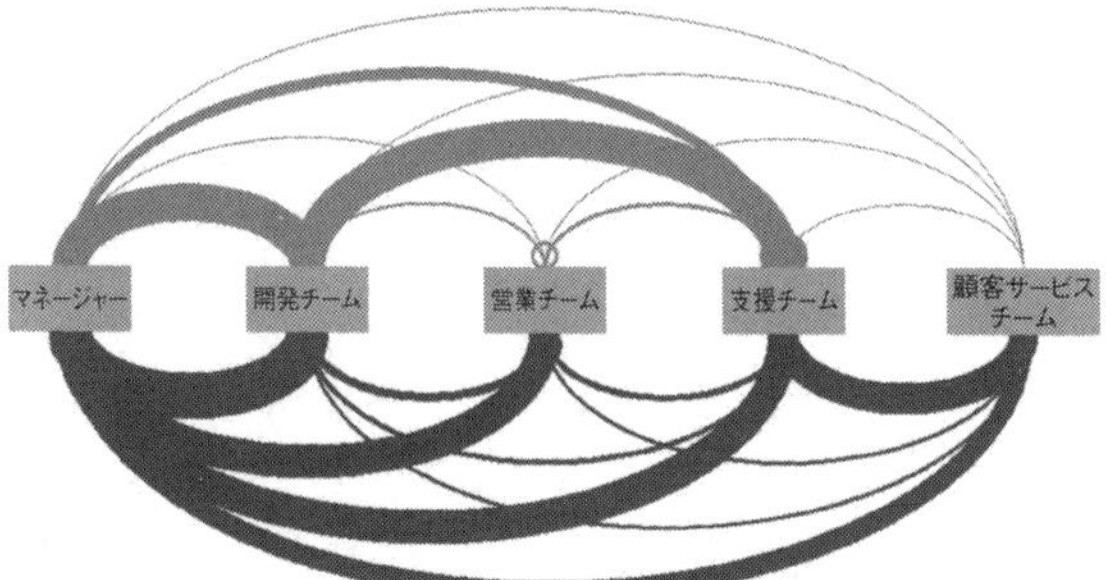

図8．ある日のドイツ銀行マーケティング部門における交流のパターン。アーチの太さは対面でのコミュニケーション量（図の上部にある薄い灰色で示されるアーチ）、または、メールの送信量（図の下部にある濃い灰色で示されるアーチ）を表す。

の間では、対面でのコミュニケーションの量が極端に少なかったのである（図8を参照のこと）。そこで座席の配置を変更したところ、それまで孤立状態だった顧客サービスチームを、職場での輪に参加させることができた。その結果、たったこれだけの対応で、この部門が悩んできたチーム間調整の問題（新たな広告キャンペーンが顧客サービスチームに大きな負荷をかけてしまうなど）が大幅に改善されたのである。

しかし「探求とエンゲージメントの間を行き来する」というパターンが、本当に創造的な活動の成果に影響するのだろうか？　この点をさらに検証するため、私は33万時間分の交流データに含まれるネットワーク形成のパターンを分析した。このデータは私が大学院生のネイサン・イーグルと共に行った「リアリティマイニング」研究を通じて集められたもので、MITの関係者94人を対象にしている。[11] データの収集には、被験者の持つスマートフォンが活用され、メディアラボのさまざまな研究グループにおける対面での交流のパターンが計測された。

調査対象とした研究グループでは、ラボ全体を対象にした人事アンケートにおいて、自らの成果物の評価を行っていた。私が大学院生のウェン・ドンと共に分析を行い、その評価と交流パターンを比較したところ、ネットワークの形状の変化のバリエーションが豊かなチームほど、創造的な活動の成果に対する自己評価が高いという結果が得られた。[12] 言い換えれば、ソーシャルネットワーク内で、探求とエンゲージメントが交互に繰り返されるパターンが見られるほど、創造的な活動で良い結果が出る（少なくともネットワーク内にいる人々からそう評価される）のである（詳しくは付録1 リアリティマイニングを参照のこと）。

探求とエンゲージメントのサイクルが、創造的なアウトプットの主観的な評価とどのように関係しているかが明らかになれば、客観的な評価を予測する場合にもこのサイクルが使えると証明されるようになるだろう。しかし残念ながら、創造的な活動を客観的に評価することは難しい。創造性とは何なのか、誰が明確に言えるだろうか？おそらく現時点で最も望ましい測定法は、ハーバード大学のテレサ・アマビール教授が開発した、創造性のアセスメント手法「KEYS」だろう。[13] KEYSはグループの創造性と、職場環境におけるイノベーションを測定する代表的な手法として、広く支持されている。

ピア・トリパシは自身の博士論文において、アドバイザーのウィン・バールソンと私と共に、ソシオメトリック・バッヂを使って米国内の2つの研究所を調査した。[14] ソシオメトリック・バッヂによるデータ収集を、メンバー7人から構成されるチーム2つに対して実施したのである（期間はそれぞれ11日間と15日間）。そしてKEYSを使い、創造性を自己評価と専門家による評価の両方で定量化した。この2つのスコアは日々記録され、これらを使って値が高いグループと低いグループを分けると共に、創造性が高かった日と低かった日を分類した。

KEYSのデータを分析した結果、創造性が高かった日ほど、より多くの探求とエンゲージメントが行われていたことが判明した。実際、単に探求とエンゲージメントの測定を組み合わせるだけで、どの日に最も創造性が高かったかを87・5パーセントの精度で予測できたのである。

ここでも探求とエンゲージメントを相互に繰り返すというパターンにより、創造性が高まるという結果が得られたわけだ。探求フェーズは、新しいアイデアをグループ内に取り入れることに適しており、エンゲージメントフェーズは、そのアイデアに対するコンセンサスを形成することに適している。ハーバート・サイモンの言葉を借りれば、「あるアイデアに対するコンセンサスができあがれば、それは集団内における『行動習慣』に統合され、『速い思考』を行うために使われる」。別の表現をすれば、探求とエンゲージメントの繰り返しは、例として参照できる経験の幅を広げることにつながり、それが創造的な活動の成果を高めるのである。

創造的な成果が経験の多様性と関係があるのは、無意識の認識力に原因があるのかもしれない。複雑な問題を処理する場合には、意識的な認識力より無意識の認識力の方が役立つという事実が、さまざまな科学的研究によって明らかになっている。[15]「速い思考」が最も機能するのは、より論理的な「遅い思考」に邪魔されないときである

（睡眠中や精神の奥深くでアイデアを熟考しているときなど）。「速い思考」はロジックではなく関連性を活用するため、意外な類似性を発見して、思考を直感的に飛躍させるということがより容易に行える。新しい経験を得て、それを頭の中でしばらく寝かせておき、関連性を見つけて、既知の類似行動を参照に対応を行うのである。それとは対照的に、より注意深い「遅い思考」においては、自分の行動について深く考え、何が問題なのかを分析して他に可能な行動がないかも検討する。

アイデアの流れを改善する

本章では、いかにアイデアの流れのパターンが、職場や組織における集団的知性に影響するかを解説した。特に焦点を当てたのは、良いアイデアの流れがいかに意思決定や生産性、さらには創造性までも改善できるかを理解することである。数十の組織を対象にした研究を通じて、社会的学習を促すさまざまな機会（多くは仲間同士で行われる、対面での非公式なコミュニケーション）が、企業の生産性において最も重要な要素であることが明らかになった。私たちの研究では、グループのエンゲージメントを観察することで、社会的学習の機会がどの程度存在しているかを計測した。ある人物が会話をしている複数の相手は、それぞれに互いの間でも会話をしているか？　仲間同士のネットワークは、どの程度の密接なつながりを持っているか？ といった具合である。[16]

社会的学習の機会と生産性の間に関係があるということは、社会的学習の状況を少し変えてやるだけで、大きなリターンが得られることを意味する。本章で解説したように、ある研究では、休憩時間のタイミングを変えて従業員同士が話をしやすくするだけで、年間で1500万ドル分もの生産性の向上がもたらされる。他にもランチ用のテーブルを長くして、顔なじみでない従業員同士も一緒に昼食を取れるようにしただけで、生産性が上がったという例もある。[17] 次の章では、交流のパターンを見える化することで、アイデアの流れの改善に役立てられることを解説しよう。グループのメンバーにアイデアの流れのパターンの現状を意識させ、アイデアの流れの改善に向けた合意を得るのである。

これらの例が示しているのは、いかに私たちの行動が社会的学習から影響を受けているか、いかに仲間とのエンゲージメントが重要かという点だ。エンゲージメントが増えれば、業務に関する暗黙知や成功の秘訣といった貴重な資源が共有され、社会的学習の機会も増える。言い換えれば、仕事において生産性を上げ、成功するためにはどうすれば良いのかという重要な情報は、コーヒーコーナーや休憩室で見つかる可能性が高いというわけだ。

第6章　組織を改善する

——交流パターンの可視化を通じて集団的知性を形成する

誰と誰が会話しているかを可視化する

社会物理学では、組織を考える場合に交流のパターンに注目する。交流のパターンは一種の「アイデアマシン」として機能し、アイデアの発見、統合、意思決定という必要不可欠なタスクを実行するのだ。リーダーは望ましい交流のパターン（会話などの直接的な交流と、立ち聞きや観察などの間接的な交流の両方）を組織内に構築することで、組織全体のパフォーマンスを上げることができる。この社会物理学の考え方は、組織内にいる個人に注目したり、拡散される特定の情報に注目したりする考え方とは対照的だ。組織を「アイデアを処理するマシン」として捉え、個人間の交流を通じてアイデアの収集と拡散を行う存在だと考えれば、適切なアイデアの流れを生み出さなければならないことは明らかだろう。

これまで数十の組織を対象に研究を行ってきたが、それを通じて判明したのは、組織内にある交流のパターンによって、パフォーマンスの高い組織と低い組織の間にあるパフォーマンスの差、そのおよそ50パーセントが決定されるという点である。[1] アイデアの流れがどのようなパターンを取るかは、パフォーマンスを予測する最大の要因であり、またリーダーが手を加えることのできるものだ。しかし現時点では、従業員の対面でのコミュニケーションと、デジタル上でのコミュニケーションの追跡を日常的に行っている組織は存在しない。だが測定されないものは、管理することができないのである。

私はハーバード・ビジネス・レビュー誌に掲載した論文「チームづくりの科学」の中で、組織図に基づくマネジメントから、アイデアの流れに基づくマネジメントへと移行しなければならないと訴えた。そしてそのためには、従業員個人の能力に注目するアプローチから、組織全体を管理するアプローチへと移り、より優れた集団的知性を実現する交流のパターンを形成しなければならないと解説した。[2] 静的な組織図ではなく、現実の交流が行われているネットワークに注目することで、組織内の全員が輪に参加し、良いアイデアが組織的な行動として定着する確率を高めることができるのである。[3]

優れたアイデアの流れを実現する第一歩は、自分たちがどのようなパターンで交流を行っているのか、人々が目に見える形で示してやることだろう。残念ながら、これは不可能ではないにしても、非常に難しい場合がほとんどだ。入口の広間で対面でのコミュニケーションが行われているかどうか、その場にいなくても把握することができるだろうか？　もしくはある従業員がコピー機の使い方を覚えるのに、他の従業員の使っている姿を見て学んだかどうかを判断できるだろうか？

しかし交流のパターンを誰の目にも見えるようにできれば、皆で協力して、より良いアイデアの流れを生み出すことができる。これを達成するために、私の研究グループでは「インタラクションマップ」という名前の仕組みを開発し、グループの各メンバーが、メンバー間やグループ内でどのようにアイデアが流れているかを理解できるようにした。インタラクションマップとは、対象となるグループや組織内に存在する交流のパターンを測定し、フィードバックを返すツールだ。この研究で目標としたのは、職場単位と組織全体の両方の社会的知性を高め、彼らの成果を高めることである。

交流のパターンが可視化されると、どうすればそれを最適な状態にできるかが話し合われるようになる。どのパターンを強化すべきか、あるいはどのパターンを回避すべきかという検討が行われることで、どのような変化を起こす必要があるかについて共通認識が生まれると期待できる。この共通認識が生まれることで、今度は同意されたパターンの実現に向けた社会的圧力が生じるだろう。

交流パターンの可視化を行うプロジェクトでは、マネージャーと従業員の双方に、特別に設計されたソシオメトリック・バッチをつけてもらう（詳しくは付録1 リアリティマイニングを参照のこと）。そして彼らの交流のパターンについて、視覚的なフィードバックを返す。このフィードバックはダッシュボード形式になっており、コンピューターの画面上やプリントアウトで確認可能で、そこからグループ内での議論を促すようになっている。フィードバックはリアルタイムで返すこともできるが、一般的には翌日の朝に提供される［例えば後述の図10のような形式］。

この見える化を役立つものにするには、組織内における探求とエンゲージメントのレベルが伝えられるようになっていなければならない。この2つが、アイデアの流れが適切かどうかを示す主な要素だからだ。個々の従業員のレベルでは、エンゲージメントとは「自分が話をしている従業員たちが、彼ら同士でも会話しているかどうか」、また「自分が組織の輪に参加しているかどうか」を意味する。私たちの研究では、どの程度のエンゲージメントが行われているかが、組織が発揮する生産性の増減の50パーセントを左右する要素であることが明らかになっている。組織内にどのような情報が出回っているか、従業員がどのような性格を有しているかといったさまざまな要素には関係なかった。一方、探求とは、あるグループのメンバーが、グループの外から新しいアイデアを持ち込むことを意味する。探求の量からは同様に、イノベーションや創造的な成果を予測できる。イノベーションは長期的なパフォーマンスの増加における最重要要因であるため、マネージャーは従業員が多様な人々と多様なつながりを形成することを支援し、探求行為を促進する必要がある。

エンゲージメントを可視化で調節させる

良いアイデアの流れを生み出すことが難しい場合もある。たとえばまったく異なるバックグラウンドを持つメンバーによって構成されているグループや、複数の言語が使われているグループのようなケースだ。この問題に対処するために、私の研究チームは、エンゲージメントに関するフィードバックを視覚的な形でリアルタイムに提供し、さまざまなタイプの職場のパフォーマンスを高める仕組みを開発した。このようなリアルタイムでの表示を人々に活用してもらい、より良い交流パターンを形成するのに必要な社会的知性をもたらすことで、生産性の向上や創造的な成果の改善を図ろうというのである。

図9に写っているのがその仕組み「ミーティング・ミディエーター（会議調整器）」

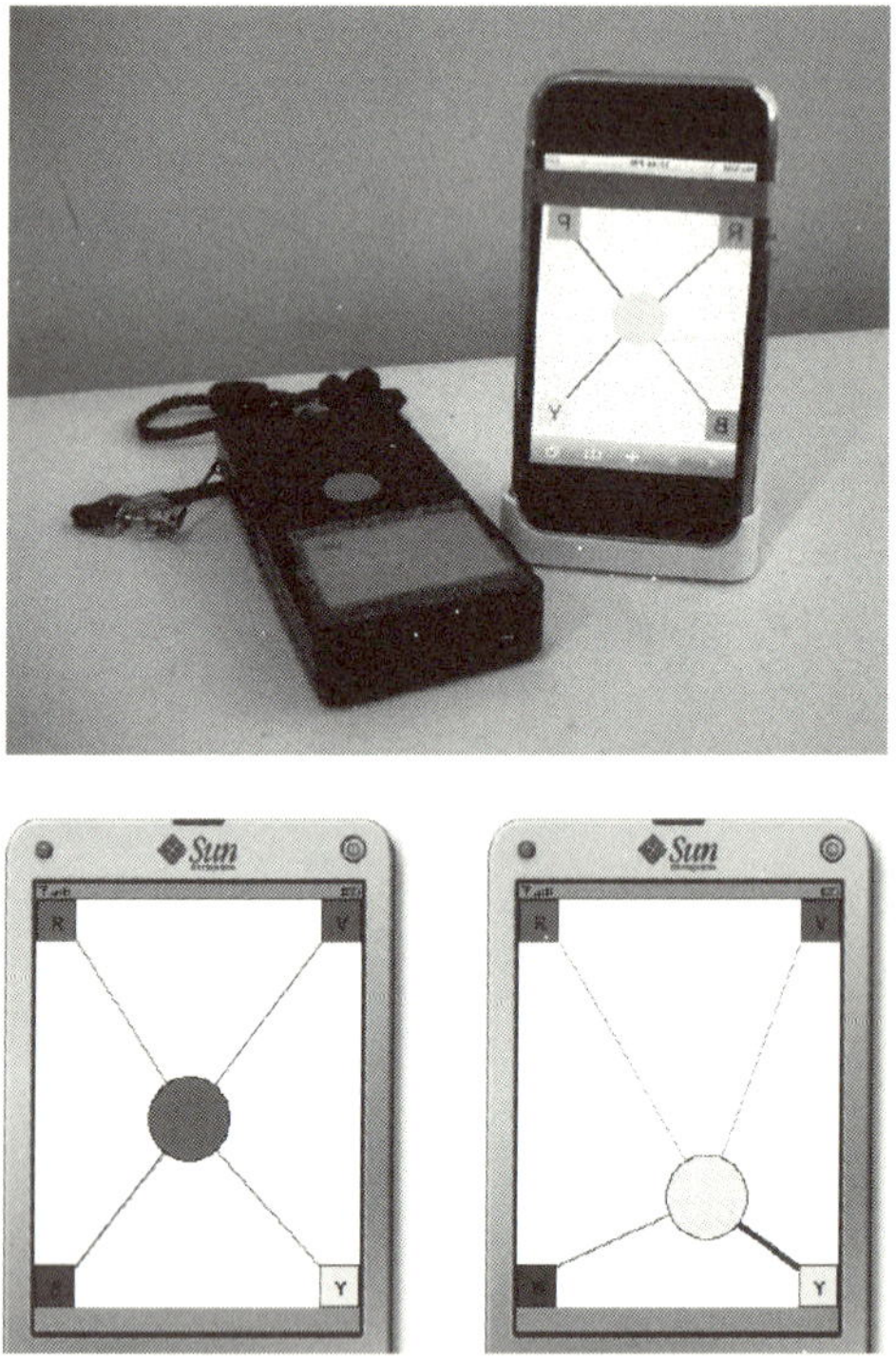

(a)
(b)
(c)

図9. 「ミーティング・ミディエーター」システムはソシオメトリック・バッヂ（写真(a)左側）と携帯電話（同右側）からなる。ソシオメトリック・バッヂはグループ内の交流のパターンを測定し、携帯電話はそれをリアルタイムのフィードバックとして表示する。チームのエンゲージメントが高い場合（写真(b)）、携帯電話の画面に表示されるボールは濃くなり、エンゲージメントが低い場合（写真(c)）、ボールは薄く、白っぽくなる。交流のパターンが健全で、参加者全員が平等に会議に貢献している場合（写真(b)）、ボールは画面中央付近に表示される。1人の人物が会話を独占しているような場合（写真(c)）、ボールはその人物の近くに表示される。

である。当時博士課程の学生だったテミー・キムと、私の2人で開発した。写真(a)からわかるように、このシステムは2つの装置から構成されている。行動データを記録するためのソシオメトリック・バッヂと、グループ内の交流状態を視覚的に表現するための携帯電話である。[4] グループ内で高いエンゲージメントが実現されている場合、画面に表示されるボールは濃い緑色になる。[5] 誰もが平等に発言していれば、交流のパターンは健全であると判断され、写真(b)のようにボールが画面中央部に表示される。しかし誰か1人が会話を独占していると、写真(c)のように、ボールの色が青白くなって「しゃべりすぎ」の人物の近くに表示される。この視覚化によってリアルタイムのフィードバックが返され、皆の平等な会話への参加と、グループ内での高いエンゲージメントが達成されるというわけだ。

このフィードバックシステムの利点のひとつは、非常にシンプルなため、人々が画面に意識的に注意を払っていなくても効果が期待できる点だ。ミーティング・ミディエーターが特に有効なのは、地理的に離れた場所に分散しているグループで、パフォーマンスやメンバーへの信頼度を対面で仕事するグループ並みに引き上げることができる。[6] 第4章で解説したように、高い信頼で結ばれることは、柔軟性のある協調関係を築くための土台となる。

地理的に分散したグループがミーティング・ミディエーターを使用した場合、最も顕著に表れる変化は、1分間あたりの発言回数の増加と、メンバー間の発言回数の平準化である。つまり短い発言が増え、メンバーの誰もがディスカッションに参加するようになり、会話を独占する人物がいなくなるわけである。第5章で集団的知性を実現させるための秘訣について考えたが、それを思い返せば、ミーティング・ミディエーターがグループの生産性を上げる効果があるとわかるだろう。

実際に、グループ内の行動にこうした変化が起きることで、期待通りのパフォーマンス向上が生まれる。研究室内の実験では、地理的に分散したチームがミーティング・ミディエーターを使用することで、協力のレベルを大きく改善できただけでなく、対面でのグループと同じ程度にまで向上させることができた。さらにメンバーに対し、信頼感や仲間意識といった感情を抱いているか質問したところ、こちらも対面でのグループの場合と同程度にまで改善されていることが確認された。また会話の筆記録だけを見た場合は、研究者はどちらのグループの方がより協調的に行動しているか、また高い信頼感を抱いているか、判別することができなかった。重要なのは彼らが何を話しているかではなく、どのようなエンゲージメントを実現しているかなのである。

ミーティング・ミディエーターは、地理的に分散したグループのアイデア共有についても、対面でのグループと同じレベルにまで引き上げることができた。研究室内で行った別の実験では、さまざまな課題を設定し、課題に関係する重要なアイデアのすべてを、グループがいかに素早く探り出せるかを計測した。収集されたデータを分析したところ、最も重要な要素は、メンバーのエンゲージメントの類似性で、特に会話における発言数がメンバー間で同程度であることが重要だと判明した。この結果も、第5章で紹介した集団的知性に関する実験と一致している。

驚くべきことに、この類似性の効果はディスカッションにおける発言回数だけでなく、ボディランゲージについても認められた。地理的に分散しているグループにおいては、お互いの姿が見えない環境にいるにもかかわらずである。事実、グループのパフォーマンスが高くなればなるほど、同じ「リズム」（体の動かし方や話し方、声のトーンなど）を共有するメンバーの数が増える傾向が見られた。最もパフォーマンスが高かったグループはシンクロしており、文字通り互いに同期した体の動きを示した。[7]

視覚的なフィードバックを行うことにより、複数の言語が使われるグループにおいてもパフォーマンスの改善効果が見られた。たとえば東京で行われた、とあるリーダーシップ・フォーラムにおいて、ソシオメトリック・バッヂのデモを行ったことがある。このフォーラムでは、米ボストン周辺の大学に在籍する学生20人と、東京周辺の大学に在籍する学生20人を招いていた。彼らに6～8人のグループをつくらせ、創造性とメンバー間での協調が要求されるトレーニングに参加してもらったのである。参加した学生たちには、作業時間中にソシオメトリック・バッヂをつけてもらい、7日間にわたってデータ収集を行った。

文化的・言語的な壁がグループのパフォーマンスに悪影響を及ぼすことをおそれた私たちは、彼らに双方向型のコミュニケーションを行わせて、ひとつのチームとしてまとまるよう促すことにした。そこでソシオメトリック・バッジを使ってコミュニケーションのパターンを毎日測定し、一日の終わりに、各メンバーに対して紙によるフィードバックを行った。その紙には、所属するチームのコミュニケーションパターンを視覚的に表現したものも掲載した。

図10が示しているのは、1週間にわたる作業がスタートした時点での、典型的なチームにおける対面でのコミュニケーションパターンである[8]。円と人影の大きさが示しているのは、それぞれのメンバーが会話に参加した時間の量で、円から出ている線の太さは、それにつながる2人のメンバーが会話した量を示している。この図の下に位置している2人のメンバーは日本人で、残りは米国人である。

1週間の開始時点では、米国人と日本人はそれぞれ分かれてコミュニケーションを行っている。チームとしての統一感が生まれなかった理由のひとつは、ディスカッションが英語で行われていたからで、日本人のメンバーは言葉上のハンディキャップと、文化的な違いに直面していた。しかし1週間が終わる頃には、チームはほぼ完全に統合され、交流のパターンは全面的に改善された。最終の報告会では、参加者たちはソシオメトリック・バッヂによるフィードバックがあったおかげで、チームとしての統一感と高いパフォーマンスを達成できたと語っている。

探求も可視化で改善できる

第5章で解説したように、作業のアウトプットが創造的なものになるかどうかは、探求行為にかかっている。残念ながら、チーム内でどのような探求パターンが実現されているかを把握することは難しい。その理由のひとつは、探求は通常、グループ単位ではなく個人ごとに行われる活動だからである。把握することが難しいため、それを後押しするような習慣を組織内に定着させることも難しい。し

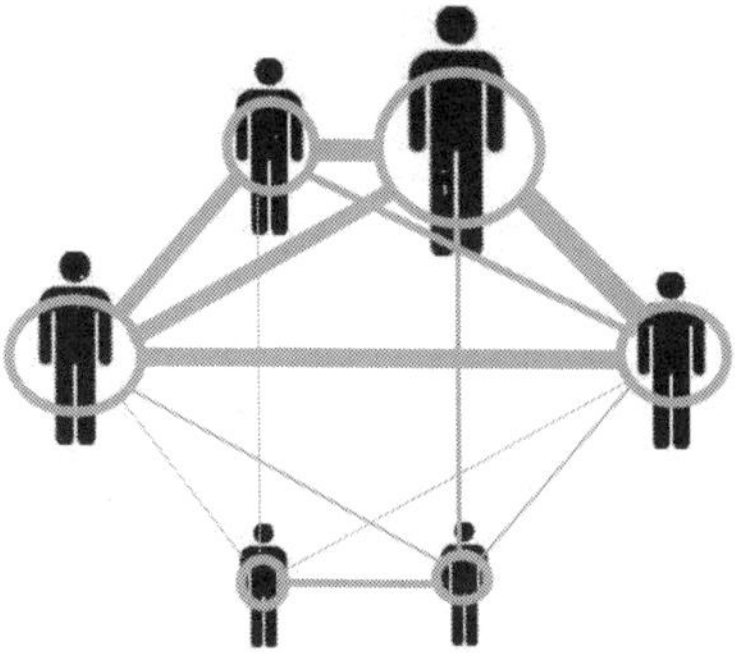

図10．ソシオメトリック・バッヂによって測定した、あるチームにおける対面でのコミュニケーションのパターン（1週間の作業の開始時点）。人影の大きさは、そのメンバーがコミュニケーションに費やした時間の量を示し、メンバー間にある線の太さは、その2人の間で行われたコミュニケーションの量を示している。

たがって良いアイデアの流れを実現するためには、グループが行っている探求のパターンを可視化する方法を見つけることが、極めて重要になる。

あるグループと、その外部にいる人々との間で起きているアイデアの流れを数値として計測することが、探求の測定方法としておそらく最も適切なものだろう。その一方で私たちは、多くの場合、単に外部との交流が行われた数をカウントするだけでも十分であることを発見した。[9] 言い換えれば、ソーシャルネットワーク内のフィードバックグループや構造的空隙のような複雑性を考察に組み込むことが必要なのは、そうした構造が問題を引き起こす可能性がある、特定のケースの場合だけであるということだ。

あるグループにおける探求行為を視覚的に表現した例が、**図11**である。[10] この例では、複数のグループ間で行われている交流のパターン（グループP00からP18までの間にある灰色のアーチで示される）と、グループ内の交流のパターン（灰色の円で示される）が表現されている。グループ間の交流については、それぞれのアーチの太さが交流の量を示し、グループ内の交流については、円の大きさがその量を示している。この図から読み取れるように、マネジメントグループ（P00）は一部のグループとは高いエンゲージメントを実現しているが、まったく交流していないグループも存在する。さらに問題なのは、他のグループが十分なグループ間交流を行っていないという点だ。

またP15とP17以外、グループ内での交流が十分に行われてない点も問題である。伝統的なトップダウン型の組織では、最悪の場合、こうした交流パターンが生まれてしまう。

これまでの章で解説したように、探求において適切なパターンが実現されていない組織は、古い行動から逃れられなくなってしまう。さらに他のグループがいま何をしようと考えているかがわからなくなり、そこから問題が生まれる。第5章で紹介した、ドイツ銀行の例を思い出そう。顧客サービスチームと誰も話をしていないということは、広告キャンペーンを設計する際、そこから生じる負荷に顧客サービスチームが耐えられるかどうかを計算せずに、話し合いが進んでしまうことがあるという意味だ。

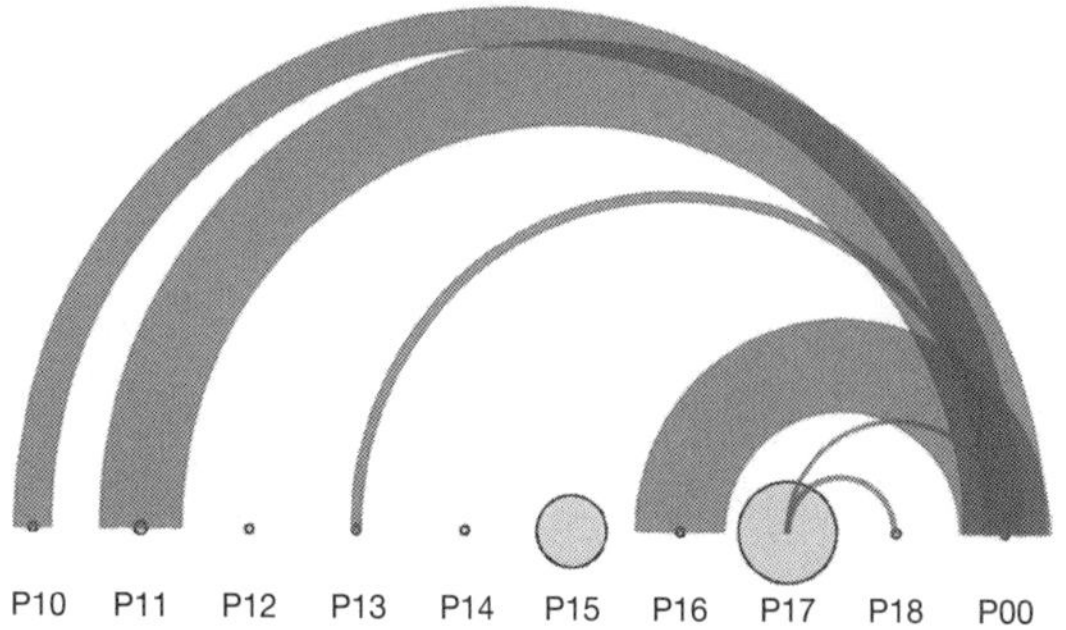

図11．探求行為の可視化の例（出典：ソシオメトリック・ソリューションズ社）

マネージャーは図10（エンゲージメント）や図11（探求）で示されているような可視化のテクニックを使い、コミュニケーションのパターンを見えるようにして、すべてのグループ内とグループ間において適切なアイデアの流れが実現されるように手を打たなければならない。

アイデアの多様性を評価する方法

社会的知性に関する主な問題のひとつは、集められたアイデアがどこまで多様であれば十分であると言えるのか、判断するのが難しい点だ。ソーシャルネットワーク内にループが数多く存在し、その中で同じアイデアがぐるぐると回っていたり、人々の探求行為を促す外部とのチャネルがどれも似たようなものだったりする場合には、アイデアの流れの多様性は不十分だ。この問題を把握し、対処する方法として、3つ挙げることができる。

最初の方法は、胴元型ソリューションとでも呼べるものだ。HPのバーナード・ヒューバーマンの研究グループが開発した手法だが、ここでは個人に対して、他の人々の発言内容を予想させる。[11] 予想された内容は、既に「共通認識」となっている情報であり、明らかに何度も現れたことのあるものなので、無視することにするのである。

この方法はアイデア市場（選挙キャンペーンの結果や映画の興行収入成績などの予測に対して賭けを行う）において、極めて有効であることが証明されている。

エコーチェンバー（共鳴室）のように同じ意見が蔓延してしまうことを防ぐ第２の方法は、ＭＩＴのドラジェン・プレレックによって発明された。彼は「ベイジアン自白剤」と名付けた方法を考案したのだが、これは何らかの改善をもたらす可能性のある本当に新しい情報を、少しでも持っている人物を見つけ出す手段だ。[12]賢者型ソリューションと呼べるかもしれない。

賢者型ソリューションでは、他の人々がどう行動するかを正確に予測することができるが、自分自身は違う行動を取るという人物を探す。他人の行動を予測できるということは、その人物が、何が皆の共通認識なのかを理解しているということに他ならない。しかしその上で皆とは違う行動を取るのであれば、彼もしくは彼女しか知らない情報を知っていることを意味する。したがってそうした「賢者」の行動は、独自情報のひとつとしてカウントされる。

エコーチェンバー問題を解決するための３つ目の方法は、私自身が考えたものだ。それは人々の間に存在する社会的影響の大きさを計測するというもので、[13]この値は人々のアイデアと行動の間にある依存度を記録していくことで得られる。たとえば似たような意見を持つことが多い人々は、似たような情報源に接していると考えられる。したがって、そうした似たもの同士の人々が持つ意見は、独立しているとは見なされない。似たもの同士は、構成員同士が密接につながりあった社会的集団によく見られる。そうした人々は、情報を共有することが多いし、同じ意見を持つよう社会的圧力がかかっている可能性がある。ネットワーク内のアイデアの流れに着目することで、似たもの同士の影響を取り除き、より独立した意見のみを絞り込むことが可能になる。

現場への応用ではたいていの場合、人々の間にある社会的影響の大きさを計測するという3つ目の方法が、最も簡単で、また十分に機能する。この方法を大規模なグループに対して実施するには、付録4 数学で解説している「影響モデル」を使えば良い。しかし多くのトレードオフがある複雑な問題については、賢者型ソリューションが最適だろう。自分だけの情報源や、効果的な新しい戦略を持つことに勝るものはない。

社会的知性――カリスマ的リーダーは何をしているか

私たちはグループの知性についての研究論文をサイエンス誌に掲載したが、その論文では、高い社会的知性「他者の社会的シグナルを読み取る能力」を持つメンバーの存在が、さまざまなタスクについてグループ全体のパフォーマンスを高める役割を演じているという発見を示した。また私たちの他の研究からは、交流のパターンに関する視覚的なフィードバックを与えることで、グループ内の社会的知性が増大することがわかっている。そうしたフィードバックはグループ内の交流パターンを改善し、それがグループの客観的パフォーマンスを改善するのである。[14]

ここまでグループ内のアイデアの流れを視覚的に表現し、それについて議論することのメリットについて考えてきた。このフィードバックは、一種の「コンピューター支援型社会的知性」と言えるだろう。それはグループ内に「交流のパターンを改善しなければならない」という社会的圧力を生み出し、グループのパフォーマンスを向上させる。このように、社会的知性や社会的圧力、ソーシャルネットワーク・インセンティブといった概念を使って、グループ内のアイデアの流れを改善する方法として、他にどのようなものがあるだろうか？

ハイパフォーマンスを実現する文化を育てる最も一般的な方法のひとつは、リーダーの個人的な影響力を利用するというものだ。組織を動かす力を持つリーダーは、一種の「実用的なカリスマ」を備えていることが多い。そうしたリーダーは精力的に行動し、他人とのエンゲージメントを計画的に進めることで、自らの組織における交流のパターンをより良い方向へと導くことができる。組織内で行われるディスカッションを支配するのではなく、良いアイデアの流れを生み出すのだ。

この実用的なカリスマについては、博士課程の院生だったダニエル・オルギン・オルギンと私が共同で実施した研究において考察を行っている。この研究で対象となったのは、MITで行われた1週間の経営者向け集中講義に参加した人々だ。[15] この集中講義では、最終課題としてビジネスプランの発表が課せられる。そこで彼らにソシオメトリック・バッジを着用してもらい、最初の晩に行われた交流会での行動を計測し、最終課題との関係性を調べた。このプログラムの主催者にとっては残念な話だろうが、交流会での経営者たちの振る舞いから、講義の最後に発表されるビジネスプランの評価を極めて正確に予測することができたのである。

最終課題に最も成功した人々が見せていた振る舞いは、私が「カリスマ的仲介者」と呼ぶものだ。彼らは人々の間を熱心に歩き回り、短時間だが熱意に満ちあふれた会話を通じてエンゲージメントを行い、花粉を集めるミツバチのように行動する。このカリスマ的仲介者が多く含まれるチームほど、コースの終わりのビジネスプランコンテストで高い評価を受けていた。そしてカリスマ的仲介者が交流のあり方を規定しているチームでは、メンバーが平等に発言機会を与えられ、高いエンゲージメントが実現されていた。これはもちろん、集団的知性を実現するのに大きく貢献する。

カリスマ的仲介者は、単に外交的だとか、パーティー好きな人物というわけではない。むしろ彼らは、あらゆる人々、そしてあらゆる物事に対して純粋に興味を抱いているのである。自分ではそんな風に表現しないだろうが、彼らが真に興味を持っているのはアイデアの流れなのだ。彼らは会話を促し、相手の生活で何が起きているのかを尋ねたり、彼らが携わっているプロジェクトの状況を聞いたり、問題にどう対処しようとしているのかを知ろうとしたりする。その結果、彼らは周囲で何が起きているのかを敏感に察知し、社会的知性の源泉となる。彼らに話しかけられた相手もまた、良い気分になるだろう。誰かが心の底から自分の取り組みに興味を持ってくれることなど、何度もあるものではない。それは非常にうれしい体験なのだ。

カリスマ的仲介者がもたらす最大の効果は、チーム内ではなく、チーム間に生まれる。タンジーム・チョードリーが博士論文に取り組んでいた際、彼と私は会話を促す人物がどのような性格を持っているのかを分析した。そして明らかになったのが、そうした人物は常に好奇心を持ち、質問を行っているという点である。彼らは組織において仲介者の役割を果たす[16]。グループの壁を越えてアイデアを拡散させ、組織内の全員が輪に加わるようにするのである。つまりこうした社会的知性を持つカリスマ的仲介者は、組織の成功に欠かせない人々というわけだ。

訓練を受ければ、カリスマ的仲介者になることができる。彼らは生まれるのではなく、つくられるのだ。その秘訣は、創造的な人々の真似をすることである。目に触れた新しいアイデアのすべてに注意を払い、何か面白そうなものを見つけたら、それを他の人にぶつけてみて彼らの考えを聞く。また自分の人脈を広げて多様な人々が含まれるようにし、できる限り異なる種類のアイデアが入ってくるようにする。コーヒーコーナーや休憩室を訪れて、用務員から営業員、あるいは他の部門の部長に至るまで、さまざまな人々と話をする。いま何が起きているのか、何に困っているのか、それにどう対処しているのかを尋ね、彼らのアイデアと他の人から聞いたアイデアを交換する。アイデア収集家になるのは楽しいだけでなく、人々から感謝されることになるだろう。

結論をまとめよう。交流のパターンを視覚的に示すことで、従業員やマネージャーがアイデアの流れを改善させることが可能になり、それによって組織の生産性や創造的な成果を改善できることを本章では見てきた。グループ内およびグループ間でどのようなコミュニケーションが行われているのかをそのメンバーに伝えることで、彼らの社会的知性を向上させ、それが高い生産性と優れた創造的成果をもたらすのだ。

本章の最後の節では、従業員やリーダーたちが個々の交流のパターンを使って直接的にアイデアの流れを変えたり、他の人々が良い習慣を身につけるよう促したりすることができることを見た。自分の仕事を、アイデアの流れを改善し、組織内の誰もがお互いに会話するようにし、グループ間でのつながりを生み出すことだと考えることが、組織のパフォーマンスを向上させるためにも効果的だろう。

次の章では、ソーシャルネットワーク型のインセンティブを使うことで、同じ目標をより体系的に達成する方法を考えてみよう。ソーシャルネットワーク型インセンティブによって、組織の急速な発展と、変化する環境への対応が可能であることを解説する。

第7章　組織を変化に対応させる

――ソーシャルネットワーク・インセンティブを使用した迅速な組織の構築と、破壊的な変化への対応

迅速な組織編成と「レッドバルーン・チャレンジ」

社会学（経済学を含む）はきちんと整理されていないデータを相手にしなければならないため、変化のプロセスがどのように進むのかを理解することは難しかった。整理されたデータを大量に、継続的に得ることが難しかったことから、これまで社会科学分析の対象は変化の前提条件か、人口変動や長期的な健康状態のように、大規模でゆっくりと進む現象に限定されてきたのである。たとえば経済学では歴史的に、あらゆるものの釣り合いが取れているという「均衡状態」（実際には人間の世界のほとんど

がこの状態にはない）の分析が支配的だった。

デジタルメディアやビッグデータの時代になり、この状況は大きく変わった。いまや組織の進化をミリ秒単位で観察し、数百万の人々が行っている交流を分析することができる。組織内の交流のパターンを高精度で観察することで、組織のパフォーマンスを改善したり、組織が新しい環境にどう反応するかを予測したりすることを可能にする、数学的モデルを構築することができる。

第2章において、アイデアや情報を探す「探求」のプロセスに触れ、ソーシャルネットワーク・インセンティブを使って、それが十分な多様性を実現するように促すことができると解説した。第4章では、ソーシャルネットワーク・インセンティブが協調行動を促すことにも使えることを示し、集められたアイデアを行動規範へと変換する「エンゲージメント」のプロセスについて解説した。両方のケースで、インセンティブは個人の行動というよりも、社会的交流に向けられており、それによってコミュニティを健全な方向へと促すことに焦点を当てている。

それではここで、「レッドバルーン・チャレンジ」の例を取り上げよう。これは米国のどこかに設置された赤い風船（レッドバルーン）を見つけるというコンテストで、私たちのチームはソーシャルネットワーク・インセンティブを使うことで世界規模の組織をつくり出し、数時間で課題を達成して、数百チームにも達する競争相手に打ち勝って賞金を手にすることができた。私たちの戦略は非常に画期的かつ効果的なものだったので、その成果がサイエンス誌に掲載され、[1]後に米国科学アカデミー紀要にも取り上げられた。[2]

レッドバルーン・チャレンジは、インターネット誕生40周年を記念して、米国防高等研究計画局（DARPA）が開催したコンテストだ。その目標は、インターネットとソーシャルネットワークを使い、限られた時間で何かを探し出すための最善の戦略を見つけることである。たとえば自然災害発生後の救出活動、逃亡した犯人の捜索、すぐに注意喚起する必要のある健康に関する脅威への対応、あるいは仲間に投票を促す政治的キャンペーンなどが考えられる。またこのチャレンジでは、特定の目的を達成するための大規模プロジェクト（映画製作や巨大ビル建設など）に関する組織を、いかに動的に、しかも極めて短時間で構築するかも焦点となった。

こうした時間が問題となる社会動員においては、マスメディアを通じて十分な規模の人々を動かすというのは、現実的ではないかまたは不可能であることが多い。全員に情報を届けるのに莫大なコストがかかったり、災害によってインフラが破壊されていたりする場合もあるからだ。そのような状況では、情報を拡散するためには分散型のコミュニケーションに頼らなければならない。たとえばハリケーン・カトリーナの被害が発生した際には、コミュニケーションのインフラが破壊された地域において、アマチュア無線家たちが公共機関への救助を要請する緊急電話を中継するというボランティアを行っている。

レッドバルーン・チャレンジでは、参加チームは北米大陸の合衆国領内のどこかに設置された、10個の赤い気象観測用バルーンを探さなくてはならない。そして10個すべての位置を割り出すのに成功した最初のチームに、4万ドルの賞金が支払われる。DARPAによれば、米国家地球空間情報局のアナリストはこの課題について、「通常の情報収集手法では解決できない」と評したそうである[3]。

DARPAによる告知は1ヶ月近く行われていたにもかかわらず、私の研究グループがこのコンテストについて知ったのは、バルーンが配置されるほんの数日前だった。しかもその時点で、既に約4000チームが参加登録していた。激しい競争が予想されたが、これは私たちが専門としている分野であり、勝つチャンスはあるとの結論に至った。そしてすぐにライリー・クレーン、ガレン・ピカード、ウェイ・パン、マニュエル・セブリアンからなるチームを結成し、アンモル・マダンとイヤド・ラーワンの2人にサポートを要請したのである。

私たちのチームは、他のチームとは異なる戦略を取ることにした。**図12**のように、バルーンの正確な位置を教えてくれた情報提供者に報酬を与えるだけでなく、そうした最終的な情報提供者を誘い入れた人物にも報酬を与えることにしたのである。優勝

アリスが手にする報酬・・・・・・・750ドル
ボブが手にする報酬 ・・・・・・・・500ドル
キャロルが手にする報酬・・・・1000ドル
デイブが手にする報酬 ・・・・・2000ドル

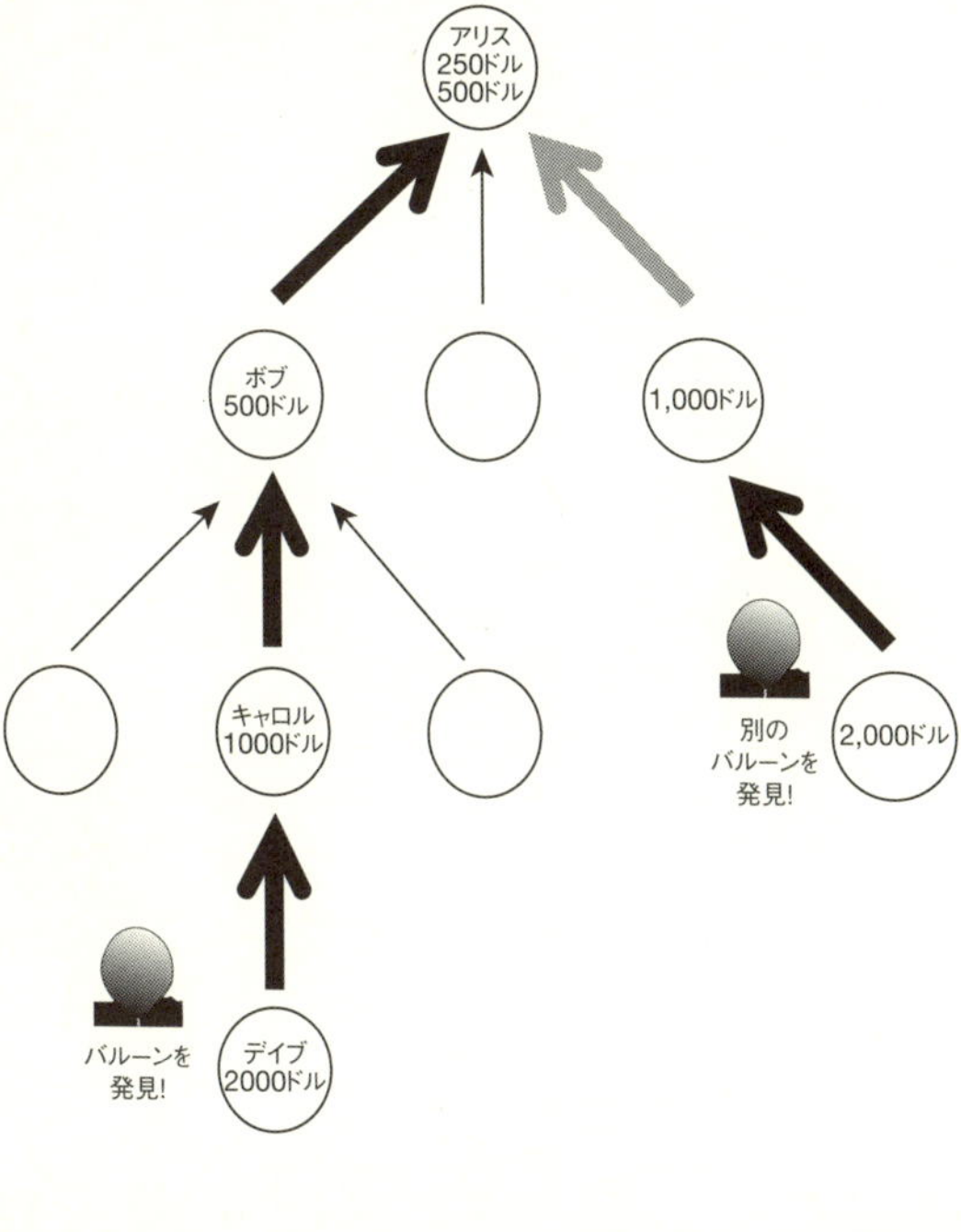

図12. この例では、バルーンの位置に関する情報を伝えてくれたのはデイブになる。したがってデイブには2000ドルの報酬が支払われる。デイブを仲間に引き入れたキャロルには1000ドルが支払われ、キャロルを引き入れたボブには500ドルが支払われ、ボブを引き入れたアリスには250ドルが支払われる。すると250ドル余るので、これは寄付に回される。

チームには4万ドルの賞金が与えられるので、1個のバルーンにつき最大4000ドルの賞金を割り振ることができる。そこで私たちは、個々のバルーンの正確な位置を最初に伝えてくれた人物に対し、2000ドルの報酬を支払うと決めた。そして最終的な情報提供者を仲間に引き入れた紹介者に1000ドルを支払い、その紹介者の紹介者に500ドルを支払い、そのまた紹介者には250ドルを支払い、という具合に順次報酬を支払うというルールを設定した。そして余った賞金は、寄付に回すことにしたのである。

私たちの社会的インセンティブ型アプローチは、1つのバルーンにつき4000ドルを与えるという直接的な市場型アプローチとは2つの点で大きく異なる。第1に、直接的な報酬を支払った場合、実際には私たちのチームに関するクチコミが広がることを妨げる危険性があった。新しい協力者が現れることは、それだけ報酬をめぐる争いが激しくなることを意味するからである。第2に、直接的なアプローチでは、北米大陸の合衆国領内に住んでいない人々を遠ざけてしまうおそれがあった。バルーンが配置された可能性のある場所に住んでいないのであれば、発見できる可能性もないからだ。

これら2つの点を解決できたことが、私たちの成功に大きく貢献した。実際に紹介者のつながりは、最大で15人にまで達し、私たちのチームに言及するツイートの3つに1つは、合衆国外から発信されたものだったのである。報酬を幅広い形で提供することで、より多くの人々（5000人以上）をチームに参加させることができた。その中には合衆国の外にいながら、バルーンを発見できそうな人に単にメールを送っていただけで、報酬を手にした人物もいる。さらに興味深いのは、チームに参加した約5000人の一人ひとりが、平均で400人の友人や知人に対して協力を依頼していたと考えられる点だ。つまり合計で約200万もの人々が、私たちの風船探しに協力してくれたわけである。

このソーシャルネットワーク・インセンティブを活用した結果、私たちのチームは8時間52分41秒で、10個のバルーンすべての位置を正確に特定することができた。

組織化が素早く行われ、しかも効率的に動く

一見しただけでは、レッドバルーン・チャレンジはアマゾンの「メカニカルターク」（オンラインで数千の人々を「雇って」、個人単位で進めることのできる、単純な作業を依頼するサービス）のような、クラウドソーシングの事例のように感じられるかもしれない。しかしそのように考えるのは、旧式な市場型の発想と言えるだろう。レッドバルーン・チャレンジの他のチームはそうした戦略を採用していたが、うまくいかなかった。

問題は大勢の人々を集められるかというよりも、大勢の人々を集め、機能する組織を形成できるかどうかにかかっている。バルーンを発見した人だけでなく、その人を紹介してくれた人にも報酬を払うようにしたのは、それが理由だ。そして両者にほぼ同じ報酬を配分したわけだが、それは実際の探求と同じぐらい、ネットワークを形成する作業も重要だからである。私たちは金銭的な報酬を使って、バルーンの情報を提供しようというモチベーションを高め、ソーシャルネットワーク型の報酬を使うことで、他人を巻き込もうというモチベーションを高めた。レッドバルーン・チャレンジに対する私たちのアプローチは多くの注目を集めたが、それはこの手法を使うことで数千人からなる組織をつくり、極めて難しい課題を達成できただけでなく、それをほんの数時間でやり遂げることができたからだ。

このアプローチをウィキペディアと比較してみよう。ウィキペディアはボランティアによって作成される、巨大なオンライン辞典であり、クラウドソーシングの好例として引用されることが多い。確かにウィキペディアでは多くの人々がコンテンツを提供しているが、一方で何年にもわたって、編集作業に打ち込む熱心なコアグループが存在する。彼らが編集者としてウィキペディアに関わるようになった経緯は、私たちがレッドバルーン・チャレンジで採用したアプローチと似ている。ウィキペディアの編集者に対するインセンティブは金銭的なものではなく、ソーシャルネットワーク・

インセンティブだ。ちょうどファンフィットの事例のように、編集者の行動はソーシャルネットワーク・インセンティブによって形作られる。それが非常に高いエンゲージメントを実現し、標準的な作業の手順を共有する作業グループの形成につながるのだ。[4]

仮にウィキペディアを、メカニカルタークのような本当のクラウドソーシングサービスを通じて実現したらどうなるだろうか。そこではネットワーク型の交流は発生せず、ソーシャル型のインセンティブも働かない。この場合、作業者はお互いに相手のことを知らず、おそらく単にメールか何かで次の作業を通知されるだけだろう。数千、あるいは数百万という規模の作業者が、それぞれ独立でコンテンツを作成して報酬を受け取る。次に数百の作業者がコンテンツをレビューし、品質を保つことで報酬を受ける。また編集者も雇い、適切な修正を行わせる必要もあるだろう。さらに数名のメンバーからなる運営チームを組織して、一連の作業に関するポリシーの立案や、実現方法の検討をさせる必要がある。こうした階層型のクラウドソーシングは非効率で莫大なコストがかかり、大混乱が起きるであろうことは想像に難くない。

にもかかわらず、前世紀にはこうした階層型のクラウドソーシングが、ほとんどの企業において実施されてきた。従業員はオフィスに押し込められ、それぞれ独立した作業を行い、アウトプットが別の誰かに転送されて次の処理プロセスが開始される。

そのアウトプットを受け取った別の従業員は、チェックリストを使って品質管理を行い、最終的にトップの経営陣が組織全体を監督する。従来型の辞典をつくるのに多額のコストが必要だったのは、それが理由だ。また同じ理由から、今日でも多くの企業が非効率なままで、ゆっくりとしか変化することができない。

この問題の核心にあるのは、こうした時代遅れの組織が、市場型の思考に基づいて構築されているという点だ。顔の見えない、画一化された従業員にインセンティブを与え、型通りの仕事をさせるのである。こうした組織構造は、仲間同士の間で生まれるネットワーク型のインセンティブにはほとんど対応していないため、従業員がお互いに助け合おうとしたり、ベストプラクティス［何かを行うのに最も良い方法、手法、事例のこと］を学ぼうとしたり、高いパフォーマンスを発揮しようとしたりといった傾向が生まれにくい。また従業員と経営陣の間にエンゲージメントが存在しないため、お互いに学びあうチャンスが生まれず、ビジネスプロセスが硬直化して非効率なものになってしまう。それとは対照的に、ウィキペディアの組織では、コンテンツの提供者と編集者の間に継続的なやり取りがあり、急成長する組織のニーズに合った交流パターンが構築されている。そしてこうした交流の習慣を身につけることを促す仲間からの圧力があり、そこから効率的で効果的な協調行動が生まれる。

ストレス下の組織はエンゲージメントを高める

レッドバルーン・チャレンジは極端な組織力学が要求されるコンテストだ。しかしどんな組織の中にも、何らかの力学が存在しており、新しい出来事に遭遇したり周辺環境が変わったりすると、アイデアの流れのネットワークに変化が生まれることになる。

エンゲージメントのプロセスについて考えてみよう。エンゲージメントによって新たな組織内の習慣が生まれ、その習慣を身につけるよう促す社会的圧力も生じる。何らかの変化に直面した場合には、組織は新たな環境に対応するために、新しい交流の習慣を生み出して定着させなければならない。

新製品や新しいコンピューターシステムの導入、社内の組織改編などがあると、皆の仕事に変化が生じる。そして誰と誰が協力して働く必要があるか、各自の仕事の詳細はどうなるのか、仕事をどうやって分担すべきか、改めて考えなくてはならない。つまり迅速に新しい習慣を創造して定着させなければならず、したがって組織内のエンゲージメントを高める必要性がより大きなものになる。

新しい課題に直面した従業員たちが、エンゲージメントのレベルを組織的に変えていくという現象こそ、私たちが次の研究対象としたものである。ドイツ銀行において交流のパターンを測定した際に、タイミング良くこの状況が生まれた。突然仕事の量が跳ね上がるという事態に、従業員たちが直面したのである[5]（図8）。ソシオメトリック・バッヂを使って1秒ごとにデータを集めることで、私たちは従業員たちの間で突如としてエンゲージメントのレベルが上昇し、増加した仕事量への対処を可能とするような仕事のパターンが現れるのを確認した。

また120人の従業員を抱える旅行会社の観察を行っていた際、その会社で一時解雇が行われ、新たな組織内習慣を生み出す中でエンゲージメントがどう変化したかを確認することもできた[6]。このケースでは、一時解雇の直後からエンゲージメントのレベルが急上昇し、残された従業員たちが新たな交流パターンを生み出すことで、目の前の状況に対応するという姿が計測された。興味深いことに、新たな交流パターンに最も素早く対応できたのは、一時解雇の前から最大のエンゲージメントを行っていた従業員たちだった。

私たちが確認したエンゲージメントの増加は、単に人々が困っている相手を助けるという社会的な支援を行っていただけと考えられるかもしれない。しかし実際には、それ以上の現象であると言うことができる。以前の章でも解説したように、エンゲージメントの変化は、生産性の変化ももたらす。大きなストレスにさらされると、組織内ではすぐさまエンゲージメントのレベルが上がり、何をすべきかを見出すために人々が会話を始める。そして新たな状況によりふさわしい、新しい交流のパターンをつくり出す作業が始まるのだ。後には、交流のネットワークを変化させることが、ソーシャルネットワーク・インセンティブのように機能する。つまり、ストレスを軽減したいという意識が新しい交流パターンの生成を促すのである。

信頼が組織の能力を高める

信頼は他者との安定した、頻繁に行われる交流の中で育まれる。そこでソーシャルネットワーク研究のパイオニアであるバリー・ウェルマンは、社会的絆のおおよその強さを測る尺度として、社会的接触の頻度が使えるのではないかと指摘している。[7] 第4章の内容から考えると、ウェルマンの意見はまったく正しい。「フレンズ・アンド・ファミリー」研究においては、直接的な交流の頻度が、その交流を行った2人の間の信頼度を正確に示す指標となっていた。そして信頼度が上がると、アイデアの流れも増え、したがって生産性の上昇にもつながる。

社会的絆の強さがエンゲージメントの重要な変数であることは、第4章で紹介した実験だけでなく、レッドバルーン・チャレンジにおいても示されている。どちらのケースでも、以前から存在していた個人的な社会的絆を活用した場合に、協力を最も効果的に進めることができた。さらに社会的絆が活発であればあるほど、協力のレベルも高くなった。レッドバルーン・チャレンジでは、最も活発な社会的絆を通じて送られた参加の勧誘は、平均的な勧誘に比べ、新たな参加者を増やすのに2倍以上も効果的だった。ファンフィット実験では、活発な社会的絆で結ばれた仲間から受ける社会的影響の大きさは、単なる知り合い程度の仲間から受ける影響の2倍以上に達している。

私たちがレッドバルーン・チャレンジで構築したインセンティブの体系において、最も重要だったのは、個人に対する金銭的な報酬の提供よりも、社会的絆への投資（「ソーシャルキャピタル（社会関係資本）の構築」とも表現される）だったと考えられる。平均的な参加者にとって、得られる金銭的報酬の期待値はゼロに近い。文字通り数百万の人々がチャレンジの存在を知っており、バルーンを探していて、数千のチームが競いあっているのである。したがって参加者や彼らが誘い入れた人物が、バルーンの位置を優勝するチームに対して最初に報告する存在になれる確率は限りなく小さいのだが、それでも数千の人々が彼らの友人を紹介して、探求を助けてくれようとしたわけだ。

私たちはレッドバルーン・チャレンジ後に、追跡調査としてインタビューを行ったのだが、そこから、参加者が自分の友人を紹介したのは、彼らに対する好意として行っていたことが明らかになった。つまり友人を誘ったのは、無料の宝くじを共有するような感覚だったのである。絶対に当たると考えている必要はなく、くじを共有するだけで、友人たちとの社会的絆が深まるのだ。共有することで、別の機会において友人たちが何かを共有してくれたり、あるいは助けてくれたりする可能性が高くなる。つまり信頼とソーシャルキャピタルを構築しているというわけである。

他人と強い絆をつくることは、アイデアの流れにとっても望ましいが、強い絆は社会的圧力を行使するのに使われる場合がある。第4章で紹介したエンゲージメントの実験では、参加者は仲間が正しい行動をすると、報酬を受けられる仕組みになっていた。互いの関係に最も投資してきたペア、すなわちそれまで最も深く交流し、協力してきたペアは、お互いに対して最も大きな社会的圧力を行使していた。別の言い方をすれば、私たちは職場の友人や母親を怒らせたくないのだ。彼らが習慣を変えるように迫ってきた際に、私たちが従ってしまうのはそれが理由である。第4章の実験が示しているように、協力を促すメカニズムが最も効果的に機能するには、強い社会的絆の存在が前提条件となる。

エンゲージメントと信頼、そして人々の協調力の間にある関係は、ロバート・パットナムの古典とも言える著書『孤独なボウリング』の中心テーマと言えるかもしれない[8]。同書が描いていたのは、市民のエンゲージメントと社会の健全性の関係だった［米国社会のソーシャルキャピタルの衰退について書かれている」。私たちは伝統的な市場型思考が思い描いているような、お互いに競いあう単なる競争者ではなく、モノやアイデア、好意、情報を交換しあう商人と言えるだろう。私たちは生活のさまざまな場面において、信頼関係のネットワークを築き、そうした絆を何よりも大切にしてきた。社会的絆のネットワーク内で行われる交流は、アイデアの流れを促し、開放的で活気に満ちた文化を生み出し、集団的知性の源となる。第5章において、グループ内や企業内におけるアイデアの流れが、いかに生産性の上昇や創造的なアウトプットの改善に直接影響するかを解説した。第9章では、同じことが都市全体についても言えることを解説しよう。

私たち自身をこのように捉えることで、社会の性質に劇的な効果をもたらすことができる。アイデアの流れは文化を生み出し、生産性を上げ、創造性を高めるため、アイデアの流れを後押しする職業（教師や看護師、聖職者、警察官、もしくは慈善や公益のために働く医師や弁護士など）に、これまで以上に価値を認めるべきだ。私たちの社会的ネットワークを強化する仕事により良い報酬を与えることで、個人の野心と社会全体の健全性が両立してより持続可能性が高まるだろう。

次のステップ

ここまでの３章で、アイデアの流れがいかにグループや企業の集団的知性に影響するか、また可視化の手法を使うことで、いかにアイデアの流れを改善できるかを見てきた。最後に本章において、ソーシャルネットワーク・インセンティブを、どのようにして組織の成長や変化への対応のために使うかを解説した。次のパートでは、同じ社会物理学の概念を都市に応用する方法について見ていこう。データが動かす都市——すなわち「データ駆動型都市（data-driven city）」とはどのようなものになるのか、またビッグデータと社会物理学を活用して、いかに都市の生産性と創造性が高められるのかを検討してみたい。そして最後の節では、より健全で安全な未来をつくるために、プライバシーや経営、行政にどのような変化が求められるかを考えてみよう。

トピックス　社会的シグナル

個人間のコミュニケーションついて論じた前者『正直シグナル』において、私は交流のパターンが、そこでどのようなコンテンツが扱われているかに関係なく、アイデアの流れと意思決定の正確な指標となることを示した。[9] ネイチャー誌に掲載された私たちの論文でも解説したように、これは交流のパターン（誰が誰の会話を遮っているのか、会話の頻度はどの程度か、誰と話しているのかなど）が、支配関係やアイデアの流れ、同意、エンゲージメントを示す社会的シグナルだからである。[10]

したがって交渉や売り込みの結果を予測する場合や、集団の意思決定の品質、集団内における特定の人物の役割などを予測するのにも、通常の場合、会話の中身は完全に無視して考えることができる。目に見えるシグナルだけを観察していれば良いのだ。

こうした社会的シグナルと、現代の人間が使う言語とは、どのように影響を及ぼしあっているのだろうか？　生物の進化において、それまでうまく機能していた部分が取り除かれてしまうことはほとんどない。古い能力を維持し、その上に新しい構造を追加するか、新しい構造の中に古い構造を要素のひとつとして取り込むかのいずれかである。人間の言語能力の進化が始まったとき、既に存在していたシグナルのメカニズムは、新しいデザインの中に取り込まれることとなった。その結果、太古からある社会的シグナルの仕組みは、現代の会話を形作る要素となったのである。

私たちは小規模のグループに問題を解いてもらうという実験を実施し、参加者の社会的シグナルと交流パターンの両方を計測した。その結果、心理学者が分類した「社会的」役割（主唱者や支持者、攻撃者、中立者など）ごとに、それぞれ異なる社会的シグナルを使っており、結果として話の長さや他者の発言の中断、発言の頻度といったパターンも異なることがわかった。[11]

同じことは参加者が持っている情報の内容に関しても言える。新しいアイデアを提供する人物は、グループを従来のアイデアに戻そうとする人物や、中立的な立場の人物とは異なる話し方をする。そのため各自の交流パターンを確認すれば、会話の内容を聞かなくても、それぞれの集団内での「機能的」役割（追従者や先導者、提供者、探求者など）を識別することができる。

社会的シグナルが類人猿の群れにおける支配構造を決定するのと同じように、現代の人間の集団における会話のパターンは、ソーシャルネットワーク内における彼らの立ち位置を決定する。特に誰が会話を支配しているのか、誰が会話の端緒を開いているのか、会話を中断するのは誰かといったパターンから、社会構造を解明することができる。[12]

たとえば私たちの研究室のメンバー23人を対象に、２週間のデータ収集を行ったところ、メンバーが会話のパターンに与える影響から、その人物のソーシャルネットワーク内での位置をほぼ完璧に予測することができた。[13]　この他にもさまざまな研究を行ったが、その人が会話のパターンに与える影響が、ソーシャルネットワーク内における個人の影響力を正確に示す指標になるという結果が出ている。

私たちはみな、こうした社会的シグナルの多くについて馴染みがあるが、意識的に把握するのが難しいものもある。たとえば感情の伝染だ。[14] グループ内に幸せで陽気なメンバーがいると、他のメンバーもポジティブで、活発になる傾向がある。さらにこうした社会的シグナルによる感情伝染効果は、グループ内におけるリスクに対する意識を緩和し、絆を深めることにも役立つ。

またそれと同じように、人々は自動的に、無意識のうちにお互いの行動を真似する。[15] 無意識で行われるものの、この模倣行為は真似した人・真似された人の双方に大きな影響を及ぼす。お互いを重視し、信頼する度合いが上昇するのだ。したがって交渉中に模倣行為が多く行われると、それを始めたのがどちらであれ、交渉が成功する可能性が高くなる。

社会的シグナルはいずれも、私たちの神経系が持つ生物学的な特徴に基づいている。模倣行為については、大脳皮質にあるミラーニューロンが影響していると考えられている。ミラーニューロンは霊長類の脳にのみ見られる特徴で、特に人類はその機能が突出している。たとえばミラーニューロンは、他人の行動に反応して、人々の間に直接的なフィードバックを行うチャネルとして機能する。この機能があることで、連携させて体を動かす能力を持たない新生児でも、親の表情の動きを真似できるなど、人間は驚くべき能力を駆使することができるのだ。

また私たちの活動レベルは、太古から存在する神経構造である自律神経系と関係している。より活発に体を動かす必要がある場合（戦うか逃げるかを迫られている状況や、性的な興奮状態など）、自律神経系は活動レベルを引き上げようとする。逆にうつ病のときなど、自律神経系の働きが弱まっている場合には、覇気がなくなって反応も悪くなる。自律神経系と活動レベルの間には極めて密接な関係があり、このことを利用して活動レベルからうつ状態の深刻度を正確に測定することもできる。

実際、こうしたシグナルのパターンは極めて明確であるため、うつのような精神状態を検査したり、治療における患者のエンゲージメントを観察したりする商用サービスに活用されている。詳しくは私が共同創業者となっている、MIT発のベンチャー企業コギトのウェブサイト（http://cogitocorp.com/）を参照してほしい。

Part 3

データ駆動型都市

第8章　都市のセンシング

——モバイルセンシングによる「神経系」が都市を健全・安全・効率的に

都市の状態を把握する「デジタル神経系」

健全で安全、効率的な社会を維持するという課題は、1800年代の産業革命期から続くもので、科学と工学の知識が要求される問題である。産業革命は都市の急速な発展を促し、大きな社会的・環境的問題を引き起こした。そして当時の解決策は、中央集権型のネットワークを築いて対処するというもので、それによって清潔な水や安全な食料を提供し、商業活動を可能にし、廃棄物を取り除き、エネルギーを供給し、交通を可能にし、医療や教育、治安維持などの各種サービスを提供した。

しかしこうした解決策は、次第に時代遅れになりつつある。都市では交通渋滞が発生し、伝染病の流行が世界的に発生し、政治機構は膠着状態の中で身動きが取れずにいる。それだけではない。地球温暖化やエネルギー、水、食料の枯渇といった問題にも対処しなければならない一方で、世界人口は増え続けており、現状を維持するだけでも今後世界で約1000箇所の100万人都市を建設する必要があるのだ。

しかし現状のあり方が、唯一の道というわけではない。エネルギーを効率的に使い、安全な水と食料を供給し、より優れた統治が行われる都市を築くことができるのである。だがそれを達成するためには、現状のアプローチを大胆に変えていく必要がある。水や食料、廃棄物、交通、教育、エネルギーなど、機能ごとに独立した静的なシステムを構築するのではなく、包括的で動的なシステムを考えなければならない。アクセスや配給の観点からのみ設計されたシステムではなく、市民のニーズや欲求に基づいた、ネットワーク化され自律的な制御を行うシステムが求められる。

持続可能な未来社会を実現するためには、新たな技術を使い、都市の「神経系」をつくり出さなければならない。そうした神経系は世界中で、安定した統治や、エネルギー供給システム、健康管理システムなどの維持に役立てられるだろう。現在のデジタルフィードバック技術は既に、巨大で複雑な現代社会が必要とする、ダイナミックな対応能力を構築できるレベルに達している。そうした技術を活用し、社会システムを管理のフレームワークも含めて再発明しなければならない。社会の状況を把握し、その観察結果を動的な反応モデルと需要モデルに結びつけ、最終的に得られた予測結果を使って、さまざまな要求に対処できるようシステムを調整するのである。[1]

　都市に関するデータを生成するものとして、現時点で最も重要なのが、お馴染みの携帯電話だ。携帯電話は事実上、個人用のセンシングデバイスであり、新しい製品が出る度により強力に、より洗練されたものになっている。携帯電話を使ってできるのは、ユーザーの位置情報や通話のパターンといった情報を得ることだけではない。ユーザーのソーシャルネットワークをマッピングしたり、あるいはすっかりお馴染みとなった、各種デジタルコミュニケーションサービスへの書き込みを分析することで、所有者の気分まで把握したりすることも可能になっている。いまや携帯電話で商品をスキャンするだけで購入することもできるので、携帯電話を通じて描き出される人物像の中には、どのような経済状態にあるか、どんな商品を選んだかといった情報も含まれるようになっている。さらにスマートフォンが個人情報を束ねるハブとなりつつあり、さらにその情報処理能力が拡大を続けているため、今後ますます多くの行動データが収集されるようになるだろう。

　無線デバイスとネットワークは、進化を続けるデジタル神経系の目や耳となっている。その進化は、今後さらに加速すると予想される。経済が発展するだけでなく、コンピューター技術とインタラクション技術が、指数関数的な急激な進化を見せているためだ。ネットワークはより速くなり、端末にはより多くのセンサーが搭載され、人間行動をモデル化する手法はより正確で、精緻なものとなるだろう。

デジタル神経系を構築するために必要な、センシング技術や制御技術の多くは、既に存在している。しかし2つの重要な要素が、いまだに実現されていない。ひとつは社会物理学で、特に、社会の需要と反応に関する動的モデルである。これを用いて社会システムの機能を正すことができるようなモデルが必要だ。そしてもうひとつが「データのニューディール」、すなわちアーキテクチャや法体系に関する政策を整備して、データに関するプライバシーと安定性、効率的な管理を保証することだ。デジタル神経系に関する社会物理学については、本章と次の章で解説するが、データに関するプライバシーと安定性、効率性については第10章以降で解説する。

データで「行動に基づく人口統計」を構築する

現在の企業活動や、政府が実施するサービスはすべて、人口統計データを参考にしていると言えるだろう。どこが居住地域か？　工業地帯は？　夜間人口と昼間人口はどの程度か？　彼らの収入レベルは？　残念ながら、こうしたデータを収集するには、現時点では大きなコストがかかる。たとえば米国では、連邦政府による国勢調査は10

年に1度しか行われておらず、情報はすぐに古くなってしまう。そして世界の多くで、こうした人口統計データはそもそも収集されていない。しかし携帯電話の普及により、人口統計データの限界をはるかに超えて、人間の行動そのものを直接測定することが可能になった。人々が行動した後に残る「デジタルパンくず」を集め、得られたデータを分析することで、さまざまな問題に答えることができる――人々はどこで食事や仕事をし、遊んでいるのか？　どのようなルートを通って移動しているのか？　誰と交流しているのか？　といった具合だ。

図13は携帯電話から得られたGPSデータに基づく、サンフランシスコ内の活動パターンを示している。データの収集は、サンフランシスコの科学博物館であるエクスプロラトリアムが行った。活動は一般的な分類（買い物や仕事、観光など）に分けられ、それぞれ濃さの違う灰色で塗り分けられている。活動パターンにはリズムがあり、一定の形で変化している。これはMIT発の企業であるセンスネットワークス（私は同社の共同創業者だ）が作成したものだが、数千万の人々の移動や購買行動を、リアルタイムで分析することを可能にしている。[2]

図13で示されていないのは、住民たちがいくつかのサブグループ（「トライブ」すなわち「部族」と呼ばれることもある）から構成されている点だ。各トライブのメンバーは同じような場所にいき、似たような食事をし、似たようなエンターテイメントを楽

しむ。こうした選択によりトライブの人々は「行動に基づく人口統計」の中に位置づけられる。各トライブの行動は、その背後にある彼らの選択の優先規準（嗜好）を明らかにするためだ。さらに同じトライブのメンバーは共に時間を過ごすため、社会的学習のプロセスが加速し、トライブ内での行動規範の形成が促進される。これはメンバーが意識的に抱いている嗜好とは関係がなく、彼ら自身もまったく気づいていないかもしれない。にもかかわらず、行動に基づく人口統計で同じグループに属している人々は同じような食べ物やファッションを好み、似たような金銭感覚を持ち、社会的権威に対して同じような態度を取る。その結果、彼らは似たような健康状態に置かれ、似たようなキャリアを歩むことになる。

私の経験では、こうした行動に基づく人口統計は、消費者の嗜好や家計の上でのリスク、政治観を予測する手がかりを与えてくれる。その精度は、住所に基づく地理的な人口統計から予測したものの4倍以上だ。また糖尿病やアルコール依存症など、行動が原因となる病気のリスクの予測にも役立つ。第3章で紹介した、フレンズ・アンド・ファミリー研究やソーシャル・エボリューション研究が示しているように、都市における社会的学習のプロセスと社会規範の形成は、仲間の行動を観察すること、すなわち人々が自ら選んだ仲間たちに溶け込もうとすることによって促される。行動に基づく人口統計からわかるのは、人々の嗜好だけではない。彼らの日常的な

行動に基づく人口統計

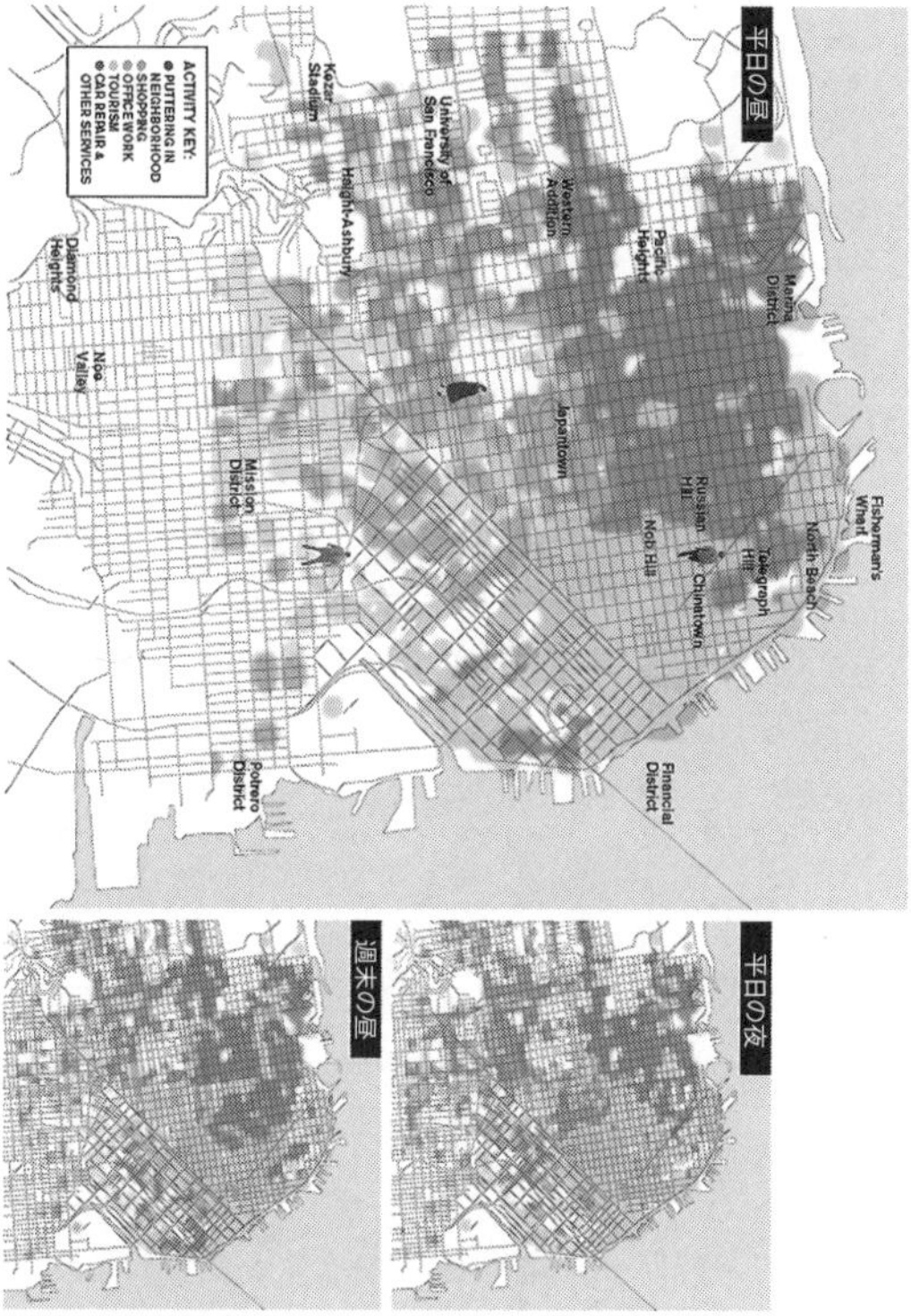

図13.　携帯電話から得られたGPSデータによるリアリティマイニング。サンフランシスコ市内における人間の活動が、種類ごとに灰色の濃さで塗り分けられている。活動パターンが一定のリズムで変化していることがわかる。

習慣のリズムについても、より良く理解することができる。多くの人々は、時間の過ごし方にさまざまな制約を抱えている。働く時間、寝る時間、遊ぶ時間といったものへの制約だ。食事の時間や休憩時間、友人と過ごす時間には、一定のパターンがある。しかし私たち全体の生活パターンとは、どのようなものなのだろうか？　図13が示しているように、人々があちらこちらを行き来するタイミングが、都市のリズムを設定すると共に、交通やエネルギー、エンターテイメント、食事などのピークタイムを定めている。[3]

ほとんどの人々にとって、典型的な行動パターンとは、仕事がある日になる。つまり同じ道を通って仕事に行き、帰ってくるという生活が繰り返されるわけだ。その次に頻出するパターンは、ウィークエンドや休日である。休日には睡眠を取ったり、夜中に家庭や職場以外の場所で過ごしたりする。驚くべきことに、自由時間においても、私たちがいく場所やすることは、ほとんど同じで、その点においては仕事のある日と変わらないのだ。しかし第3のパターンは、まったく違ったものになる。ショッピングや遠出など、探求に使われる日だ。第3のパターンの特徴は、明確な構造が存在しないという点である。これら3つのパターンで、私たちの行動の90パーセント以上が構成されている。

こうした時間に関する行動習慣と、前述の行動に基づく人口統計を組み合わせて考えることで、より適切に管理された社会を創造できる。どのような行動パターンが住民の間で一般的かを把握できれば、都市における交通やサービスのあり方を考え、都市の成長計画が立案できるというわけだ。特に人間の行動に関するデータを常に取得できれば、交通量や使用される電力の変化、あるいは路上犯罪の発生やインフルエンザの流行まで正確に予測できるようになるだろう。これから見ていくように、データに基づく予測を行うことで、さまざまな需要のピークに備えて、それに対する対応をより優れた形で行えるようになる。それは非常事態や自然災害にもより良い対処ができるようになることを意味する。そうした状況がいつ、どこで起きそうか予想できるようになるからだ。また糖尿病のリスクを抱える人物がいつどこで食事するか、あるいは金銭感覚に問題を抱える人物がいつどこで買い物するかを把握できるようになるのは、公衆衛生や社会教育の観点からも望ましいだろう。

ここで少し、こうしたデジタル神経系がいかに私たちの生活を変える可能性があるかについて解説していこう。特に交通と健康の分野を例として取り上げたい。統治のあり方を変え、学習を促す環境をつくり、私たちの文化の創造性を上げるにはどうすべきかという議論は、次の章以降で考えてみたい。

交通を安全で効率的にし、都市の生産性を上げる

人々が残した「デジタルパンくず」を活用した例として有名なのが、ドライバーの携帯電話から集められたGPSデータを使い、毎分単位で交通状況を把握するという取り組みだ。これにより、交通渋滞の把握や到着時刻の予測をより正確に行うことが可能になる。この仕組みの簡易版が、既に世界中のカーナビに導入されている。またこうしたデータとドライバーのスケジュール情報を組み合わせることができれば、渋滞を回避する「個人用移動スケジュール」を生成するなどして、現在のシステムをさらに改善することができるだろう。企業や公共の交通機関においても、同じようなスケジュールを生み出すことができる。そして配送や通勤・通学用の交通が異なる時間やルートで行われるようにし、交通ネットワークの効率性を高めることができるだろう。

しかしこうしたアプリケーションは、「デジタルパンくず」が可能にすることの氷山の一角にすぎない。GM（ゼネラル・モーターズ）の「オンスター」サービスのように、車載されている携帯電話から得られたデータを使えば、いつ事故の危険にさらされるかといった予測もできるようになる。単純な例で言えば、危険な状況をクラウドソーシングで察知するといった具合だ。たとえば、いまドライブしている道で過去

に通った自動車が急ブレーキを使っていたとすれば、自分も同じようなアクシデントに遭う可能性があるということになる。また他の自動車が以前にそこを走ったときよりも速いスピードで走っているとすれば、危険な状況にあると言えるだろう。こうしたビッグデータに基づく警告システムには、事故の発生率を劇的に低下させる可能性がある。[4]

また習慣や嗜好に関するデータと、気象などのデータを組み合わせることで、都市の活動を維持する物流（トラックや鉄道、パイプラインなどを通じてモノを動かすこと）を劇的に改善することも可能だ。都市のリズムが予測可能になることで、企業は流通ネットワークを合理化できるだけでなく、需要のピークと底に備えることができる。一般的な都市バスの燃費は、ラッシュアワーを除けば非常に悪いが、突如として大量の乗客が現れることがあるため、そうした大型のバスを走らせておかなければならない。しかし市民がいつどこにいくのかを予測できるということは、利便性を高めながら、必要最低限の交通とエネルギーで都市を拡大できることを意味する。そうなれば、さらに良い都市計画が実現されるだろう。[5]

こうした中で最も面白いアイデアは、交通ネットワークを使って、都市の生産性と創造的成果を改善するというものではないだろうか。人々の習慣に関するデータを利用して、都市の中を探求する行動が頻繁に行われるような形に、公共交通機関をデザインするのである。物理的に孤立した地域は、社会活動から生まれる成果が劣っていることが、古くから確認されている[6]。それと関係しているのが、第2章で紹介した、グループ間の探求行為が生産性と創造的成果の両方を改善するというコンセプトだ。都市の規模で考えた場合、これは簡単に訪ねることのできる地域の数が多ければ多いほど、行われる探求のペースが速くなり、したがってイノベーションや生産性向上が起きるペースも速くなることを意味する。定額で都市内をスムーズに移動できる交通機関があれば、小さな村のような地域と、大都市の中心にある商業エリアや文化エリアのすべてを後押しする。そうした交通機関の導入は、近隣のつながりを改善すると同時に、全体の生産性を向上させることを実現する、最もシンプルで安価な手段となるだろう。これについては、次の章で詳しく解説する。

感染症の流行を個人単位で追跡して対策する

ビッグデータを活用してより良い社会をつくろうとする取り組みの公衆衛生の世界における好例として、グーグルフルー（Google Flu）が挙げられるだろう。これはさまざまな地域で「フルー（インフルエンザ）」という単語がネット検索された回数をカウントすることで、この感染症の流行を予測しようというものだ。検索回数が明確な上昇傾向にある地域は、患者数も増える可能性が高い。こうした手法は、米疫病対策センターが新たなインフルエンザの種類を検知することや、必要となる医薬品の量を予測すること、病院や行政機関、企業が自分たちの迎えることになる患者数を予測することの支援策としても使える。

繰り返しになるが、これもデジタル神経系ができることのほんの一部でしかない。人が何らかの病気にかかった際、その人の行動にどのような変化が生じるかを数値として測定する手段を、これまで医師たちは持っていなかった。したがって、病気の伝染に関する研究の多くは、病気になっても行動や交流のパターンはほとんど変化しないという前提に立っていた。つまり患者たちは、日常的な行動パターンを続けるだろうと考えていたわけである。[7]

しかし携帯電話から得られるデータは、この仮定が正しくないことを示している。人は病気にかかると、行動を変える可能性が高いのだ。私が博士課程の院生であるアンモル・マダン、ウェン・ドンと共に行った研究では、病気にかかった人は一定の、予測可能なパターンに基づいて行動を変化させることが明らかになった。そしてこういった行動変化は、携帯電話に搭載されたセンサーを通じて測定することができるのである。

のどの痛みや咳の症状を訴えた人々のデータを分析したところ、彼らが通常時に行っていた交流のパターンに乱れが生じ、普段より多くの、そしてさまざまな種類の人々との接触を始めることがわかった（ウィルスにとっては良いニュースだが、人間にとっては悪いニュースだろう）。一般的なカゼの場合には、全体的な交流の量と、夜間における交流の量に増加が見られた。どうやら仕事が終わった後に、友人に電話しているようである。[8]

インフルエンザに感染してからしばらくして、熱などの症状が出る段階になると、人々の行動は突如として限定的なものになることがわかった（周囲の人々にとっては良いニュースだ）。ストレスや悲しみ、孤独などを感じたり、意気消沈したりして、人々は症状が続く間、社会的なつながりから切り離されたような状態になる。こうした事例は、携帯電話を使ってリアルタイムで個人の健康状態を把握するという手法に、大きな可能性が秘められていることを示唆している。

呼吸器疾患や発熱、インフルエンザ、ストレス、うつなどによって引き起こされる行動変化は誰にでも共通して見られるものなので、それぞれの問題が個人ごとに異なっていたとしても、人々の全体的な健康状態を行動パターンのみから正確に分類することが可能である。たとえば携帯電話にインストールされたアプリを使い、所有者が通常では見られない行動を取っているかどうかをチェックして、病気が進行しているかどうかを判断できるだろう。そうした予防的な健康状態のケアは、実際の患者数よりも病院にかかる人が少ない病気（漸進的な精神状態の悪化や、加齢に関係する症状など）において、重要な対策になる可能性がある。私の研究グループが立ち上げた別の会社であるジンジャー・ｉｏ（アンモル・マダンと私とで共同創業した）では、この発想に基づいた事業展開を行っている。[9]

さらに一歩進んで、こうした人々の行動変化に関する情報をクラウドソーシング型で集め、発病する前の数日間にその人がいつ・どこにいたかという情報と組み合わせることで、ある地域における病気の感染リスクを算出することができる。それを行ったのが**図14**の地図だ。[10] この地図は、ある特定の日時に各地域にいた人々が、インフルエンザにかかる確率を示している。

インフルエンザのような病気を、個人単位で追跡調査することができれば、感染症の大流行（パンデミック）を未然に防ぐことが可能になるだろう。病気に罹患したと思われる人物にコンタクトを取り、病気が広がるのを抑える対策を講じることができるからだ。リアルタイムのインフルエンザ流行状況把握を可能にするためには、２つの情報源からのデータを組み合わせる必要がある。ひとつは個人の行動変化に関するデータだが、これは前述の通り、病気にかかった人には行動パターンに一定の変化が見られるためだ。そしてもうひとつは位置情報である。他の人々と物理的に交流することが、空気感染する伝染病の主な感染ルートだからだ。

人々が病気になったときに行動をどう変えるかという知識と、携帯電話のセンサーを使ってそれを測定する手段があれば、個人が病気にかかる確率を算出することができる。ウェン・ドンは病気の感染プロセスを数学モデルにし、個人の罹患確率と組み合わせることにより、**図14**のような地図をできることを示した。この地図は各地域における感染リスクを表しているため、インフルエンザにかかりやすい地域には出かけないようにするといった対策に使うことができる。[11]

病気の流行を個人単位で、かつリアルタイムに追跡する仕組みへの必要性が、差し迫ったものになりつつある。人やモノが移動することで、世界はますます密接につながりあうようになっており、感染症が世界的に大流行するリスクが拡大しているためだ。最近でも重症急性呼吸器症候群（ＳＡＲＳ）などの深刻な症状をもたらす病気が、地理的には離れていても、社会的には密接なつながりを持つ地域の間で急速に流行するという例が見られる。ＳＡＲＳやＨ１Ｎ１インフルエンザといった危険な感染症のリスクが、劇的に高まっているのだ。

ある個人と個人との間で病気が伝染したというレベルまで、しかもリアルタイムに把握できるようになれば、極めて有効な予防措置を取ることが可能になる。実際に感染症の専門家の中には、この仕組みが将来のパンデミックにおいて、数億人という死傷者が出るのを回避する唯一の手段であると考える者もいる。[12]

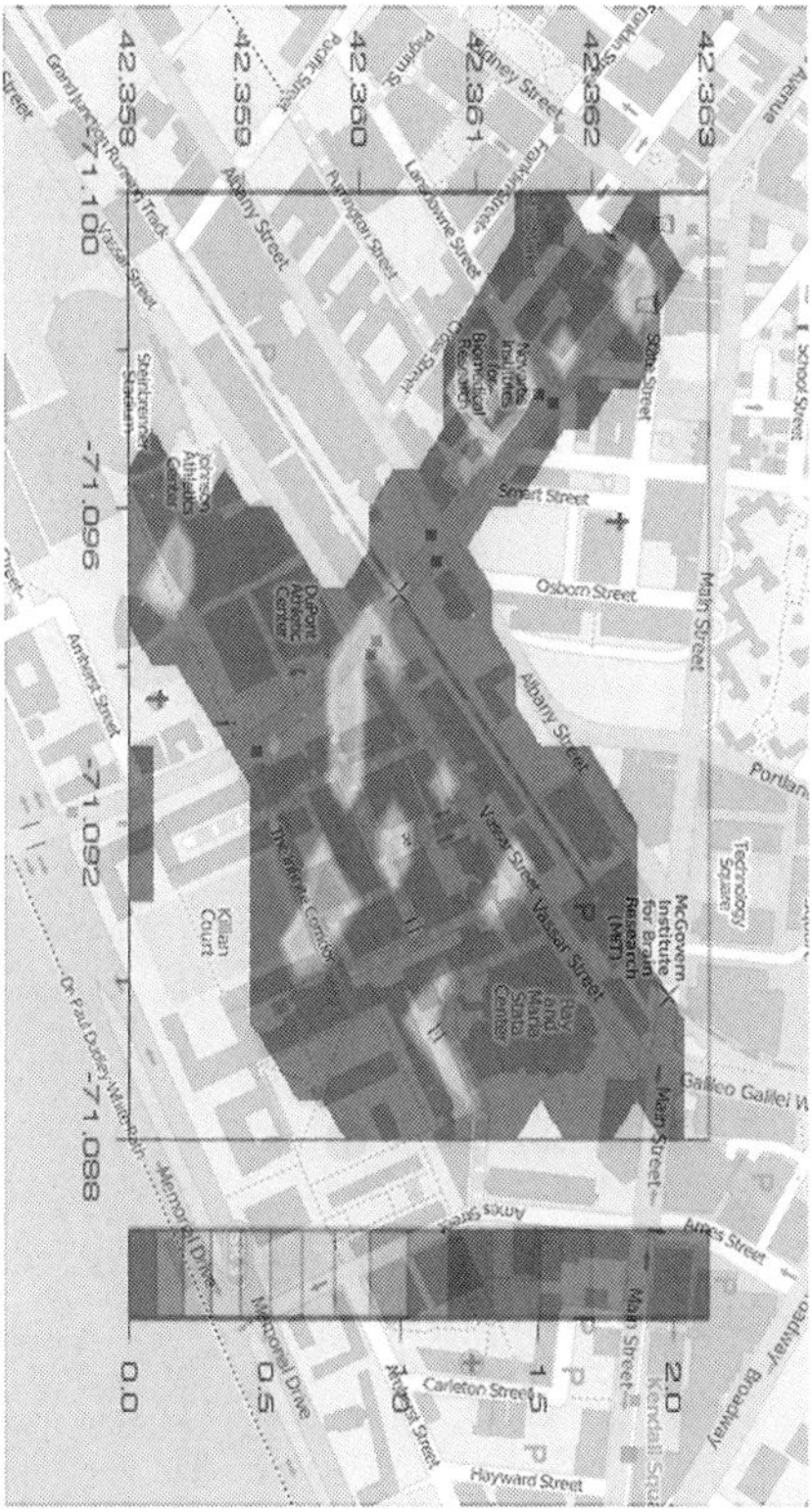

図14．各地域における人々の接触状況と、その地域にいる人々がインフルエンザにかかる確率を示した地図。濃く塗られている部分が、私たちがデータを得た地域である。その地域内では、明るい色の場所ほど、インフルエンザにかかりやすい。

ソーシャルネットワークへ介入し、人々に働きかける

「データ駆動型都市」というビジョンを達成するには、まだ課題が残されている。それは「人々が実際に使ってくれるようなシステムをどうつくるか?」というものだ。人間の性質に合致する仕組みでなければ、使ってもらえないどころか、誤った使い方までされてしまうだろう。人間を中心とした設計の下にデータ駆動型都市を実現するためには、社会物理学から得られた知見を日常生活の一部に組み込まなければならない。

現時点での都市システム設計は、金銭的なインセンティブに大きく頼っている。都市の中心部に入ろうとする自動車に高い通行料を課したり、郊外よりも税金を高くしたりといった具合だ。残念ながら経験的に言って、こうしたアプローチはあまり機能しない。特に「コモンズの悲劇」と呼ばれるような状況ではなおさらだ。

さらに金銭的インセンティブは、富裕層に有利になる。たとえば交通量をコントロールするのに、「渋滞料金」として通行料を課すことを考えてみよう。ある場所をドライブすることに高い料金を課せば、富裕層の人々には自由な移動を許す一方で、貧困層の人々の移動を制限することになる。こうした状況は望ましいものではない。探求がイノベーションを促すのであれば、貧困層が行える探求の量を減らしてしまうこ

とは、コミュニティ全体の発展力や改革力を損ねることにつながってしまうからだ。

それとは対照的に、社会物理学のアプローチでは社会規範をつくり出し、ソーシャルネットワークに影響を与えることで人々の行動に変化を起こさせる。社会物理学の観点から見た場合、ソーシャルネットワークへの介入には、3つの種類が考えられる。

社会動員…レッドバルーン・チャレンジで示されたように（第7章を参照のこと）、行方不明の子供や逃亡中の犯罪者を捜し出したり、地震や竜巻などの自然災害後に重要物資を探したりする場合には、社会動員を実現することが欠かせない。私たちがレッドバルーン・チャレンジで使った解決策では、ソーシャルネットワーク・インセンティブが活用され、短時間で多くの人々を巻き込んで、問題解決に取り組んでもらえたことを思い出してほしい。

私はこの種のインセンティブの使い道として最初に考えられるのは、短期的な課題の解決というよりも、むしろ新しい組織の構築であると考えている。既に同じ仕組みが、政治的なキャンペーンにおいて草の根運動の参加者を集めたり、スタートアップが新しい従業員を誘い入れたりするのに使われている。

ソーシャルネットワークのチューニング…2種類目の介入は、ネットワークのチューニングを行ってアイデアの多様性を実現するというものである。第2章において、他人の決断とその結果を知ることができればできるほど、人々がより良い決断を下せるようになることを解説した。こうした「群衆の英知」現象の例外は、ソーシャルネットワークのつながりが密接で、エコーチェンバー状態になっている場合、つまり似たようなアイデアがぐるぐると循環しているような場合だ。

多様性の欠如とエコーチェンバーという問題を解決するために、いずれの場合も私たちはアイデアの流れのチューニングを実施した。小さなインセンティブや働きかけを個人に与えることで、アイデアの流れを変化させたのである。それにより、グループの輪から外れた人々のエンゲージメントを高めたり、逆に他人とつながりすぎている人のエンゲージメントを下げたり、彼らに外の世界で探求するように促したりすることができた。

私たちはこうした「チューニング」という発想を、他のソーシャルネットワークにも適応し始めている。たとえば一部の企業は、従業員による「群衆の英知」を実現するためのアドバイス・ネットワークを導入しているが、このネットワークをチューニングすることを考えてみよう。ここで企業が目標としているのは、よりスムースな経営を実現することであり、従業員たちはちょうどネット上で見られる製品レビューのように、問題をどのように解決しようとしたのか、その結果どうなったのかを記録することを求められる。そうしたアドバイスを投稿した従業員に、金銭的な報酬を与える企業まで存在する。特に有効なアイデアが投稿された場合、投稿者に賞金が支払われるのだ。

しかし従業員からのフィードバックの提供に加えて、アイデアとそれに対する反応のつながりのパターンや、加えてさらになされた提案とのつながりのパターンもわかれば、アイデアが伝播したネットワークの全体像を正確に把握することができる。これはアイデアの流れの計測を促進し、アイデアと反応のパターンの計測を可能にするとともに、十分に多様性のあるアイデアが検討されているか、効果的な社会的学習が行われているかの判断ができるようになる。その結果、人々が十分に多様なアイデアを検討し、優れた意思決定ができるに足るようになったかを、従業員たちに知らせることができるのだ。

またニュース・ブログなど一般市民が情報発信しているメディアにおいて、多様性の格付けを行うことも可能で、これにより、ある一部の利益集団の意見が全体を飲み込むことを防止できる。こうしたチューニングは、新たに登場した「つながりすぎた世界」がもたらす弊害に対応するために重要だ。過度の熱狂やパニックが社会を揺るがし、過剰な反応やストレスを引き起こすという事態が起きるようになっている。それはより良い社会をつくるという、歩みが遅く忍耐の要求される仕事から、私たちの気をそらしてしまいかねない。報道のネットワークを調整し、ウワサやデマがぐるぐると回り続ける状況を減らすことで、社会の目を本当の進歩に向けさせることができるかもしれない。

社会的エンゲージメントの活用…3種類目のソーシャルネットワークへの介入は、「コモンズの悲劇」と呼ばれる状況に対処するのに役立つ。この手段では、ソーシャルネットワーク・インセンティブを使い、地域コミュニティ内の問題に対するエンゲージメントを高めることを行う。第4章において、他人の行動が改善したときに報酬を与えることで、社会的圧力が生まれ、協力を促されること、またその社会的圧力は、自分の行動を改善したことへ報酬が与えられる場合よりも、より大きな行動変化を促したことを解説した。

この発想を、より大規模に展開することができる。第4章では、2010年にフェイスブックが6100万人のユーザーを対象に行った「投票にいこう」キャンペーンを取り上げた。このキャンペーンの直接的な効果はそれほど大きなものではないが、ユーザーたちが「私は投票した」という投稿を友人とシェアすることで、フェイス・トゥ・フェイスのつながりがある人同士のソーシャルネットワークの中に社会的圧力を生み出したのである。そしてそれが、非常に多くの人々に投票を促すこととなった。

第4章で紹介したもうひとつの例が、私の研究グループと、チューリッヒ工科大学の研究者たちと共に開発した、電力会社向けのソーシャルネットワークである。これは電力会社のウェブサイトの一部として構築され、人々が「バディ」(仲間)同士でローカルなグループをつくるように促した。このケースで活用されたのは、金銭的なインセンティブではなく、ソーシャルネットワーク・インセンティブである。誰かが省エネすると、彼らのバディとなっている人物に、ギフトポイントが与えられる。この仕組みが生み出した社会的圧力により、電気の消費量が約17パーセント削減された。これはそれ以前に行われた省エネキャンペーンの2倍の効果であった。[13]

デジタル神経系のデータが都市を劇的に改善する

既に私たちは、センサーとコミュニケーション機器からなるデジタル神経系を手にしており、動的で、問題に素早く対応することのできる「データ駆動型都市」をつくり出す準備が整っている。[14] 医療や健康、交通、エネルギー、安全といった分野で、飛躍的な改善を行うことができるのだ。[15] 第11章では「データ・フォー・デベロップメント」プロジェクトを取り上げるが、そこで集められたのは粒度が粗く、匿名で、寄せ集めのデータであったにもかかわらず、研究者がそれを活用することで、交通分野での10パーセント以上の改善、医療分野での20パーセント以上の改善、そして人種間での争いの抑制に対する重要な貢献が簡単に実現できたことを見ていこう。こうした目標を達成する上で主な障害となるのは、プライバシーに関する懸念と、個人の価値と公共の価値の間にあるトレードオフをどうバランスさせるかについて、コンセンサスが確立されていないという点である。

こうしたデジタル神経系によって実現される公益を無視することはできない。次のインフルエンザ・パンデミックで数億人の犠牲者が出る可能性がある一方で、そうした大流行を抑え込む手段を私たちは手にしているのだ。同様に、都市におけるエネルギー使用量を劇的に削減することも可能である。また次の章で解説するように、犯罪を抑制すると同時に、生産性や創造的成果を向上させる都市やコミュニティを創造することができる。そのカギを握るのが、もうおわかりの通り、社会物理学の知見を活用してアイデアの流れを生み出すことだ。

第9章　「なぜ人は都市をつくるのか」の科学

——社会物理学とビッグデータが、都市の理解と開発のあり方を変える

都市の生産性はなぜ高いのか

トマス・ジェファソンは18世紀の都市を、「人間の本質から生まれたあらゆる堕落が集まる便所」と表現した。しかしジェファソンの時代に比べ、世界の都市数は100倍になり、いまも増え続けている。人類の歴史の中で、現在ほど都市に住む人々の割合が高くなったことはない。[1] なぜ生活費が高騰し、犯罪や公害、感染症のリスクも高い都市に、人々の流入が続いているのだろうか？[2] おそらくアダム・スミスの言葉が正しかったのだろう。都市が特別なのはその堕落によってだけでなく、革新性によってでもあるのだ。[3]

1世紀以上にわたり、都市に対する研究が徹底的に行われてきたが、なぜ都市部がイノベーションを後押しするのかを十分に説明するモデルは登場していない。しかし都市では、確かにイノベーションが起きているのだ。また都市部では地方部よりも資源がより効率的に使われ、より多くの特許や発明が生み出され、しかも住民1人あたりの道路やサービスの量は少ない。[4] より多くの人々が一緒に暮らすことで、より効率的にアイデアが生まれ、生産性が上がるのはなぜなのだろうか？　ある人は知的資本の創造における技術伝播の役割を指摘し、[5] また階層的な社会構造と専門分化の役割を論じる人もいる。[6]

社会物理学の数理モデルは都市の規模へ拡張可能

ここまでの章で論じてきたように、ソーシャルネットワークを通じた交流とアイデアの流れは、集団や企業の生産性や創造的成果を促進する主な要因である。社会物理学におけるこのコンセプトは、社会科学の中では珍しく、どのような規模でも適応できるものだ。本章で解説するように、それは小集団や企業といった規模を超え、都市の規模にまで拡張することが可能であり、巨大なソーシャルネットワーク全体における生産性や創造性を促進することができる。企業がアイデアマシンであるのと同じように、都市もアイデアマシンなのだ。

私はウェイ・パンやグラブ・ゴーシャル、ココ・クラム、マニュエル・セブリアンといった学生や同僚たちと共に、数学的モデルを開発し、いかに社会的絆が都市内におけるアイデアの流れを促進するかを、対面でのコミュニケーションが可能な距離にある人々の数をもとに説明した。研究結果はネイチャー・コミュニケーションズ誌で発表しているが、[7] このモデルはシンプルで堅牢であり、都市のＧＤＰや創造的成果を数値的に予測することができる。また社会的絆を伝わるアイデアの流れの速さが、都市のさまざまな特徴（HIV/AIDSへの感染率、電話を通じたコミュニケーションのパターン、犯罪や特許の発生率など）を正確に再現することも示した。さらに犯罪など望ましくない現象を抑制する一方で、都市をより生産的で創造的な存在につくり替えるためのヒントも与えてくれる。

気をつけなくてはならないのは、都市を社会物理学の視点から見ることとは、階級や専門分化によってモデル化する古典的な視点とは異なるという点である。社会物理学は社会内の静的な分割ではなく、アイデアの流れに注目する。その点において社会物理学は、工場の近さや物資の移動にかかるコストの観点から都市の生産効率を解説するモデルに近い。[8] 異なるのは、社会物理学では都市や企業を「アイデアの工場」という概念で捉え、モノの流れよりもアイデアの流れに焦点を当てる点だ。

このように考えれば、社会物理学は、社会学、地理学、経済学といった長い学問の系譜の一部と言える。[9] これらの学問もまた、人口密度とイノベーションの間にある関係や、社会的絆とイノベーションの拡散の関係を探ってきた。そして社会物理学がもたらす、新たな、そして重要な貢献が、こうしたアイデアを単一の数学モデルに統合するという点である。数学モデルは、詳細で継続的な行動データや、経済・社会に関するさまざまなデータを使い、検証を行うことができる。社会的絆の密度［グループの成員全員の間に絆があるのが、最も密度が高い状態］とアイデアの流れという概念は、人間の交流パターンと移動パターンの自然発生的なつながりや、都市経済の性質を明らかにするが、その際に階層や専門分化などの社会構造を持ち出す必要はない。本章の残りの部分を使い、本当に重要なのはアイデアの流れであり、階層や市場ではないことを解説しよう。

都市の社会的絆のパターンから推測できること

都市内における社会的絆のパターンを把握するのに、人々の間に交流が生まれる可能性の大きさは、「介入機会」の数によって決定されるという捉え方をすることができる。基本的には、これは単に「見知らぬ人と友人になる可能性は、群衆の中に存在する潜在的な友人の数が多くなればなるほど小さくなる」と言っているにすぎない。たとえばライベン－ノーウェルらは、日記ウェブサイトのメンバーとなっている人々を対象に研究を行い、彼らの友人や知人がどれだけ離れた場所に住んでいるかをマッピングした[10]。その結果、多くの場合、2人の人物が社会的絆を結ぶ可能性は、両者の中間の場所で時間を過ごす人の数に反比例することが判明したのである[11]。似たような関係性が、位置情報サービスのゴワラ（ユーザーと彼らの友人が「チェックイン」したデータが記録される）においても確認されている。こうしたデータを使うことで、研究者は友人同士がどの程度近くに住んでいるか、また彼らがどのくらいの頻度で同じ場所に出かけるかを把握することができる[12]。この研究の結果として生まれた簡単な数式は、人は近くに住む人々と社会的絆を結ぶ傾向があり、また遠くに住む人々との絆ほど弱まる傾向があることを解明している[13]。

こうした研究は非常に興味深いが、しかし社会的絆を数値的に把握することについては、もっと面白い応用法がある。たとえばHIV/AIDSのような感染症の伝播は、社会的絆の分布に影響を受けていると考えられ[14]、電話によるコミュニケーションについても、（まったく違う形ではあるが）社会的絆の分布の影響があると考えられる[15]。この大きく離れた2つの現象を郡［州の下の行政区分］の人口の関数としての電話の通話パターンと、1マイル四方の人口密度の関数としてのHIV/AIDSの患者発生頻度としてそれぞれ考えてみよう。この両方を、距離と社会的絆の数（先のウェブサイトとSNSの分析によって計測される）の間にある関係性を示した数式に基づいて、予測してみよう。そんなことが可能だろうか？

図15が示しているように、人口密度の上昇によって2つの社会的パターンがどのように変化するかを、私たちが開発した社会的絆のモデルは正確に表している。2つの図は、社会的絆が人々の間の距離に関係していることを示す簡単なひとつの数学モデルで、対面・電話・ウェブ・SNSのそれぞれを通じた交流について予測を行えることを示している。さまざまな規模で、また数多くの現象に対して使うことのできる定量的な予測モデルは、どんな学問分野でも極めてまれな存在であり、特に社会科学の分野では前例がない。

こうした都市における社会的絆のパターンはすべて、より小さな組織においても見ることができる。企業を対象にした私たちの研究（第5章と第6章を参照のこと）でも明らかになっているように、近隣との社会的絆はエンゲージメントを高める。そうした絆で結ばれた人々は、よりお互いに話をする傾向にあり、アイデアが行動へと変化する流れが強化されるからだ。同様に、遠方の人と社会的絆で結ばれている関係は、探求において重要な役割を果たす。新しい人々と、新しい文脈の中で出会うことで、彼らから新しいアイデアを得ることができるからだ。

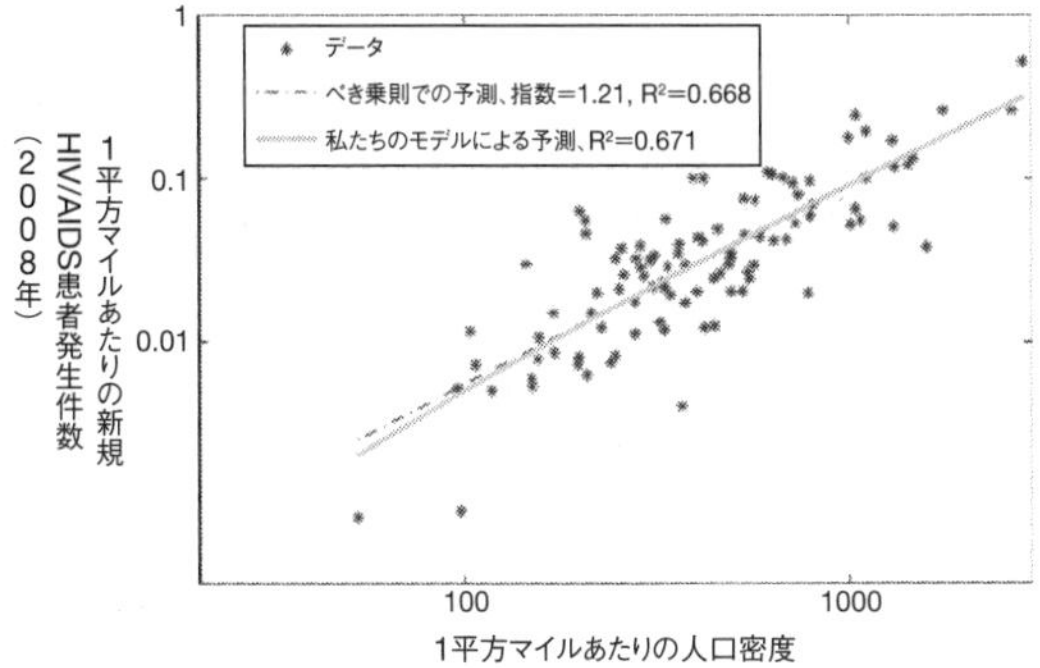

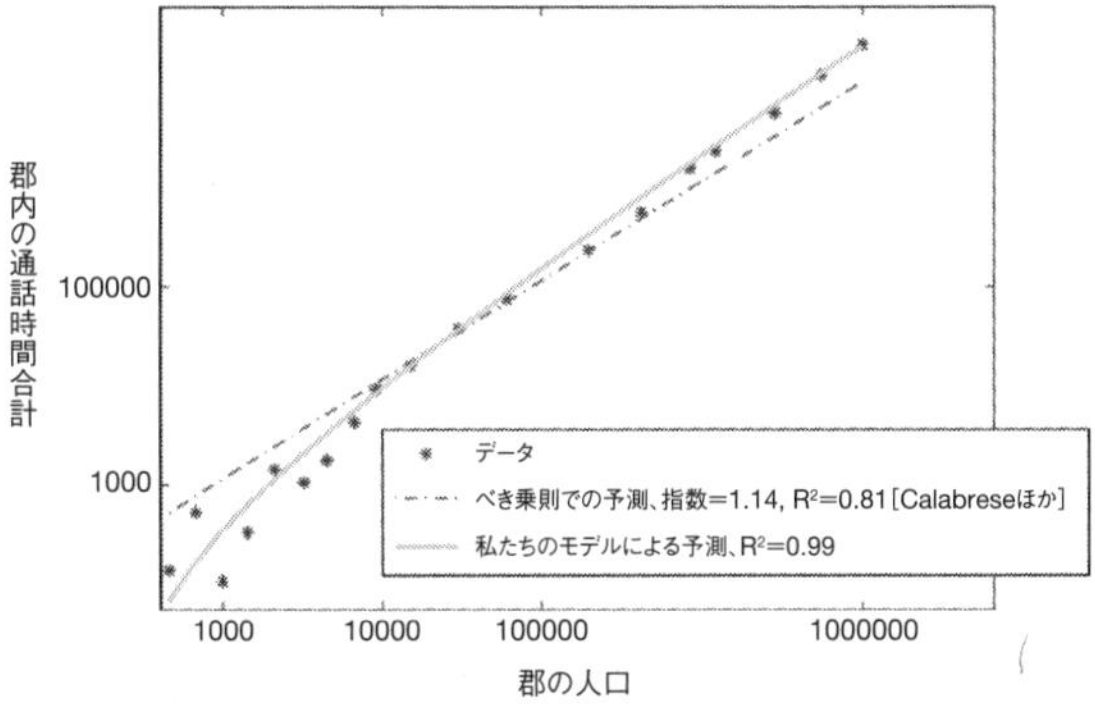

図15．社会的絆の密度により、電話のパターンとHIV/AIDS患者発生率を正確に予測することができる。

しかし企業の場合、普段一緒に働く仲間と「その他」の人々との間には、明確な境界線があることが普通だ。会社の外に出てしまえば、明確な境界線はないので、生活の中で行われる他人との交流において、探求とエンゲージメントが区別されることはあまりない。つまり私たちが行っている交流の全体を考えた場合、人にはさまざまな社会的役割があり（母親や同僚、市民、ジャズ愛好家など）、またそれぞれの役割において異なる人々とエンゲージメントを行うため、エンゲージメントと探求の機能は、ソーシャルネットワークの全体を通じて混じりあっているのである。

都市で行われる探求の興味深いパターン

ここまでの章で、私の研究グループが行ってきた、携帯電話やソーシャルネットワーク、ソシオメトリック・バッジなどを通じて得られたビッグデータに基づく研究について紹介してきた。人間の行動を垣間見ることのできるビッグデータの別の事例として、クレジットカードのデータが挙げられる。私とココ・クラムは以前、ある米国の大手金融機関との合意を得て、彼女の博士論文用の研究としてクレジットカードの利用統計を分析することができた。対象となったのは、米国内の社会人の約半分にあたる人々である（ご心配なく、私たちは個々のカード利用履歴を見たわけではない）[16]。

図16は一般的な成人が一ヶ月に行う買い物のパターンである。大きな円はその人物がよく訪れている場所を、小さな円はあまり訪れていない場所を表す。矢印の太さはそれが結ぶ場所の間で行われた移動の頻度を、一ヶ月で平均したものを示している。ネイチャーが発行する科学誌であるサイエンティフィック・リポーツにおいて、[17]私とココ、そして研究に協力してくれたアレハンドロ・ロレンテ、マニュエル・セブリアン、エステバン・モロは、さまざまな場所の訪問頻度には、一定のパターンが見られることを解説した。最も訪れる場所の訪問頻度は、残りのすべての場所を合わせた訪問頻度を上回り、2番目に訪れる場所の訪問頻度は、最初と2番目を除くすべての場所を合わせた訪問頻度を上回るといった具合に、次々に続いていくのである。[18]そしてもちろん、最も頻繁に訪れる場所はその人の自宅に近く、離れている場所ほど訪問頻度は低下した。

重要なのは、社会的絆のパターンにおいて見られる一般法則が、同じ体験を共有することのパターンにも同様に当てはまるという点である。ある人物がよく訪れる小売店やレストラン、エンターテイメントスポットには、その友人たちも訪れる可能性が高く、したがってその場所から彼らのソーシャルネットワークに対して新しいアイデアがもたらされる可能性は低い。ソーシャルネットワーク内の誰にとっても新しい経験は、彼らがほとんど訪れていない場所から得られる可能性が高いのである。新しい

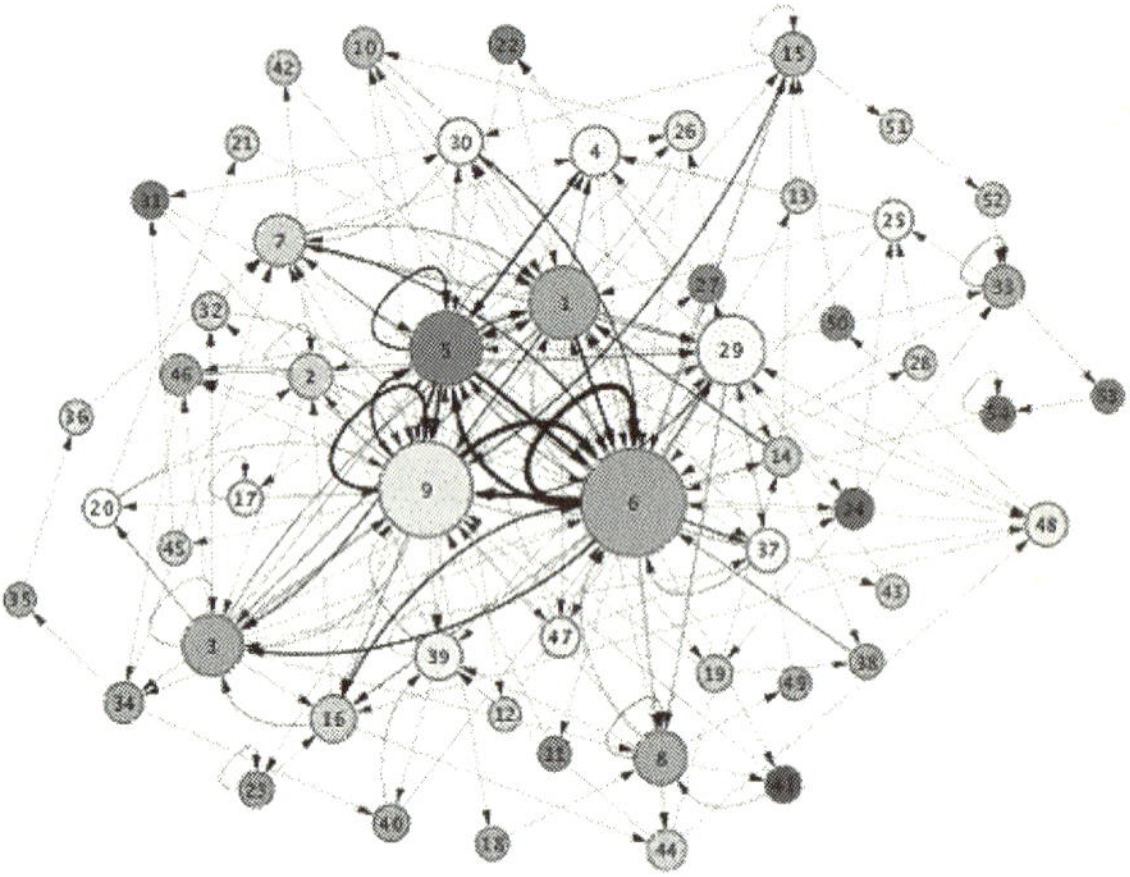

図16. 典型的な買い物のパターン。それぞれの円の大きさは、訪れた場所の訪問頻度を表す。矢印の太さはそれが結ぶ場所の間で行われた移動の頻度を表す。距離が離れると、訪問頻度は減少する。ある人物がよく訪れる小売店やレストラン、エンターテイメントスポットには、その友人たちも頻繁に訪れており、したがってその人物や彼らのソーシャルネットワークにとってプラスとなるような、新しいアイデアが得られる可能性は低い。ソーシャルネットワーク内の誰にとっても新しい体験が得られる最大のチャンスは、訪れる頻度が最も低い場所にある。

アイデアを探求する場合、遠くにいけばいくほど成果が得られる傾向にあり、一方で日常生活において得られる共通の経験は、ローカルコミュニティ内でのエンゲージメントを通じて、社会規範にまで昇格する傾向にある。

もうひとつの興味深い傾向が、ココが人々の購買行動を分析する中で明らかになった。それは人々の探求パターンが、統計的に見て動物の採食行動に似ているというものだ。当然ながら私たちは、お金を最大限有効活用するために、周囲にある似たものを比較するという行動を常に行っている。その一方で、さまざまな資源の新しい源や、新しい経験を得るために、探求を行う場合もある。このように突発的にショッピングにくり出す行為には、動物が時おり新しい場所に狩りに出たり、新しい食料源を探しに出たりするのと同じ特徴が見られる。

そうした突発的な探求行為（ショッピングや休日の散歩、週末のお出かけなど）は、都市におけるローカルコミュニティの生態系を成長させる上で、重要な役割を担っているようだ。クレジットカードのデータから、探求行為が行われる率が平均より高いことが確認された都市は、何年にもわたって高いGDPを記録し、人口も多く店舗やレストランがバラエティに富んでいる。探求が行われれば行われるほど、既存の規範と新しいアイデアが交差する回数が増え、イノベーションを促進する行動につながると考えれば納得がいく。

さらに都市が成長するにつれ、そこで提供されるさまざまな機会の生態系は複雑化していく。ちょうど自然の生態系が成長とともに複雑化していくのと同じだ。興味深いことに、富裕な都市になるほど、探求が行われる場所はより普及してみんながいくようになり、その比率は平均的な都市よりも大きくなる。探求はより創造的で、より富の集まる都市をつくるだけでなく、探求というプロセス自体を強化していくようだ。探求が行われれば行われるほど、探求のチャンスが増えるのである。

好奇心と探求行為…一般的な経済学の理論では、人々が地域のことをひととおり知って、何か買うのに一番良い店を見つけ、自分のライフスタイルにぴったり合う購買パターンが定着するにつれ、人々の探求行為は減少するだろうと考える。しかし現実にはそうならない。実際のところ、探求が尽きることはなく、人々は常に新しいお店やサービスを試している。

私たちが集めたデータは、人間が経済学で想定されているような生き物ではないことを示している。人はより優れた取引を行うために探求を行うが、単に好奇心から探求することもあるのだ。この傾向は特に、社会の最富裕層において最も強くなる。彼らが新しい小売店やレストランを探求する率は、買い物や食事をする店を変える率とは関係がない。彼らが行きつけの店を変える率は、他の層とあまり変わらないが、探求を行う率はずっと高いのだ。これが示唆しているのは、人は潤沢な資源を手にしていると、安い商品やより良い製品を探すためではなく、好奇心や社会的なモチベーションから探求を行うようになるということである。

実際に、フレンズ・アンド・ファミリー研究の中でも、経済力と探求行為の関係について同じパターンが見られた。[19] 携帯電話とクレジットカード利用記録から得られたデータ（付録1　リアリティマイニングを参照のこと）を分析したところ、対面および電話を通じて行われたコミュニケーションの合計量は、裕福な家庭と比較的貧しい家庭の間には大きな差は見られなかった。しかし驚くことに、探求行為の量は裕福な家庭の方がずっと多かったのである。両者の違いを説明すると、こうなるだろう。家庭に入ってくるお金が多くなると、人々は顔見知りの人々との接触（エンゲージメント）と見知らぬ人々との接触（探求）のバランスを、交流する人々の多様性を広げる方向へと変えるようになる。つまり余裕のあるお金を、探求行為を増やすために使うのだ。

重要なのは、かつて裕福だったものの、現在ではそうではない家庭では探求行為が減るという点だ。つまり裕福な家庭が、貧しい家庭とは異なる探求行為を伝統的に続けているというわけではない。家族の習慣は、可処分所得の量がどの程度かによって変わる。事実、可処分所得の量と探求行為の量の関係は、高い精度で予測が可能だ。可処分所得が増加すると、それに応じて交流における多様性や、訪れる店舗の多様性も増える。第11章において、この効果を活用して、ある地域の豊かさを正確にマッピングできることを説明しよう。これが可能なのは、探求行為のパターンが可処分所得の量を示す優れた指標となっているからだ。

「弱い紐帯の強み」モデル［「ただの知り合い」のようなつながりの弱い人からの情報の方が、求職などの場合に有益であるという、社会学者マーク・グラノヴェッターによる説］が正しかった場合に予想される状況とは異なり（つまりその人が持つ社会的絆の数が増えれば増えるほど裕福になるという期待とは異なり）、短期的には、探求の増加は収入の増加にはつながらないようだ。実際にはその逆で、収入の増加が探求の増加をもたらしている。これはおそらく、人は裕福になると自信を持ち、新しい社会的機会を探求しても安全だという余裕が出るからだろう。どうやら探求行為は、富を手に入れるためというよりも、社会的な接触や目新しさを求めて行われるようだ。[20]

探求行為の多い都市は裕福になる傾向があるという事実は、新しい経験を得て、新しい人々と知り合う行為には見返りがあることを示しているが、それを得るには時間がかかる。探求行為は都市全体に利益をもたらし、都市内におけるアイデアの流れの増加は、間接的にであっても、個人とその家族に必ずメリットをもたらすのである。

都市のアイデアの流れから生産性を予測する

都市内における探求と、社会的絆のネットワークについてひととおりの解説が終わったので、次の質問をしてみよう。都市の生産性の予測は、アイデアが伝播する範囲と、市民たちに新しいアイデアが届く速さがわかれば可能なのだろうか？　これを確認するためには、さまざまな都市におけるアイデアの流れの状況を算出し、それをGDPや特許数といった数値と比べてみなければならない。この計算については、付録4　数学にまとめてある。

実際にこの分析を行ってみたところ、ソーシャルネットワークを通じたアイデアの流れから、1平方マイルあたりのGDPといった統計値を極めて正確に予測することが可能であると判明した（図17を参照のこと）。また同じモデルから、特許が生まれる率や研究開発への投資率、犯罪率など、都市生活に関するさまざまな数値を予測することができた。アイデアの流れだけで、階級や専門分化といった他の社会構造を考慮しなくても、都市で見られる現象の多くを説明することが可能なのである。

アイデアの流れの速さは本質的に、交通の便の良さと、同じ都市の住民間で生まれる交流の関数である。しかしその他にもアイデアの流れに影響する要因が存在する。中国の北京を例に考えてみよう。北京の人口密度は非常に高い。しかし交通状況が悪いため、北京は事実上、複数の小さな都市に分割されており、それぞれの小都市の間には限られた交通手段しかない。その結果、人口密度は低いが優れた公共交通を持つ都市と比べ、北京におけるアイデアの流れはそれほど速くない。

　アイデアの流れは交通機関の効率性に依存しているため、アイデアの流れを求める公式を反対にすれば、ＧＤＰを使って通勤距離の平均を求めることができる。米国の都市で計算してみると、平均距離は約30マイル（約50キロメートル）で、欧州の大都市では約18マイル（約30キロメートル）となる。[21] これらの数値はいずれも、政府が発表している公式の統計値に極めて近い。都市内の社会的絆が持つ平均的な構造、人口密度、ＧＤＰの３つ

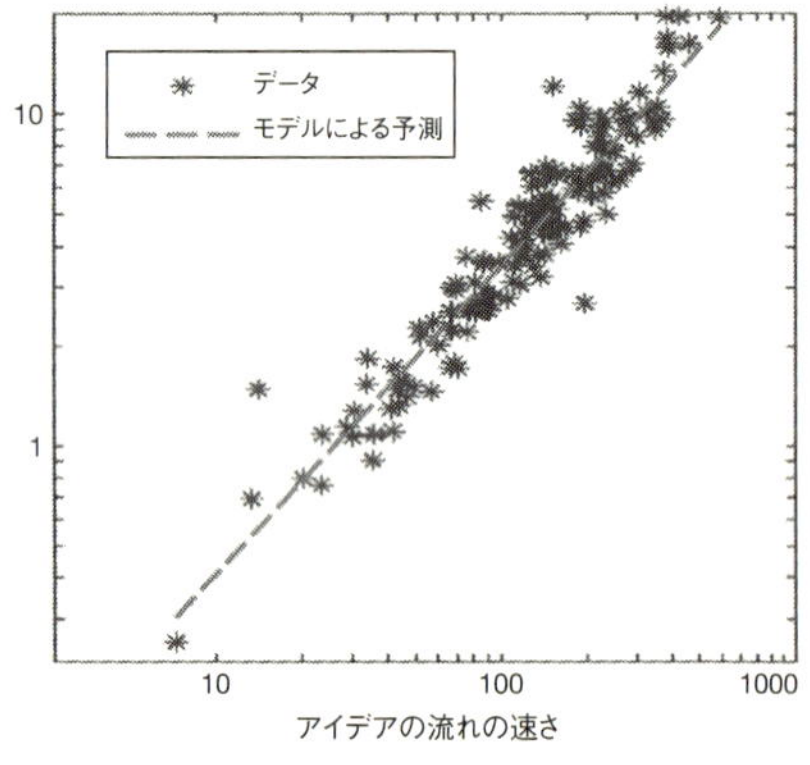

図17．社会的絆を通じたアイデアの流れのモデルから、1平方マイルあたりのGDPを正確に予測することができる。

だけを使って求めた数字から、ここまでの精度が得られたというのは驚くべきことだ。発展途上国では、通勤の平均距離はずっと短く、したがって交通インフラを改善することで、生産性や創造的成果を大きく高められる可能性がある。[22]

社会物理学による「良い都市」の再発見

都市の発展に関する従来の理論では、市場や階層を重視しており、産業の専門化や高度な教育を受けた人材を成長の原動力として示唆する。それとは対照的に、社会物理学のアプローチでは、そうした特殊な社会構造の存在を必要としないモデルを提供する。しかもそのモデルは、説得力があり経験的にも正しさが証明されているものだ。社会物理学は従来の理論と異なり、人間が行う社会的交流の特徴を、きめ細かく把握して活用する。その特徴とは社会的絆の分布、社会的絆を伝わるアイデアの流れの速さ、流れてきたアイデアを新しい行動として定着させる仕組み、仲間同士で行われるエンゲージメントから生まれる新しい社会規範などといったものだ。

ここまでの章で、アイデアの流れを調節することにより、企業の生産性を改善できることを解説した。これを応用することで、より良い都市のあり方をデザインできるだろう。たとえば、市民の間の社会規範を維持すると同時に、ビジネスやアートの世界におけるイノベーションを促進することを想像してみてほしい。社会物理学に基づいて考えれば、単に人口密度を上げたり、公共交通機関を整備したりするだけだと、創造的アウトプットと同時に犯罪率も拡大してしまうことになる。[23] しかし伝統的な村の生活で見られるような、高いレベルのエンゲージメントを実現し（したがって村と同じような低い犯罪率を維持し）、それと同時に洗練された商業・文化地区で見られるような、高いレベルの探求行為を実現する（したがってこれらの地域と同じような優れた創造的成果をもたらす）ことができたらどうだろうか？

私たちは、居住地域におけるエンゲージメントの増加は求めているが（行動規範の強化につながる）、すべての人の探求行為が増えることは求めていない（イノベーションは促進されるが同時に犯罪率も上がってしまうので）。多くの都市における区画割りの失敗とは、都市を機能で分けてしまうことで、それにより社会的絆の構造に間違った変化を与えてしまう。ローカルなエンゲージメントが減少してしまい（たとえば住宅しかない地区では、人々がそこを歩いて誰かと交流するということが少なくなる）、一方で探求は増加し（人々は何をするにも、その目的が果たせる地区にいかなければならない）、結果として近隣住民の社会的なネットワークは引き裂かれてしまう。私たちが求めているのは、それとは正反対の状態だ。人々が定期的に顔を合わせ、多くの友人同士もまた友人であるような自己完結型の地区をつくるのである。都市開発の論者として有名なジェイン・ジェイコブズ［1916～2006。近代的な都市計画を批判した］も、健全な都市には完全な機能を備えた、近隣住民がつながりあった地域が見られると指摘している。[24]

そのような都市の適切な規模とはどの程度なのかも、計算によって求めることができる。仮にコミュニティ内ですべての人の友人同士が友人になっていると想定し、社会物理学の理論で計算を行うと、住民の間のエンゲージメントが最大になる住民数の上限は約10万人となる。[25]これが示唆しているのは、住民の誰もが町の中心区域や店舗、学校、病院に歩いて行けるような、小規模から中規模の町が最も望ましいということだ。[26]

しかし得られる創造的成果を最大化するためには、商業・文化地区への探求の機会を最大化しなければならない。これを達成するということは、できるだけ多くの人々を町の中心地域に集中させ、効率的で料金の安い交通機関を整備するということを意味する。最も理想的なのは、私たちが想定する小規模な都市のそれぞれが、町の中心部にSF『スター・トレック』に登場する転送機（物体をある場所から別の場所へと瞬時に移動させる機械）を持ち、多国籍企業が本社を置く経済活動の中心地区や、ライブが開催され、大きな美術館や博物館もある文化活動の中心地区まで、住民がサッと移動できるようになっているという状態だ。つまり経済や文化の中心地区で最大の探求行為が行われると同時に、地元の町の中で最大のエンゲージメントが行われるようにすることを目標とするのである。

この発想は、チューリッヒが住民の爆発的な増加に直面した際に採用した政策に近い。非常に広範囲をカバーし、速くて料金も安い新型の路面電車を導入し、人々が素早く快適にチューリッヒの中心区域にやって来られるようにして、その周辺に位置する、比較的小規模で生活コストも安い町や村に住むことを促したのである。全員ではないにしても、ほとんどの人々が家から駅まで歩いていくことができ、15分間電車に乗ってそこから残りの距離を歩くだけで、仕事や文化的な行事にいけるようになった。

現在では、60パーセント以上のチューリッヒ住民がこの公共交通機関を利用している。その結果、仕事や文化的イベントを通じて行われる、中心区域における探求とアイデアの流れが最大化されると同時に、周辺地域にある町や村の中でのエンゲージメントも最大化された。重要なのは、ほとんどの人々が依然としてそうした町や村で仕事しており、一方で誰もが簡単に中心区域で行われる文化的イベントに参加できるため、都市での暮らしと町での暮らしが過度に分断されることがないという点だ。そのためチューリッヒでは、経済や文化的活動を発展させるために必要な、新しいアイデアの流れが中心区域において大量に生まれると同時に、住民たちが健康的に暮らすために欠かせない、豊かな社会的エンゲージメントが周辺の町や村で維持されている。

結果として、チューリッヒは世界における経済拠点としての地位を確保しているだけでなく、世界レベルの文化拠点として発展しつつあり、同時にスイスの伝統や安全性も守ることに成功している。

歴史をふり返っても、このパターンは世界の優れた都市において繰り返し見ることができる。パリやロンドン、ニューヨーク、ボストンはすべて、小規模で歩いて回れる町として生まれ、後に地下鉄や路面電車が整備された。この構造が覆されたり、上書きされたりするケースもあるが、依然としてこれらの都市における活力の源泉となっている。

都市計画の立案者たちは、衰退しつつある都市を立て直すために、こうしたアプローチを使い始めている。ちょうどチューリッヒのように、活動的な中心区域をつくり、そこで高い生産性と豊かな創造的成果を実現するという手法が望ましいことを、社会物理学のモデルは示唆している。デトロイトの都市計画立案者もこのアプローチに取り組んでいる。スプロール現象によって無秩序に広がった地区が衰退しているかつての都市の中に、活動的で魅力的な新しい小規模都市をつくろうとしているのだ。

物理的な近さの重要性と都市

本書のさまざまな場所で解説しているように、ソーシャルネットワークの構造は、情報やアイデアの流れに大きく影響する。[27] 社会的絆の密度は、個々の人々の間に生まれるアイデアの流れを左右する主要な要因であり、したがってそれは新しい行動がどこまで伝播するかに影響を与える。社会的絆の密度が高ければ、アイデアの流れは大きくなり、生産性や創造性も高くなる。

アイデアがどのように拡散し、新しい行動として定着するかを示した数式によって、都市の発展に関するさまざまな指標を正確に予測することができる。社会階層や専門特化といった特別な社会構造を持ち出さなくても、ＧＤＰや研究開発活動の量、犯罪率などを都市の人口から推定できるのだ。

社会物理学の研究成果は、人が都市をつくる理由は、研究所や大学といった仕事環境をつくる理由と大きく変わらないことを示唆している。つまりどちらをつくる場合も、探求とエンゲージメントを同時に促進する環境をつくろうとしているのだ。現在のデジタル技術は遠隔地との交流やコラボレーションを極めて容易かつ快適にする一方で、新しいアイデアを拡散するという点では、対面でのコミュニケーションの方が勝っている。

したがって、より良いアイデアの流れを実現するためには、人々が物理的に近い位置にいることは依然として重要である。[28] 対面でのコミュニケーションが簡単にできる環境は、探求とエンゲージメントを促し、アイデアが新しい行動として定着する割合も高まる。したがって物理的な距離の近さは、生産性と創造的成果を考える上で最重要な要素であり続けるだろう。

しかしデジタルコミュニケーションが、遠くにいる人々との絆を深める上で役立つ可能性は残されている。高精細のデジタルコミュニケーションは既に、さまざまな形で対面でのコミュニケーションを支援するようになっており、いつの日かそれと同じくらい豊かなコミュニケーションを可能にするチャネルになるだろう（本章末のトピック欄「デジタルネットワークか、対面でのコミュニケーションか」を参照のこと）。ただし残念ながら、現在のデジタルコミュニケーションではエコーチェンバーが簡単に生まれてしまうようになっており、うわさ話やどこかで聞いたような情報がぐるぐると回り続ける環境を出現させている。しかしあるアイデアがどこからやって来たのか、その発信源を追跡できるようになれば、そうしたエコーチェンバーを壊すことができるだろう。次の章で解説するように、これはプライバシーを守る上でも非常に重要になる。

次のステップ

前章と本章では、ビッグデータと社会物理学を組み合わせることで、データ駆動型都市を実現できることを解説した。社会物理学の概念を活用すれば、都市の生産性と創造性を共に改善し、同時に犯罪やエネルギーの無駄遣い、病気といったマイナスの側面を最小限にできるだろう。都市構造に関連して、社会物理学者が提案するアドバイスは、ジェイン・ジェイコブズのような著名な都市理論家が提案しているものと一致している。しかし社会物理学は、そうした提案に対して定量的・数学的な基盤を与えることができる。都市をアイデアマシンとして捉えることで、社会物理学のテクニックを駆使し、都市をより良く機能させることが可能になるのだ。

どうすればそのような目標を達成できるのか？　本書の最後のパートにおいて、デジタル神経系をどのように活用し、社会全体の利益を実現するのか、またプライバシーと公益の間のバランスをどう取るのか、そして安心・安全・公正な社会をデザインする原則はどのようなものなのかについて解説する。

トピックス　デジタルネットワークか、対面でのコミュニケーションか

対面でのコミュニケーションと比べた場合、SNSや電話などのデジタルメディアにはどのような役割の違いがあるのだろうか。これは常に問われている疑問だ。こうしたデジタルメディアに対する関心の背景にあるのは、それが持つ低コスト性やスケーラビリティといった特徴を活用することで、会社を管理したり、顧客に影響を与えたり、市民にコンタクトしたりといった行為が低コストでできるようになることへの期待である。そしてこの疑問に答えを出すのは、当然ながらそう簡単ではない。考えなければならないのは、信頼と社会的学習という2つの要素である。

デジタルメディアでは、対面でのコミュニケーションが持つ社会的シグナルを伝えることができないため、人々がお互いの気持ちを読むことが難しくなる。したがってデジタルメディアは、行動変化に必要な信頼を醸成するにはあまり向いていないと言えるだろう。信頼実験と名付けられた研究において、私たちは被験者をグループに分け、グループ内の他人を信頼し、協力した場合の報酬と、グループから離脱した場合の報酬を設定して様子を見た。するとデジタルメディアを介してコミュニケーションした被験者は、ほぼ必

ず離脱するという結果が出たのである。[29]

同様に、さまざまなコミュニケーションチャネルと気分との関係を見たところ、気分が非常に良い、あるいは非常に悪い日には、人々はメールやメッセンジャー、SNSといったチャネルは避け、対面でのコミュニケーションや電話をより多く行っていることがわかった。[30] 慰めが必要であったり、特別に幸せな気分を感じていたりするときには、私たちはより情報豊かな交流の手段を求めるのである。

さらにほとんどのデジタル・ソーシャルメディアでは、コミュニケーションは希薄で散発的、また非同期型で行われる。第4章のデジタル・エンゲージメントに関する部分で解説したように、こうした特徴があるということは、デジタルメディアでは信頼する仲間の行動に、頻繁かつ繰り返し接するのが難しいということになる。その結果、多くのデジタルメディアは新しい行動を広めるというよりも、事実（あるいはウワサ）を広める方が適している。さらに状況を複雑にしているのが、いったん社会規範が（対面でのコミュニケーションを通じた学習などによって）確立されてしまえば、何かを思い出させる合図をデジタル的に送るというのが、極めて有効な手段になるという点だ。たとえばデジタルメディアを通じたコミュニケーションの大部分が現実世界での交流から生まれているが、いちどそれが始まると、たとえその後は離れた場所にいようと、デジタルメディア上での交流が信頼関係を強化することになるのだ。

Part 4
データ駆動型社会

第10章　データ駆動型社会
——やがて来るデータに基づいて動く社会は、どのような姿になるのか

データ利用とプライバシーの両立をはかる

人々が通った後に残る「デジタルパンくず」は、彼らが何者なのか、何を望んでいるかを理解するヒントを与えてくれる。そのためパーソナルデータは、公共組織と私企業の双方にとって、非常に大きな価値を持っている。EUの消費者保護担当委員を務めるメグレナ・クネヴァが述べたように、「パーソナルデータはインターネット時代の新たな石油であり、デジタル世界における通貨である」[1]。しかし人々が行う交流の細部まで把握できるという、この新しい力は、良いことにも悪いことにも使える。したがって個人のプライバシーと自由を保護することは、私たちの社会がこれから繁

栄していく上で欠かすことができない。

データ駆動型社会を成功させるには、私たちのデータが乱用されないようにする必要がある。特に政府がその力を悪用して、詳細なパーソナルデータにアクセスするなどといったことがあってはならない。データ駆動型社会の良い面だけを実現するためには、私が「データのニューディール」と呼ぶ取り組みが必要になると考えている。これは公益を実現するために必要なデータをすぐ使えるように整備する一方で、同時に市民を守るという実効性のある保証を行うものだ。[2] プライバシーを保護する、より強力で洗練されたツールを開発し、また社会の改善と市民の権利保護という目的において、パーソナルデータの使用を許可するというコンセンサスを確立しなければならない。

「データのニューディール」が必要とされる主な理由のひとつは、データが持つ、共有されたときに価値を増すという性質だ。データを分析することで、公衆衛生や交通、統治といったシステムの改善に必要な情報が手に入る。たとえば第8章において、人々がどう行動したか、どこへいったかに関するデータを使うことで、感染症の拡大を抑えられることを説明した。デジタルパンくずを駆使すれば、インフルエンザがどのような経路で流行したのかを、個人単位で把握することまで可能になる。そしてそれが把握できれば、流行を止めることもできる。つまりこの例では、パーソナルデータを共有することで、パンデミックの脅威から解放された社会が生まれるのだ。

　同じような試みを、地球温暖化対策にも活用できる。既に収集されたデータの分析から、都市における住民の移動パターンと生産性の関係が明らかにされている（第8章と第9章を参照のこと）。これを活用することで、生産性を高めつつ、エネルギーの消費を抑える都市をデザインできるだろう。しかしこうした成果を達成し、環境に優しい世界を実現するためには、人々の行動を把握できなければならない。したがって多くの人々が進んでデータを提供するような（たとえ匿名や集約された形であったとしても）環境を築くことが必要になる。

　残念ながら現状では、パーソナルデータの大部分がさまざまな企業に分散して存在しており、統合もされていないため、ほとんどが活用できない。企業は位置情報や金融取引データ、電話やインターネット回線の利用データといったさまざまな形で、膨大なパーソナルデータを収集している。そうしたデータは、企業の手に独占させておくべきではない。それではデータが公共の利益に使われる可能性が下がってしまうからだ。したがってそうした一般の企業が、「データのニューディール」における、プライバシーやデータの管理に関するフレームワークを構築する上でのキープレーヤーにならなければならない。同様に、政府がデータを独占するという状況もあってはならない。そんな独占状態が放置されれば、透明性が実現されず、人々はデータを自由に管理する力を持った政府に不信感を抱くようになるだろう。

より良い公衆衛生システムや、よりエネルギー消費の少ない公共交通システムといった具体的な例が「データのニューディール」を進める動機となる一方で、効率的で安全なデータ共有によって達成することが可能な、より大きな公益が存在する。第5章と第9章で解説したように、アイデアの流れの改善は、生産性と創造性の向上という形で現れる。長期的に考えると、住民の生活水準を上げ、彼らにより有意義な生き方を可能にするのは、社会が生み出す創造的成果だ。したがって、データのニューディールが目指すゴールは、より良いアイデアの流れの創造でなければならない。

アイデアの流れを促進するひとつの方法は、公共の「データ・コモンズ」の構築である。つまり雇用や犯罪率といったさまざまなテーマに関して、誰もが自由に使える地図データや統計データなどを用意するのである。高度なデータ共有技術と匿名化技術を使えば、市民のプライバシーと企業の利益を両立すると共に、政府による監督も可能なデータ・コモンズを構築できる[3]。第11章の終わりで、世界初のデータ・コモンズとはどのようなものになるかを考え、そうした資源がより良い社会をつくる上でどのように活用されるかを解説しよう。

しかしすべてのパーソナルデータを公共財として提供できるわけではない。人はその大部分を、プライベートな状態のままで残しておきたいと考えるだろう。パーソナルデータや個人の経験が共有されるようになるためには、個人が別の個人や企業、政府などと安全かつ快適にパーソナルデータを共有することを可能にする、セキュリティ技術と規制も必要になる。したがってデータのニューディールの中心となるのは各種の規制と金銭的インセンティブで、これらによりパーソナルデータの所有者である個人にデータを共有化させる動機を与えると同時に、個人と社会の両方の利益を実現しなければならない。私たち個人の間でもより多くのアイデアの流れを促すようにしなければならず、企業や政府部局のアイデアの流れだけを良くすればいいわけではない。

データのニューディールとは

土地取引市場や商品市場における流動性を促進する第一歩は、それらの所有権を認めることで、人々が安心して売買ができるようにすることであると長年理解されてきた。[4] それと同様に、より良いアイデアの流れ（つまり「アイデアの流動性」だ）を実現する第一歩は、所有権を定義することである。[5] それを行う上で、政治的に唯一可能な方法は、市民に対して自分たちに関するデータの所有権を認めることだ。実際にＥＵでは、この権利は欧州憲法で直接認められている。パーソナルデータは価値のある個人資産として認められなければならないのである。そしてその使用を認められた企業や政府は、見返りとしてサービスを提供しなければならない。[6]

「個人が自分に関するデータを所有する」とはどういう意味なのかを定義する、この非常にシンプルなアプローチは、英国のコモン・ローにおける占有、使用、処分の権利を参考にしたものだ。

・あなたには、自分に関するデータを所有する権利がある。

データを収集したのがどんな存在であれ、データの所有権はあなたにあり、あなたは自分のデータにいつでもアクセスできる。したがってデータ収集者の役割は銀行と同じようなものであり、あなたの代理としてデータを扱っているにすぎない。

・あなたは自分に関するデータの使用に対して、完全な支配権を持つ。

データの使用はオプトイン方式［事前に承諾しない限り実施されない方式］でなければならず、何にどう使われるのかわかりやすい言葉で説明されなければならない。企業によるデータの使い方が気に入らなかったら、自分のデータを取り除くことができる。ちょうどサービスが気に入らない銀行の口座を閉じるようなものだ。

・あなたは自分に関するデータを廃棄したり、移動させたりする権利を持つ。あなたは自分に関するデータを消去することも、どこか別の場所に持って行くこともできる。

パーソナルデータに関する個人の権利は、企業や政府が自らの日常業務を遂行するため、何らかのデータを活用する必要性（たとえば口座の取引をチェックしたり、請求データを確認したりするなど）とバランスされなければならない。したがってデータのニューディールは、個人に対しこうした業務データについてはそのコピーを所有し、管理し、処分する権利を与える。これは位置情報やそれに類似した文脈情報を持つ付随的データのコピーについても同様だ。ただしこうした所有権は、現代法における文字通りの所有権と完全に同じものではなく、何らかの問題が起きた際には、実務上ではよりシンプルな形で対応される。土地の所有権をめぐる訴訟などとは異なる点があることに注意しなければならない。

２００７年、私は世界経済フォーラムにおいて、初めてデータのニューディールに関する提案を行った。それ以来、このアイデアはさまざまな場所で議論され、２０１２年にはついに、米国において「コンシューマーデータ権利章典」が誕生し、同様のパーソナルデータ保護規則がＥＵでも宣言された。こうした新しい規制は、隔離されたサイロに閉じ込められている既存のデータを解放し、個人が自分のデータに対してより大きな支配権を行使できるようにすると同時に、データを公共財として使用可能にすることを目標としている。しかし当然ながら、これは現在進行形の話であり、パーソナルデータの管理を個人の手に取り戻す取り組みは続いている。

データのニューディールを実施させる

どうすればデータのニューディールを実施させることができるだろうか？　訴訟を起こされるリスクがあるというだけでは不十分だ。もし権利侵害をしても、それが当事者にわからなければ訴えを起こされないからである。それにこれ以上の訴訟が増えても、誰の得にもならない。

現時点での最良の実施例は、委託ネットワークと呼ばれるデータ共有システムだ。委託ネットワークは個々のパーソナルデータの使用許可を管理するコンピューターネットワークと、そのデータを何に利用できるか・できないかを明確にし、違反があった場合に何が起きるかを定義した法的契約を合わせたものである。このシステムでは、そのデータを何に使って良いか・悪いかを記載したラベルがすべてのパーソナルデータに与えられている。このラベルは、ルールに従わなかった場合のペナルティを定めた法的契約内で使われている文言に正確に対応しており、データの使用状況を監査する権利も定めている。データの使用許可条件に加え、そのデータがどこから得られたのかという情報も保管しておくことで、使用状況について自動的な監査を行ったり、個人が使用条件を変更したり、さらにはデータを取り除いたりすることが可能になる。

似たようなシステムは、銀行間での送金を極めて安全な形で行うことに利用されているが、最近までこうした技術を使えるのは大企業だけだった。個人も同じような仕組みを使い、パーソナルデータを管理できるようにするために、私はMITの研究グループ、およびデータ駆動型デザイン研究所（ジョン・クリッピンガーと私で立ち上げた組織だ）[7]と共に、オープンPDS（オープン・パーソナルデータ・ストア）を開発した。これは先ほどの銀行間で使われていた仕組みの消費者向けバージョンであり、現在さまざまな企業や政府機関と提携し、実験を行っている。[8]すぐにパーソナルデータの共有は、銀行間の送金と同じぐらい安全に行えるようになるだろう。付録2　オープンPDSにおいて、このシステムについてより詳しく解説している。

ネットの無法地帯にあるパーソナルデータ

ここまでセンサーによって収集されるパーソナルデータに注目してきたが、それはそうしたデータの性質や対象とする範囲について、多くの人々がさほど理解していないためだ。当然ながらウェブ上では、既に大量のパーソナルデータが存在している。その大部分は、ユーザー自身がソーシャルネットワークサービスやブログ、フォーラムなどに投稿した情報、ショッピングサイトなどのサービスにおける取引や登録データ、ウェブ閲覧履歴やクリック履歴などである。ユーザーが投稿した画像や映像といったデータについても、企業が解析を始めている。こうしたデータは個人が意識的に提供したものだが、通話記録や位置情報など知らないうちに集められるデータと同じぐらい、思いがけない危険をもたらすリスクをはらんでいる。

ウェブは規制のない環境で進化してきており、パーソナルデータにおける首尾一貫したプライバシー標準も存在していない。したがって、パーソナルデータに関する権利も曖昧で、サイトによって大きく異なる。対照的に、携帯電話や医療、金融に関するデータは厳しい規制が敷かれた業界によって収集されており、所有権についても明確なルールが存在する。データのニューディールと既存の規制フレームワークを組み合わせれば、そうした規制の下で収集されたデータもより幅広い形で利用できるようになり、注意深い制御のもとでそのような個人情報の共有を行えるようになるだろう。

しかしネットの無法地帯、「ワイルド・ワイルド・ウェブ」ではどうしたら良いのか？　幸いなことに、既存のウェブ企業に対してより厳しい規制を求める声が大きくなっている。良い例がグーグルだろう。彼らは私が主催する、世界経済フォーラムの「リシンキング・パーソナルデータ」イニシアチブに参加している。最初の会合が開かれた後、同社は「グーグルダッシュボード」(http://www.google.com/dashboard) をリリースした。ユーザーはこのツールを使うことで、グーグルが自分に関するどのようなデータを保管しているのかについて知ることができる。さらに2回目の会合後、グーグルは「データ・リベレーション・フロント」(http://www.dataliberation.org) というプロジェクトを立ち上げた。これはグーグル技術者の集まりで、ミッションステートメントにおいて「ユーザーは自分たちがグーグルのサービスに蓄積したデータをコントロールできるべきだ」と宣言しており、「データの移動を簡単にできるようにする」ことを目標として掲げている。私は教え子であるブラッドリー・ホロウィッツが2011年6月にグーグルプラスを立ち上げるのを支援したのだが、その際にはデータの所有権と可搬性が設計におけるキーポイントとなった。こうしたパーソナルデータに関する権利の整備は始まったばかりだが、企業に対し、データのニューディールが規定する内容をすべて受け入れることを求める声が高まっている。

データ駆動型システムの課題

データを安全に共有できるようになれば、統治や政策がデータに基づいて動かされるという状態が、必然的に深まっていくと考えられる。私たちはビッグデータと社会物理学による分析を駆使することで、社会をより良い方向へと向けていけるだろう。同じように重要なのは、社会物理学はビッグデータと見える化を駆使し、採用された政策の効果をリアルタイムに近い速さで、私たちが把握することを可能にするという点だ。そしてこの高い透明性は、政策をいつ、どのように採用したり、改訂したりするべきかについて、私たちに多くのことを教えてくれるだろう。

たとえばいま私の研究室では、グーグルマップを活用したツールを開発している。これは通常のように道路や衛星画像を表示するだけでなく、地域ごとの貧困率や乳幼児死亡率、犯罪率、ＧＤＰ変化といったさまざまな社会指標を表示できるというもので、データは毎日更新される。この新しいマッピングツールを使うことで、政府の施策がどこで有効に機能しているか、あるいは機能していないかを即座に把握できるようになるだろう[9]。

しかしこうしたより良い社会をつくるための大量データの活用を進める上で、最大の壁となるのは、規模やスピードを実現するための技術的な課題でもなければ、データ共有に伴うプライバシーや説明責任の問題でもない。むしろ最も難しいのは、数十億の人々がつくり出すつながりの分析に基づいて、どうやって社会的な組織をつくり上げていくかという点だ。平均的な市民像や、ステレオタイプに基づいたシステムから、人々の交流の姿に基づくシステムへとシフトするためには、社会物理学は欠かすことができない。

研究室から現実世界へ…従来の手法で政府やさまざまな組織を分析し、改善するのでは、データ駆動型社会を実現する上で限界がある。通常使われているような科学的手法も、もはや有効ではない。社会における潜在的なつながりが無数にあるので、標準的な統計学ツールでは無意味な結果しか出てこなくなってしまうからだ。

その理由は、非常に大量のデータがあると、見せかけの相関関係が生じて簡単に間違った方向に導かれてしまうためだ。たとえば非常に活動的な人はインフルエンザにかかっている可能性が高いことがわかったとしよう。これは実際にあった例だ。小さな大学のコミュニティで収集した、分単位の行動データ（1日あたり数ギガバイト分のデータが丸1年集められた）を分析したところ、ある人が通常よりも多く走り回っていると、その人はインフルエンザのかかり始めにあることが多いとわかったのである。しかし従来の統計学的手法だけでデータを分析していたら、なぜこのような傾向が見られるのかを理解できなかっただろう。インフルエンザウィルスがより短時間で流行を広めようと、感染者を活動的にしているのだろうか？　普通よりも多くの人々と交流していると、インフルエンザにかかる確率が上がるのだろうか？　あるいは他の理由によるものだろうか？　リアルタイムのデータだけでは、理解することはできない。

ここで重要なのは、通常の分析手法ではこの種の問題に答えを出すのに不十分であるという点だ。可能性は無数にあり、検証できる仮説という形でいくつかに整理することはできない。したがって、現実世界での因果関係を検証する新しい手法を開発する必要がある。もはや研究室の中の実験に頼ることはできない。現実世界の中で実験しなければならず、それは通常、膨大な量のリアルタイムデータを生み出すことになる。

生のデータを使って組織のあり方や政策をデザインすることは、通常の管理のあり方とは異なる。私たちは何世紀にもわたる科学とエンジニアリングがつくり上げた時代に生きており、システムや政府、各種組織を改善する標準的な手法は、深く理解されている。したがって、通常の科学的実験においては、少数の代替案（可能性のありそうな仮説など）しか考慮する必要がない。

しかしビッグデータの登場により、私たちはこれまで慣れ親しんできた世界の外で活動するようになっている。そうしたデータには間接的に収集され、ノイズが混ざったものも多いため、解釈する際にはこれまで以上に慎重にならなければならない。さらに重要なのは、データの大部分が人間の行動に関するもので、また多くの問題において、物理的な状態と社会的な結果を結びつけることが求められるという点である。これらを扱うには有効性が証明された、確実で定量的な社会物理学理論が必要だ。それがなければ、シンプルで明確な仮説を構築・検証するという手法（これは橋の設計や新薬のテストなどを可能にしている）は実現できないだろう。

したがって現在使われているような、研究所内の閉じた環境で行われる問題提起・検討のプロセスを超え、新しい形で私たちの社会を管理することを始めなくてはならない。私たちは現実世界におけるつながりの検証を、これまでよりもずっと早期に始め、かつ頻繁に行う必要がある。その際には、私がフレンズ・アンド・ファミリーズ研究や、ソーシャル・エボリューション研究などで研究グループと共に開発した手法を使うことになるだろう。アイデアを検証するために、私たちは「生きた実験室」、すなわち新しいやり方を試したいと考えているコミュニティ、もっとあからさまに言えば、実験台になろうというコミュニティを用意する必要がある。これは新しい領域であり、だからこそ何がうまくいき、何がうまくいかないのかを確かめるためには、現実世界において常に新しいアイデアを試していくことが重要だ。

そうした「生きた実験室」の例が、イタリアのトレントに開設された「オープンデータシティ」である。この立ち上げの支援には私のほか、テレコム・イタリア、テレフォニカ、ブルーノ・ケスラー財団、データ駆動型デザイン研究所、および地元企業も参加している。重要なのは、この生きた実験室がすべての参加者から承認と、説明を行った上での同意を得ているという点である。彼らはより良い生活のしかたを発明するための、巨大な実験の一部であることを理解しているのだ。このプロジェクトの詳細については、http://www.mobileterritoriallab.eu/ で確認することができる。

オープンデータシティの目標は、市民のエンゲージメントと探求を促進するための、新たなデータ共有のあり方を開発することである。特に具体的な目標としているのは、オープンPDSシステムのような委託ネットワークのソフトウェアを構築し、テストすることだ。[10] オープンPDSのようなツールは、個人がデータの行き先や使用目的などをコントロールして、パーソナルデータ（健康データや自分の子供に関する情報など）を安全に共有することを可能にする。

私たちが追求している研究上の課題が解決できるかどうかは、ユーザーが自分自身に関するデータを収集・蓄積・管理・公開・共有・使用できるようにデザインされた、パーソナルデータサービスにかかっている。そうしたデータは、自分自身のために使うことができ、（データが集約された場合には）コモンズがソーシャルネットワーク・インセンティブを可能にするので、それを使ってコミュニティ全体の改善を行うことができるだろう。安全にデータ共有が行える能力により、個人や企業、政府の間におけるアイデアの流れは改善するはずで、私たちはそうしたツールが本当に生産性や創造性を都市全体の規模で改善できるのか、検証したいと考えている。

オープンPDS委託フレームワークが可能にしたアプリケーションとして、小さな子供がいる家庭の最善の事例を共有するという例が挙げられる。そうした家庭はお金をどのように使っているのか？　外出の頻度は？　どの幼稚園や保育園、病院が人気なのか？　といった具合だ。個人が情報共有の許可を与えると、オープンPDSは関連するパーソナルデータを集め、匿名化し、他の子供がいる家族と安全かつ自動的に共有する。

オープンPDSはデータをすべて自分で入力する手間がいらず、また既存のソーシャルメディア上で共有を行うリスクを冒したりすることなく、若い家族のコミュニティがお互いから学ぶことを可能にする。先に述べたイタリアのトレントでの実験はまだ初期段階だが、参加した家族からは、こうしたデータ共有の仕組みには価値があり、オープンPDSシステムを通じて自分たちのデータを共有することに安心感を抱いているという反応が寄せられている。

トレントの生きた実験室は、取り扱いの難しいパーソナルデータを現実世界の中においてどのように収集・活用すれば良いのかという問題を研究する機会を与えてくれる。特にこの生きた実験室は、「データのニューディール」のパイロット版として、またユーザーに自らのパーソナルデータの利用をコントロールする手段を与える新しい方法を試す場として活用されていくだろう。たとえば私たちはさまざまな手法やテクニックを検討して、ユーザーのプライバシーを守ると同時に、パーソナルデータから価値のあるデータ・コモンズを生み出すことができるかどうか探求する予定だ。また各種ユーザーインターフェースの検証も行い、プライバシー設定や収集されたデータの管理、どのデータをどのアプリケーションに公開するか、また他のユーザーと共有するかの設定といったさまざまな用途に使えるかどうかを調査する計画である。

人が理解できる形への加工…データ駆動型都市を実現する上での2つ目の課題は、データの分析結果をどうやって人間にも理解しやすい形にするかという点である。大量のデータを常時収集できるようになったこと、またコンピューターの処理能力が上がったことで、社会を詳しく把握してその数学モデルを構築できるようになった。しかしそうした数学モデルはそのままでは、多くの人が理解できるものとはほど遠い。無数の変数があり、その関係性も複雑なため、人間の貧弱な理解力を超えているのだ。そうした非常に詳細な数学的モデルは、交通や電力といった分野で自動システムを構築する際には適しているが、人間個人の意思決定を支援するにはほとんど役に立たない。

政府や市民が社会に関する意思決定を行えるようにするには、社会物理学を人間に合わせて、直感的に理解できるようにしなければならない。私たち人間の洞察力と、ビッグデータの統計との間で対話が生まれるような仕組みが必要だと私は考えているのだが、現在そのような仕組みが組み込まれた管理システムはほとんど存在していない。ビッグデータ分析をどのように活用するか、それが何を意味し、何を信じれば良いのかに関して、今日ほとんどの人は何の考えも持ち合わせていない。市場や階級といった概念を超え、人々の間のつながりがいかに変化を導くかを説明できる新しい言葉があれば、こうした状況を変えていくことができるだろう。本書に登場する言葉やコンセプトがこのギャップを埋める手助けになってほしい、というのが私の願いだ。

社会物理学と自由意思、人間の尊厳との関係

社会物理学という言葉が、人々が自由意思を持たない機械であり、社会における役割を超えて動くことはできない存在であると暗に示唆しているとして、反感を覚える人もいる。しかし私の考えでは、社会物理学は、人間の独立した意思を認めている。それを表現する必要がないだけだ。社会物理学は、母集団全体に及ぶ統計学的な規則

性に依拠している。つまりほぼあらゆる人、ほぼあらゆる場合において、真実として考えられる現象を扱っているのだ。

人間が個人として抱いている意識は、事実や前提からの推論によって形成されており、こうすることで世界全体を推定することが可能になる。しかしたったひとつの中核的な事実や前提、ルールを変えただけで、私たちの信念体系全体が劇的に変化する可能性がある。これは単なる理論上の可能性ではない。こうした根本的な変化が、軍隊の新兵訓練に参加することで起きたり、宗教のカルト団体によって引き起こされたりすることがよくある。そのような場合、個人の信念体系全体が数日や数週間のうちに変わってしまう。あらゆる人々に共通する規則性に基づく社会物理学は、私たち個人単位での信念体系によって表れる可変性を説明することができない。

しかし社会物理学の力は、私たちの日常生活の大部分が習慣的なものであり、その習慣の多くは他人の行動を観察することで得られるという事実から生まれる。私たちの行動の大部分は習慣的であり、そして習慣は身体的で、観察可能な経験（会話を耳にしたり、行動を目にしたりするなど）から生まれるため、私たちの行動は繰り返されるパターンとして描くことができる。これはつまり、私たちは類人猿の群れやハチのコロニーを観察するのと同じやり方で、人間を観察することができ、そこから行動や反応、学習に関するルールを引き出せることを意味する。

しかしハチとは異なり、人間の内部には観察不可能な思考プロセスがあり、それが社会物理学の予測とは異なる行動をしばしば生み出す。したがって私たちは、社会物理学を使って一般的な人間の日常行動に合わせた生活スペースや交通システム、政府機構をデザインすることができるが、常に個人が通常とは異なる選択を行う可能性を想定しておかなければならない。ただ驚くべきことに、データから明らかになっているのは、一般的な社会的パターンからの逸脱行動はほんの数パーセントの時間でしか起こらないという点だ。結果として、私たちは、そうした個々のイノベーションの芽吹きと言える行動を守り育てるように気を配り、コストに関する議論にも屈せず、最も一般的なパターンを支持するようにしなければならない（このテーマについては、付録3　速い思考、遅い思考、自由意思を参照のこと）。

現代の文化は主体性や個人の選択といったものを重視するため、私たちの生活の大部分が極めてパターン化されていることをいいことだと認めたり、私たちはお互いに似た存在であり、それぞれの人がまったく異なる行動パターンを持っているわけではないと認めたりするのは難しいことが多い。しかし私たちが取る態度や思考は、他人の経験が統合されたものに基づいているという事実は、文化と社会両方の重要な基盤となっている。私たちが共通の目標に向かって協力し、共に作業できるのはそれが理由なのだ。

市場や階級といった概念よりも、社会物理学の概念の方が望ましい理由はもうひとつある。市場や階級は平均像やステレオタイプを示す言葉であり、これを使っていると必然的に、市場や階級にいる人々全員が同じであると考える方向に向かうことになる。アダム・スミスの「市場」は、最終的にはカール・マルクスの「階級」と同様に、人間性の失われた概念になってしまうのである。

これらはみな現実的な影響力を持つものであり、単なる言葉選び以上の重要性がある。誰もが市場の論理と階級闘争といった概念を理解しており、科学的で有効な代替品は存在しないため、私たちはあまりに頻繁に、社会を絶え間のない闘争として捉え、人々を主に階級や市場での立場から分類してしまう。「流行に敏感なミレニアル世代」「富裕層のベビーブーマー」「白人の共和党支持者」といった言葉で人々を捉えてしまうのだ。こうした思考は自然とステレオタイプにつながり、資産や名声といった簡単に測定できる特性を過度に重視することになる。それは「勝者が独り占めする」という大衆文化を導くことになり、好戦的な資本主義を生み、政府は社会を管理するのに競争や市場インセンティブに過度に依存するようになってしまう。

個人ごとの違いと個人間のつながりの両方を扱い、社会を数学的に捉えて予測可能にする科学は、政府の役人や企業のマネージャー、そして市民たちが考え、行動する形を劇的に変える可能性がある。たとえば新しい行動規範を確立するのに、ペナルティを使った規則や市場の競争に依存するのではなく、ソーシャルネットワーク・インセンティブを活用できるようになる。政府がレッドバルーン・チャレンジ（第7章）のテクノロジーと「群衆の英知」（第2章）のテクノロジーを結びつけ、数千万人という人々を使ってソリューションを発見し、数百万のタウンホール・ミーティングを通じて支援を取り付け、意思決定を行うことを想像してみよう。そうした行動は実際に可能であり、現在の意思決定メカニズムよりも組織的に優れたものになるかもしれない。この変化を実現するには、誰もが理解できる言葉とロジックが必要であり、またそれはかつての市場や階級といった言葉よりも有益であることを証明できなければならない。社会物理学の言語（探求やエンゲージメント、社会的学習、アイデアの流れの測定）がこの役割を担う潜在力を持っていると、私は信じている。

第11章　社会をより良くデザインする
――社会物理学が人間中心型社会の設計を支援する

「市場」はそれほど優れたモデルなのか

いま世界各国の都市の多くは、さまざまな修正や規制を加えつつも、自由市場に依拠している。この社会モデルのルーツは、18世紀の自然法の考え方にある。人間は自己中心的かつ自律的で、あらゆる社会的行為におけるモノや援助、便宜のやり取りを通じて、執拗に利益を追求する存在であるというものだ。そうした理論上の人々が参加する、開かれた競争というのが日常生活の自然な姿であり、すべてのコスト（公害や廃棄物など）も競争の考慮に入れられれば、開かれた競争の力学の結果として効率的な社会が生まれるだろうと想定される。アダム・スミスはこう説明する。

彼らは見えざる手に導かれ、大地がその住民たちの間で平等に分けられていたとしたら行われていたであろう状態とほぼ同じように生活必需品を分配し、したがって意図や意識をせずに、社会の利益を促進し、種の繁栄の手段を提供する。[1]

資源を効率的に分配する市場の力と、人間が容赦なく競争を追求する存在であるという前提は、多くの現代社会の基本原理となっている。株式市場や商品取引市場といった分野では、この考え方は機能しており、特に賃金や住宅市場では極めてうまく機能している。そして市場志向を社会のあらゆる領域に当てはめようというのが最近の流行だ。しかし人間の本質に対する18世紀的な理解が、本当に現代社会のあらゆる領域において優れたモデルとなるのだろうか？　私はそうは思わない。

競争と協力…ここまでの章で解説してきたように、人間の本質に対する前述のような理解が持つ、大きな欠点のひとつは、人々は単に自己中心的で自律的であるわけではないという点だ。私たちが関心を抱くもの、そして私たちを律するメカニズムそのものが、他者との交流によって生み出された社会規範から大きな影響を受けているのである。

協力は競争と同じぐらい人間社会において重要で、広く行き渡っていると、現代の科学は考えている。[2] 仲間たちの間で調整や協力を行うことは、非常に強力な力を生み出す。人は友人の背中を見る。スポーツやビジネスでは相手チームに勝つためにチームメイトが結束する。そしてあらゆる場所で、人は家族や子供、高齢者に手をさしのべる。実際、文化の共有や文化的規範といった概念全体が、それぞれの個人の行動が連携することを基盤としているのだ。現代社会における協力の役割についてと、協力がいかに「人間は容赦のない競争者である」という考え方とは対照的かについて、詳しく見てみよう。

本書のさまざまな箇所で見てきたが、人々は協力し、社会規範を形成する。そうした規範を、私たちは「文化」と呼んでいる。実際に、社会における主な競争は個人間に生まれるのではなく、グループ間に生まれ、グループ内では仲間たちが協力しあっている。そしてさまざまなチャンスや脅威において、グループは一丸となって行動する。たとえばロンドンの銀行家たちは連携して金を稼いでおり、そのとき使われるのは業界内で共有されている戦略と規準である。同様に、ニューヨークの弁護士たちは規範を共有しており、それがローカルのエコシステムにおいて、グループとして繁栄する原動力となっている。政治家たちは金銭的利益で市民の歓心を買う方法や、あるいはジャーナリストの機嫌を取る方法について、伝統や手法を共有している。それぞれのケースにおいて、協力（仲間の行動と自分の行動をどう連携させるかに関する、明示的あるいは暗黙の合意）がグループ以外の社会とどのように競争を行うかを規定している。

階級対仲間同士のグループ…共通の規範を持つ、仲間によって構成されるグループは、伝統的な概念で言うところの階級とは異なる存在だ。なぜなら、規範を共有するグループを定義するのは収入、年齢、性別（伝統的な人口統計で現れるような項目）といった標準的な特性だけでも、スキルや教育といった特性（マックス・ウェーバーが唱えたような[3]）だけでも、あるいは生産手段との関係（カール・マルクスが唱えたような[4]）だけでもないからだ。むしろグループのメンバーは、特定の状況における文脈の中で仲間となっている。仲間同士のグループは、同じ趣味を共有する人々（合唱隊など）の場合もあれば、同じ歴史を共有する人々（高校の同窓生など）、同じ職業の人々（消防官など）の場合もある。したがって、伝統的な階級の場合には個人はひとつの階級にしか属さないが、仲間同士のグループではさまざまなグループに参加することができる。それぞれのグループにおいて、メンバーは互いに学びあい、常識を形成する。そうした常識は彼らがどのような趣味を楽しんでいるか、どの高校を卒業したか、どのような職業に就いているかによって変化する。

また仲間同士のグループとは、単に経済的に一体となって行動しているものを指しているわけではない。仲間同士のグループは、人生の目標や道徳観、服装に至るまで、幅広いテーマに関する強力な規範も形成するからである。メンバーはひとつの文化とも呼べるものを形成し、そうしたライフスタイルは同じメンバーが参加している他のグループにも波及していく。銀行家も家に帰れば、母親や教会でのリーダーかもしれない。そしてこうした別のグループに、銀行家の文化がもたらされたり、その逆が起きたりといったこともあるかもしれない。人はその職業だけでは測れないことが普通だ。一面しか持たない人の方が例外的なのである。

こう考えると、ブルジョアや労働者階級、民主党支持者、共和党支持者といった政治的・経済的なラベルは不正確なステレオタイプである場合が多く、実際にはその対象となった個人や集団には、多様な個性や欲求が含まれている。その結果、階級や党派といった概念から社会を推論することは不正確な結果を生みがちであり、誤った過度の一般化を行ってしまいかねない。現実世界では、人々の間に深い交流があり、お互いに相手を仲間だと認識している場合にのみ、そのグループ内に強い規範が形成されていく。

市場対交換：「階級」が現実を単純化しすぎたステレオタイプであり、実際には、人は仲間同士で構成される流動性のあるグループに複数参加しているように、市場という概念にも欠陥がある。「市場」といった場合、すべての参加者が同じものを見て、お互いに対等の条件で競争するような状況が思い浮かぶ。しかし実際には、一部の人々がより良いコネを持ち、また別の一部の人は他の人より事情に通じており、さらには距離やタイミングといった副次的な要因によって、何かを買うのが簡単になったり、難しくなったりもする。簡単な例を、現在の株式市場に見ることができる。平均的な投資家が手にできる情報量は、プロの株式トレーダーに比べてずっと少なく、どんなに優秀なプロ投資家でも、コンピューターを駆使して高頻度取引を行うトレーダー（ミリ秒単位で株価の変化に対応できる）に比べれば不利な立場にある。私たちが理想に描く自由市場は、現実には非常に複雑な存在なのだ。

伝統的な「市場」という概念が、現実とは異なることを示すもっと重要な例を、**図18**で示している。**図18**(a)が、従来の「市場」概念を表したものだ。ここでは大量の買い手と大量の売り手が存在し、その間で売買が行われるため、価格は最も妥当なものになり、しかも経済全体で一定になる。こうした対称的な市場では、堅調な取引が行われる。ある売り手に問題が発生すれば（売り切れたり配送用トラックが壊れたりするなど）、別の売り手が現れて不足を補う。

しかし現実の世界は、**図18**(b)で示される交換ネットワークに近い。ここでは売り手と買い手の関係には制約が多く、非対称的になっている。私の同僚であるダロン・アシモグル、バスコ・カルバリョ、アス・オズダルガー、アリレザ・タバズ・サーレヒーは、会社間の取引に関する米国政府発表のデータを分析し、米国経済におけるセクター間の関係のほとんどが、**図18**(b)のように制約が多く、非対称なものであることを発見した。[5]

こうした制約下にある取引のネットワークが持つメリットは、買い手が売り手との間に、安定的な信頼関係を築こうとする傾向が強くなる点である。安定性と信頼感が増すと、社会的圧力を行使する力も増し、売り手は個々の買い手に合わせて提供するものをカスタマイズするようになる。これが米国経済を**図18**(a)ではなく(b)のような形

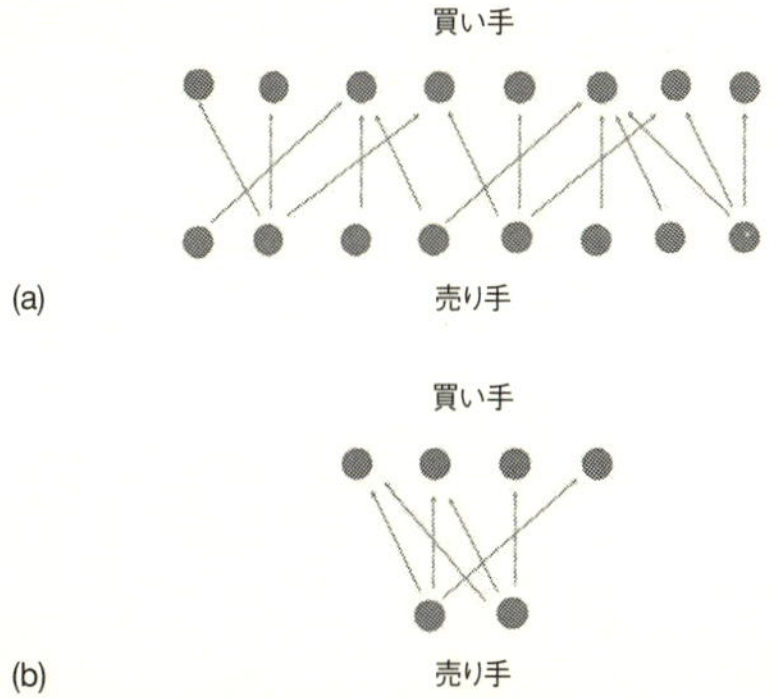

図18. (a)は伝統的な「市場」概念を示し、(b)は交換ネットワークを示す。交換ネットワークとは、取引の選択肢がソーシャルネットワーク内のつながりに限定される市場である。交換ネットワーク内では、信頼関係や個人向けサービスがずっと形成されやすい。

にしている理由だろう。人々は信頼で結ばれた、個別の関係の方を好むのである。[6]

しかしこの制約や非対称性は、リスク要因でもある。大手の買い手もしくは売り手に問題が起きれば、その問題が雪崩を打ったように波及し、彼らと関係のあるすべての買い手と売り手に害を与えかねない。最近の話で言えば、フォードの社長が米連邦議会に対し、彼らの最大の競争相手であるGMの救済を訴えた例が挙げられる。なぜそんなことをしたのか？　それはフォードとGMが、同じ大量供給業者に依存しているからだ。GMが破産すれば、供給業者も破産し、フォードは自動車の製造ができなくなるだろう。こうした競争相手との協力行為は、古典的な市場の捉え方をしていては決して想像することができない。

こうした例と経済データが示しているのは、古典的な市場の考え方における基本的な前提（代替可能な売り手と買い手が大量に存在する）は、米国経済のほとんどには当てはまらないという事実である。私たちは経済を、特定のモノをやり取りする関係の複雑なネットワークとして捉えなければならない。

人類の自然状態は市場ではなく交換

現代の社会は、市場は資源を効率的に分配できるという考え方と、人間は容赦なく競争を追求する存在であるという前提に依拠している。しかしここまで見てきたように、これは実際の社会の姿や機能を正確に表しているものとは言えない。

それではこうした考え方が、現実の世界と一致していたことはあるのだろうか？つまり人類の歴史の中で、私たち全員がどう猛な競争者であり、資源をめぐって際限のない争いをしていた時代があるのだろうか？　人類の神話やロマンチックな空想物語の多くは、古代の社会をそのような世界であったかのように描いているが、科学では違う話が語られている。

人類学者たちは、現代社会から遠く離れた、外部の文化との接触がない社会の多くで、平等主義の伝統が見られることを報告している。[7] そこでは驚くほど平等に食料が分配され、権威は専門知識に基づいて、人々の間に分散している。しかしそうした社会では物理的な移動性は限られていて、外部の人間に出会うことはほとんどない。さらにそうした出会いが起きた場合も、読み書きや言語能力、計算能力の欠如から、アイデアや情報を伝達したり、あるいは食料などの交換の仲立ち（つまり需要と供給の間での仲介）をすることさえも、ごく限定的にしかできない。

ただしこの例で重要なのは、私たちの考え方や文化の進化は、モノとアイデアの両方が個人間の交流を通じて伝播していった時代に起きたもので、そのころは新しいアイデアや貴重な品々が人々の間に行き渡るのに長い時間がかかっていたことを示唆しているという点である。言い換えれば、初期の社会の多くは市場というよりも、交換ネットワークとして機能していた。市場メカニズムは存在せず、モノやアイデアの価値を決め、価格を設定する権威も存在しなかったわけだ。移動が限定されていたということは、需要と供給が取引されることも限られていたということであり、同時に取引に参加するのは最大でもごくわずかな人々だった。そして評判も、中心的な権威を通じて報知されるというより、個人と個人とのやり取りを通じて形成された。

アンクール・マニの博士論文において、私たちはゲーム理論を使い、初期の人間社会によく見られる交換ネットワークの性質について数学的な検証を行った。[8] 特にそうした初期の社会が、市場を基盤とした社会と同じ性質を持つのか、それとも異なる性質を持つのかを分析した。この研究によってアンクールは、交換ネットワークを基盤とした社会において、アダム・スミスの「見えざる手」はネットワーク内の局所でも機能すること、さらに良いことに、評判を管理する外部のメカニズムや判定者といったものも必要ないことを発見した。[9] またいくつかの重要な点において、交換者の社会は競争者の社会よりも優れていることが確認された。交換ネットワークは市場と同じように、モノを平等に分配することができる。さらに個々のメンバーに対してより優れた支援を提供し、外部から与えられる衝撃に対しても強いのである。

交換ネットワークが市場よりも優れている理由の中心にあるのが、信頼の存在である。交換ネットワークにおける関係は短時間で安定し（私たちは最高の条件を提示してくれる取引相手のもとを繰り返し訪れるようになる）、その安定が信頼、すなわち価値のある関係が続くという期待へと発展する。これは一般的な市場における状況とは異なる。市場では価格が変動し、買い手は毎日違う売り手と取引を行う可能性がある。しかし交換ネットワークでは、買い手と売り手は容易に信頼関係を構築し、大きなストレスにさらされた場合でも社会のレジリエンス（回復力）を保つ。市場では、人は通常、すべての参加者の格付けを行う正確な評判メカニズムに頼るか、規制を執行する外部の審判の存在に頼る必要がある。

人々の間で関係の安定性と信頼が確立された結果、方程式の示すところによれば、交換ネットワークの力学は人々が公正になることを促し、生まれた余剰は関係者の間で平等に分配される。[10] さらに平等や安定、信頼がより高まることで、交換ネットワークからはさらに協力が生まれて堅牢になり、外部からの衝撃に対してより大きなレジリエンスを持つようになる。[11] これは困難を乗り越えて社会を構築する上で、大いに参考になるだろう。[12]

アダム・スミスは、「見えざる手」は市場メカニズムがコミュニティ内の仲間からの圧力によって制約を受けることから生まれると考えた。しかしその後私たちは、市場メカニズムの方を重視し、彼のアイデアの一部である「仲間からの圧力」の重要性を忘れてしまった。私たちの研究結果がはっきりと示しているのは、見えざる手を生み出すのは市場が持つ魔法のようなメカニズムというよりも、むしろ人々の間の交換ネットワークが持つ信頼や協力、堅牢性といった性質であるという点だ。公正で安定した社会を築きたいのであれば、市場における競争ではなく、人々の間の交換ネットワークに注目しなければならない。

こうした定量分析の結果は、初期の人間社会が優れたものであった可能性を指摘している。実際に人類学者たちが研究した初期の社会の中には、非常に安定し、平等主義の傾向が見られるものが存在している。ただし平等主義で安定しているというのは、平和的であるということを必ずしも意味しない。その一部は非常に好戦的で、部族間の戦争が平均寿命や遺伝子プールの混合を決める重要な役割を果たしていた。こうした暴力が起きる本質的な原因は、アイデアの流れの欠如にあると私は考えている。コミュニティ内部でのエンゲージメントが頻繁に行われる一方で、コミュニティ外部への探求が少ない場合、硬直化し偏狭な考えを持つ社会が生まれるのが普通だ。第4章で説明したように、偏狭な社会（アダム・スミスが想定した社会も含む）は、自分たちと資源を分けあっている弱い社会に深刻なダメージを与えることが多い[13]。

しかし交換ネットワークに基づく社会という概念が、どのように現代社会と結びつくのだろうか？　現在私たちには、情報を拡散するマスメディアがあり、非常に高い移動の能力を手にしたことで、多くの人々と交流できるようになっている。情報があらゆる場所に行き渡るようになり、ソーシャルネットワークが広範に広がるようになったということは、私たちが交換ネットワーク型社会から市場型社会へと移りつつあることを意味するのだろうか？

私の答えはノーだ。私たちは幅広い人々と頻繁に交流するようになったとはいえ、依然として少数の信頼する人々（頻繁に交流している人々だ）との交流に大きく依存するという習慣を持っている。さらにそうした信頼する相手の数は極めて少ない。事実、人間が信頼する仲間の数は、今も数万年前もほとんど変わっていない[14]。

第3章で解説したように、この小規模で、比較的安定した「信頼する仲間のネットワーク」は、依然として食事や買い物、エンターテイメント、政治行動、さらには新しい技術の採用など、私たちのさまざまな習慣を規定している。同様に、対面のコミュニケーションに基づく社会的絆は、企業の業績を促進し、大都市の生産性・創造性の主要因となる（第5章と第9章で紹介した研究を参照のこと）。つまりさまざまなデジタルメディアや輸送手段のある現在でも、新しい行動の社会への伝播は、ローカルに行われる個人と個人とのやり取りを通じて進むのだ。探求のレベルは非常に大きくなったとはいえ、私たちはまだ交換を基盤とした社会に生きているのである。

社会物理学に基づいた社会デザインの規準

ここまでの議論で、社会的学習と社会的圧力の重要性と、人間社会は開かれた市場というよりも交換ネットワークに近いという理解を得た。これらの人間の本質に関する知見を、社会のデザインをより人間の性質に合ったものにする際に活用するにはどうすれば良いだろうか？　社会物理学の研究に基づいて言えば、富の流れではなく、アイデアの流れに注目することが最初のステップとなる。アイデアの流れは、文化的規範とイノベーションの両方の源泉であるからだ。経済学の理論は、依然として社会内におけるアイデアの流れを設計する際に、金銭的インセンティブのような有効なテンプレートを提供してくれる。しかし私たちは、人間の性質をもっと正確に認識するところから始めなければならない。私たちは単なる経済学上の生き物ではないため、好奇心や信頼、社会的圧力といったさまざまな人間のモチベーションをモデルに取り込む必要がある。また人間社会が持つ、社会的で動的なネットワークという性質も考慮に入れなければならない。これはつまり、個人が正しい意思決定をし、有益な行動規範を形成するのに必要なアイデアの流れを構築するのに注力すべきであるということを意味する。

来たるべき超ネットワーク社会には3つのデザインの規準があると私は考えている。

社会効率、業務効率、そしてレジリエンスだ。それぞれ順番に解説し、これらを政府や社会にどう当てはめられるかを考えてみよう。

社会効率…経済学の言葉で言えば、社会効率とは社会全体における最適な資源配分のことを指す。このプロセスは、アダム・スミスが解説したように、「見えざる手」の働きによって生まれる。もちろん第4章で見たように、皆が同じ社会的つながりに参加し、仲間からの圧力によって誰もが同じルールに従うことが保証されている状態でなければ、見えざる手は機能しない。

そうしたすべての条件が満たされた社会システムでは社会効率が高く、1人の人物に対する利益は、社会全体にとっての利益となる。その逆もしかりだ。1人の人物に対する害は、社会全体にとっての害となる。大多数の人々が十分に良い暮らしを送っているのなら、社会における富の分配がどの程度適切に行われているかの尺度は、その社会における最も貧しく、最も脆弱なメンバーの状態を確認することで得られる。[15]

人間の性質が持つ欠点を考えると、社会効率は望ましい目標であると言える。社会内におけるアイデアの流れに対してこの原則を当てはめれば、人々の間で行われるアイデアや情報の交換が、個人だけでなく社会システム全体に利益をもたらさなければならないことが理解できるだろう。[16]

社会効率という目標を達成する従来の手段は、開かれた市場を構築する、すなわち公正な市場を実現するために、誰でもアクセスできる公共のデータを提供することである。これは20世紀において支配的だったアプローチだ。オープンデータの活用によって多くの社会システムに透明性が実現される一方で、誰もが使えるデータの量と詳しさが高まることで、「プライバシーの終わり」という問題が懸念されるようになっている。単にパーソナルデータを匿名化するだけでは十分ではない。異なるデータセットを統合することで、個人を再び特定できてしまうからだ。

また巨大なコンピューターを用意できれば、人々のあらゆる行動や居場所を追跡することが可能になっており、「ビッグブラザー」型の社会に近づく危険が生まれている。企業と政府は個人が使えるよりもはるかに大きな計算能力を有しており、両者のバランスが取れていないことが、社会的不平等を生み出す原因に急速になりつつある。この2つのトレンド、すなわちデータ量の増大と計算能力の増大が組み合わさることで、政府や大企業の手に力が集中するという状況が生まれている。

市場型アプローチに代わるもので、同じように社会効率を達成できるのが、交換ネットワークである。このアプローチによるアイデアや情報の共有は、パーソナルデータを厳しく管理することで、パーソナルデータを共有するのはそれを認めた相手に限り、それ以上流れていくことはないようにしている。開かれた市場ではなく、信頼できるデジタルの交換ネットワークを用意することで、自分のパーソナルデータの行き先と用途をコントロールすることができる。先に説明した通り、この種のネットワーク上で行われる交換行為は、アダム・スミスの言う「見えざる手」をより効率的に実現する可能性があり、公正さや信頼、安定もより高まるだろう。

信頼できる交換ネットワークという概念を理解してもらうために、都市における典型的な体験を想像してみてほしい。日常生活において、あなたは定期的にさまざまな人々とやり取りをする機会がある。コーヒーを買う、バスに乗るといった具合だ。そうした人々の名前も、家族構成も、交友関係も、休日に何をしているのかも知らないだろう。しかし彼らと日常的に顔を合わせているので、彼らとのやり取りから信頼が生まれる。つまりコーヒーの味は昨日と同じで、料金も同じであることが期待できるのだ。

あなたがそうした「よく知る見知らぬ人」のことを知っているが、彼らの交換のネットワークについては知らないという事実は、彼らに対する共謀や談合が難しいことを意味する。その結果、彼らとの間で生まれるやり取りは、詐欺や権威の乱用といった行為から守られる。同様に、オープンPDSのようなデジタルの委託ネットワークは、パーソナルデータの厳格な管理を提供するデジタルフィルターを通じて、人々がリスクにさらされるのを抑える一方で、情報のやり取りをオープンで公正なものにすることができる。こうしたデジタルメカニズムは、いかなる個人間のやり取りにおいても最小限のパーソナルデータしか共有されず、データが意図された目的にしか使われないことを保証する。

　実際に、古くから存在する委託ネットワークが、安全で堅牢な存在であることが証明されている。第10章で解説したように、その最も有名な例が、銀行間の送金に使われるSWIFTネットワークだろう。その最も輝かしい機能は、これまで一度もハッキングされたことがないという点だ。[17] 有名な銀行強盗のウィリー・サットンは、「なぜ銀行を襲うのか」と聞かれた際、「そこに金があるからだ」という有名な答えを返した。現代の世界で言えば、SWIFTネットワークこそ、お金がある場所である（1日に数兆ドルという取引が行われているのだ）。この委託ネットワークは泥棒たちを追い払ってくれるだけでなく、お金があるべき場所にきちんと送られることを保証している。

　この委託ネットワーク技術を日常的な、個人と個人の間のやり取りにも応用すれば、市場メカニズムに常に頼らずにすむような、交換ネットワーク型社会を構築することができる。ちょうど銀行がSWIFTネットワークに登録して、他の銀行との取引を安全に行えるようにするように、個人も委託ネットワークに登録して、自分のパーソナルデータが合意した用途のみに使われると安心した上で、それを他の個人や企業と安全にやり取りできるようになるだろう。

個人の間でのやり取りと、パーソナルデータに対する厳格な管理を重視する委託ネットワークは、交換ネットワークが持つ特性として、公正さと安定と共に、社会効率を実現する。「よく知る見知らぬ人」の例が示しているように、交換ネットワークに基づく社会の方が、啓蒙時代に理想とされた、「開かれた競争」という環境よりも自然な状況に感じられる。これはおそらく、交換ネットワーク型社会が人間の精神が形成された環境に近く、そうだとすると、交換ネットワークが私たちの社会的本能と速い思考にフィットしているからだろう。[18]

開かれた市場と、パーソナルデータの厳格な管理というモデルは、社会効率を実現する2つのアプローチである。これら2つのモデルを組み合わせることもまた可能だ。たとえば限定的なデータ・コモンズをつくり、誰にでも自由にアクセス可能にすることにして、そこに自分しか見られないパーソナルデータを組み合わせることができれば、より大きなメリットを実現できるだろう。

ヘルスケアは、いま述べたようなデータ・コモンズの良い例だ。政府はいま、病院や製薬会社に対し、彼らの治療行為の効果に関する情報を、誰でも自由に閲覧できる状態にするよう要求している。そうした公共的な情報を、非公開となっている自分の医療記録情報と組み合わせることで、より良い治療を受けることが可能になる。データ・コモンズが構築されるとパーソナルデータに奥行きと背景情報が与えられるので、私たちは自分のパーソナルデータの有効性をさらに高めつつ、社会効率や、情報とアイデアの公平な流れといった目標を達成することが可能になる。このテーマについては、本章でこのあとさらに追求してみたい。これを考えるために、おそらく世界初の大規模データ・コモンズである「データ・フォー・デベロップメント（D4D）」（発展のためのデータ）を検証してみよう。

業務効率…社会効率に加え、業務効率も追求しなければならない。言い換えれば、私たちの社会インフラは機敏で、信頼性が高く、無駄なく機能するものでなければならない。これは現代の資源が限られた環境の中で社会が繁栄するために必要なことである。特にデータシステムは、日々の活動に対して最適化されたオペレーションを提供する必要がある。それが社会の物理的なネットワークやシステムを制御するために使われる場合はなおさらだ。そう考えると、現在の金融、交通、医療、エネルギー、政治システムはすべて私たちの期待を裏切っている。おそらくその原因の一部は、こうしたシステムがすべて18世紀に設計されたというところにあるのだろう。18世紀の情報収集システムと言えば、文字通り馬車に乗った人々が駆け回って調べるというものであり、したがって当時は中央集権型の制度を敷くしかなかったのである。

この業務効率という目標を達成するためのひとつのステップが、公共のデータ・コモンズを構築してリアルタイムで全体像を見られるようにすることである。しかしすべてのデータをこの鳥瞰システムに含める必要はない。たいていの場合、コモンズに求められるのは、集約された匿名データのうちでも取り組み中の課題に関連するものだけである。そうした集約データを使えば、大まかな政策を決めたり、物理的な社会システムを制御したりすることができるし、あるいは自分が持つプライベートなデータを組み合わせ、システムをチューニングすることができる。こうしたコモンズを基盤とした制御の例が、匿名の医療記録の集約（これには慎重に設計された法的規制と監査制度が要求される）と、そのデータを分析することによる効果的な治療の実施と危険性の高い治療の発見である。こうしたデータの集約は、個人に対する治療行為の最適化に活用することができるだろう。

科学者たちがいま、前述のようなデータ・コモンズを活用して医療や交通といった公共システムを改善する方法を学びつつある一方で、全体像の中で欠けているのが、分析から得られた知見をどのように人々に採用してもらうかという点である。いくら最適化されたシステムを用意しても、それが人間の本質と合ったものでなければ人々はシステムと協調しようとせず、無視したり誤った使い方をしてしまうため、何の役にも立たなくなるだろう。

社会物理学の役割は、人々が最良のアイデアを発見できるようにすると同時に、人々を協力できるようにすることである。これまでの章で、社会的ネットワークを使ってより効果的なインセンティブを生じさせられること、それにより有益な社会規範の発展と強化を促進できることと、その方法を解説してきた。私たちはこの教訓を、現在の経済・社会・労働システムの再構築に役立てなければならない。第4章で解説した健康維持および省エネ促進の実験、また第8章で解説したSNSへの介入のように、社会物理学を使って社会システムの業務効率を上げることができるだろう。

より良いシステムをつくるためのカギは、リアルタイムの状況の監視と、最良の反応が得られるアイデアを継続的に探求すること、そしてそれらアイデアに関するエンゲージメントによって状況変化に対する協調的で、一貫した反応を獲得することである。第2章で解説した、イートロにおける優れた投資戦略の探求行為や、第4章で解説した、省エネ実験における協調を促す社会的圧力、さらには第7章のレッドバルーン・チャレンジにおける迅速な協力者集めといった例から考えると、将来のシステムはウィキペディアの姿に近くなるだろう。ただしそれは、完全にバーチャルでデジタルなコミュニティに根ざすのではなく、対面での交流がある仲間によって形成されるコミュニティ（そこでは1人の人間が複数の集団に参加し得る）に基づくものになると考えられる。言い換えれば、良いアイデアの探求はデジタルの世界で起きるが、コンセンサスを求めるエンゲージメントは、主に対面での交流を通じて進むだろう。探求とエンゲージメントの繰り返しを仲間同士の集団内、あるいは異なる集団間で行うことで、大昔に行われていた意思決定の方法をスケールアップさせた形で実現できるかもしれない。そのような意思決定の方法は、ミツバチから類人猿までの社会的生物に見られるもので、速い思考と遅い思考の2つを持つ人間においても、コンセンサスを得る際に依然として必要とされている。

レジリエンス…3番目のデザイン原則であるレジリエンス（回復力）は、私たちの社会システムの長期的な安定性に関係している。今日の社会システム（金融や政府、労働など）は、間欠的に不具合が発生したり、壊れたり、ひどいときには崩壊してしまう。システム全体の不調が起こりにくい、新しいシステムを設計することが必要だ。同様に、変化や脅威に素早く、正確に対応できない社会システムは、現代社会のニーズには適していない。長期的に見た私たちのレジリエンスは疑いなく、社会における急速な変化に私たちが素早く、安定的に適応できる力に根ざしている（非常にまれ、あるいは大規模な変化にも対応できなければならない）。社会物理学の観点から考えた場合、これは社会的学習がどのくらい速く進むかという問題である。これまで考えられなかったような情報源を含め、あらゆる場所から最速でデータを集め、統合するにはどうすればいいか、それを社会システムの再構成に使うにはどうすればいいか？　というわけだ。

災害対応もこの種のシステムの一例である。予期せぬ被害に直面して、限られたシステムしか使用できない状況になったとき、基本的な機能を素早く回復させるにはどうすればいいのか？　第７章で紹介した、レッドバルーン・チャレンジに対する私たちのソリューションは、ソーシャルネットワーク・インセンティブが、分散している関連資源の動員を迅速に進める力を持つ可能性を示している。こうした例から考えると、私たちは人間と機械の力を合わせることで、ごく短期間で経済的インセンティブとソーシャル型インセンティブの両方を用意し、社会システム全体や製品、サービスを素早く構築する仕組みを実現できるだろう。

しかし私たちは、単にダメージを受けたシステムを再構築する方法だけでなく、もっと広い視点から考えなくてはならない。社会システム構築に関わる全体のレジリエンスを考える必要があるのだ。通常私たちは、ヘルスケアや交通に関するシステムを最適化する戦略を考えたり、そのシステムに最高のトレーニングを積んだスタッフを配置したりしようと考える。しかしそこにはシステミックリスク、すなわち隠れた依存関係や意識されない前提条件が存在するリスクによって、システム全体が崩壊してしまうおそれがある。その見本のような事例がリーマン・ブラザーズやＡＩＧだ。彼らの倒産あるいは倒産寸前という姿は、世界最大級の金融機関の多くが、私たちの知らない、規制されていない金融活動に大きく依存していることを明らかにした。
したがって、システミックリスクを生きのびるためには、たったひとつの「ベストなシステム」を構築しようとするのではなく、多様なシステム群を用意する必要がある。そうすれば1つのシステムに障害が発生しても、生き残ったシステムがすぐにカバーして、機能を引き継ぐことができる。たとえば意思決定システムには多様性が欠かせないというのが、第2章の教訓であった。どんな戦略でもいつかは破綻するものだが、複数の異なる戦略が同時に失敗する可能性は低い。逆に公衆衛生を運用する戦略が1つしかないとしたら、ある特定の条件下でそれがまったく機能しなくなるということが起こり得る。ちょうどハリケーン・カトリーナに襲われたニューオリンズで、電話インフラが全滅した際に、医療システムが崩壊したような状況だ。しかしアマチュア無線ネットワークは被害を免れていたため、それを通じて医薬品や医療機器の緊急配送が実現された。

こうした事例が示しているのは、私たちは社会全体の堅牢性を高めるために、幅広い種類の競合する社会システムを用意しておく必要があるという点だ。そのひとつひとつが目的を果たす手段を持ち、必要に応じて素早く展開される仕組みを有していなければならない。この種の堅牢性こそシステムをチューニングして、最良のアイデアの流れを実現したときに得られるものである。

ここで解説したデザインの原則は、軍事用のシステムや災害時の初期対応システムなどに応用され始めている。そうしたシステムでは、中央の意思決定機能がダメージを受けたり、失われたりすることを想定するだけでなく、そこでの決定が誤ったものになることも想定しておかなければならない。中央の人々は、現地の司令官ほど現場の状況を把握していないからだ。そのためさまざまな機関で、システムに参加する全員を対象に「分散型リーダーシップ」の概念を理解するためのトレーニングを行い始めている。意思決定を組織内で最もランクの高い人物ではなく、最も判断に適した人物にゆだねることで、組織はより堅牢になり、混乱から早期に立ち上がることが可能になるのだ。

しかしこれは出発点にすぎない。階層型の組織では、上位にいる指揮官たちが単純に誤った戦略を採用したせいで、結果的に中央の意思決定も誤ることになる可能性を想定する必要がある。「偉い人」が組織を指揮するという考え方を捨て、競合する戦略を間断なく試し続けるという、より望ましい方法を組織に組み込み始める必要がある。

データ・フォー・デベロップメント(D4D)

国勢調査のような人間の行動に関するデータは、政府や企業にとって常に欠かすことのできないものだ。現代のビッグデータ時代においては、デジタルのデータ・コモンズを自由に利用できるようにするだけでなく、そのデータに暮らしぶりが反映されている人々のプライバシーと安全を守らなければならない。私たちが「データのニューディール」と呼ぶ施策が必要なのだ。そこでは個人が自分に関するデータの使われ方や、それがもたらすメリットとリスクを理解することができるようにする必要がある。それをもとに、政府を通じたデータ共有が個別的になされる場合も、集合的になされる場合も、共有するかどうかを選ぶことができるようにしなければならない。

２０１３年５月１日、おそらく世界初となる「ビッグデータ・コモンズ」が発表された。同時に世界中の90の研究所が行った、コートジボワール全体の住民を対象とした移動と通話のデータに関する研究結果、数百件が報告された。

この集約された匿名データを提供したのは、携帯電話キャリアのオレンジで、さらにルーヴァン大学（ベルギー）、ＭＩＴにおける私の研究グループ（米国）が支援を行っている。またブアケ大学（コートジボワール）、国連のビッグデータ・プロジェクトであるグローバルパルス、世界経済フォーラム、ＧＳＭＡ（携帯電話会社の世界的な業界団体）とも提携している。このD4Dプログラムを率いているのは、ニコラス・デ・コルデス（オレンジ）、ヴィンセント・ブロンデル（ルーヴァン大学）、アレックス・ペントランド（MIT）、ロバート・カークパトリック（国連グローバルパルス）、そしてビル・ホフマン（世界経済フォーラム）だ。

90のプロジェクトは、本章で解説した3つのデザイン原則に従っている。D4Dのデータを使って社会効率を改善した一例が、ロンドン大学ユニバーシティ・カレッジの研究者による、携帯電話の使用パターンから貧困を把握して地図上にマッピングするというものだ。[19] この間接的な貧困調査の手法は、かつて私の研究室で博士課程の院生だったネイサン・イーグルが最初に開発したもので、第9章で解説した「富の効果」を活用している。[20] 人は可処分所得が増えると、より頻繁に外出や通話を行うようになるのだ。D4Dを社会効率の改善に活かしたもうひとつの活用例が、カリフォルニア大学サンディエゴ校の研究者による、住民の人種のマッピングである。[21] この研究は、同じ人種グループや言語グループ内で発生するコミュニケーションは、グループ間をまたぐコミュニケーションよりもはるかに大量に行われるという事実に基づいている。人種間の争いは、そうしたグループの居住地域の境界線で発生しやすいことが判明している一方で、政府や支援機関はこの「社会的断層帯」がどこにあるのかはっきりと把握していないことが多い。そうした背景があることから、このプロジェクトは大きな重要性を持っていた。

Ｄ４Ｄのデータを業務効率の改善に活用した例として、ＩＢＭのダブリン研究所が行った、コートジボワールの公共交通システムに関する分析が挙げられる。[22]この分析の結果、ごくわずかなコストで、コートジボワール最大の都市であるアビジャンの平均通勤時間を10パーセント削減できることが明らかになった。他の研究グループからも、政府や商業、農業、金融といった分野で業務効率を改善できる可能性が示されている。

最後に、Ｄ４Ｄのデータをレジリエンスの改善に活用した例として、ノヴィサド大学（セルビア）、スイス連邦工科大学ローザンヌ校（スイス）、バーミンガム大学（英国）のそれぞれの研究グループが行った、感染症の流行に関する分析を挙げておこう。この研究は、公衆衛生システムにわずかな変更を行うだけで、インフルエンザの流行を20パーセント抑制するだけでなく、HIV/AIDSやマラリアの流行を大幅に抑制できる可能性があることを示している。[23]ここで挙げたのは、このユニークで豊かなデータ・コモンズが可能にした、素晴らしい研究のごく一部にすぎない。これらの研究と結果については、http://www.d4d.orange.com/home で確認することができる。

こうしたＤ４Ｄに基づく研究プロジェクトは、ビッグデータ・コモンズが社会改革という目標に対して、大きな潜在力を持つことを証明した。携帯電話キャリアであるオレンジにとってみれば、データ・コモンズとパーソナルデータを結びつけることで、新たなビジネスを生み出せる可能性があることを意味する。どのバスに乗れば職場まで一番早くいけるかを教えてくれたり、どうすればインフルエンザにかかるリスクを減らせるかを教えてくれたりする携帯電話アプリがあったら、どんなに便利だろうか？

90の研究グループによる成果は、行動データの共有に伴うプライバシーに関する懸念の多くが、誤解であることも示している。このデータ・コモンズでは、データは高度なアルゴリズム（洗練されたサンプリング手法や統合指標の使用など）で処理され、個人を再特定することができないようになっている。事実、この問題に特化した研究を行ったいくつものグループのいずれも、個人を再特定する方法を発見することができなかった。

さらに言えば、データは正当な研究活動に対して公開されているものの、データの提供は法的契約に基づいて行われる。これは委託ネットワークで使われているものと似ており、データは承認された目的のみに使用できること、また申請を行った特定の人物のみが使用できることを定めている。高度なコンピューターアルゴリズムと法的契約の両方を活用し、パーソナルデータがどのように共有され、使われるのかを追跡・監査することが、ＥＵや米国といった国々におけるプライバシーに関する新しい規制の目標となっている。

おわりに――プロメテウスの火

本書を通じて、社会を市場や階級といった概念ではなく、個人と個人の間で行われる交流のネットワークとして捉える必要があることを訴えてきた。そしてこの考え方を具体的に行うため、社会物理学というフレームワークを提示し、アイデアの流れが企業や都市、社会全体における規範や生産性、創造性に与える影響を概説した。

ビッグデータからアイデアの流れを詳しく把握し、それに基づいて社会システムを構築することで、私たちは社会の動きが金融や行政に関する意思決定に与える影響を予測でき、そこから経済や法律といったシステムを大幅に改善できる可能性がある。たとえば社会物理学のツールを使ってアイデアの流れを改善し、社会の生産性や創造性を向上させることができるだろう。間断なく収集される詳細なデータと、アイデアの流れの可視化によって、さまざまな政策の効果をかつてない詳しさで測定する計器を手にすることが可能になり、したがって必要に応じて政策の調整や修正が行えるようになる。

こうした社会への移行は、既に始まっている。都市人口の急激な増加や、新しい都市が次々に生まれている状況に直面した世界中の政府や大学が、都市の構造や統治を新しい視点から考えるようになっているのだ。期待できるのは、こうした動きの多くが、都市を設計する際の原則を再検討しており、私や同僚たちの「携帯電話のセンサーや委託ネットワークを活用してデジタル神経系を構築する」という提案を真剣に考え始めている点である。MITでは都市デザインへの取り組みが本格的に始まっており、私はMITメディアラボの「シティ・サイエンス・イニシアチブ」(http://cities.media.MIT.edu) の共同管理者として、さまざまな都市におけるアイデアの流れの改善に取り組んでいる。

「データ駆動型社会」というビジョンの基本となるのは、個人のプライバシーと自由の保護である。個人の自由を保証するため、私は主要な政治家や多国籍企業のCEO、米国やEUなど世界中の市民団体などと共同で、「データのニューディール」に取り組んでいる。そうしたディスカッションを通じて、プライバシーやデータの所有権に関する従来の考え方が世界中で見直され、個人に対して、自らに関するデータの制御をこれまでにないレベルで可能にすると同時に、公的・私的両方の領域における透明性とエンゲージメントの高まりに備える取り組みが始まっている。

また私たちは、社会システムに関する実験を行う上で課題を抱えている。現在の社会科学で使われている科学的手法は期待ほどの効果を上げておらず、ビッグデータ時代には役立たずになってしまうおそれがある。こうした状況を変える手段のひとつが、データ駆動型社会の構築に向けたさまざまなアイデアを検証する「生きた実験室」をつくるというものだ。

最後になるが、社会物理学の原則に基づいて運営される「データ駆動型社会」がもたらすであろう恩恵には、リスクと労力を掛けて追い求める価値があると私は信じている。想像してみてほしい――金融危機を予測して対処したり、感染症を感知して流行を抑えたり、天然資源をより賢く使ったり、創造力を向上させたり、貧困を撲滅することが可能になった社会を。こうした夢は、かつてはSFの中の話でしかなかった。しかし慎重に落とし穴を避けて通れば、空想はいつか現実になる。しかも私たちにとっての現実になるのだ。それこそがデータ駆動型社会と、社会物理学が約束するものである。

謝辞

トレーシー・ヘイベックが本書に対して行ってくれた、すべての貢献に対して心からの感謝を捧げたい。彼女は議論の流れを丁寧に解きほぐし、表現を適切なものに整えてくれた。出版業界の気まぐれさえなければ、本書に共著者として掲載されていたことだろう。本書が実現できたのは、マックス・ブロックマンとスコット・モイヤーズの熱意によるところが大きい。さらに彼らは本書を読みやすく整えてくれたばかりか、より面白い内容へと変えてくれた。マリー・アンダーソンの丁寧な編集作業にも感謝したい。そして最後になるが、私の研究室の学生や研究員、また同僚たちにも謝意を表したい。本書に登場するさまざまなアイデアや実験、そして結論を手にすることができたのは、彼らが研究を支援してくれたおかげである。

解説

矢野和男（株式会社日立製作所フェロー）

本書は、Alex 'Sandy' Pentland 教授の *Social Physics: How Good Ideas Spread-The Lessons from a New Science*（2014）の全訳である。

ビッグデータに関しては、最近ではたくさんの書籍が出版されている。それらの中で『ソーシャル物理学』に書かれていることは、他書の追随を許さない高みにある。どこが違うのか。著者本人には書きにくいことも含め、本書とペントランド教授の仕事を、私なりに位置づけて解説してみたい。

後に「ビッグデータ」と呼ばれることになる大量の実社会データを活用する研究が、今世紀に入り、マサチューセッツ工科大学（ＭＩＴ）のある米国ボストンの地で立ち上がり急発展した。その中心人物が、著者のペントランド教授である。この動きの中で、本書にも紹介されている「社会物理学」の構想が、具体的な社会実験とともに組み上がっていったのである。

私は、著者のペントランド教授と、２００４年から２００９年まで共同で研究をする機会を得た。この動きに参画できたのは、幸運な縁であった。これをもとに私の研究は発展し、その内容を２０１４年に上梓した『データの見えざる手――ウエアラブルセンサが明かす人間・組織・社会の法則』（草思社）に綴った。拙著は２０１４年のビジネス書トップ10（Bookvinegar 社）にも選出され、既存の枠組みを超えた点が評価されたが、今回改めて振り返ってみると、ペントランド教授から後に述べる隠れた重要な影響を受けていたことに気がついた。

◆なぜ「社会物理学」？

まず、なぜ社会物理学なのか、である。

社会を科学的に理解するということは、「社会科学」が学問としてとり組んできたはずだ。なぜ敢えて「物理学」という異質な学問と結びつける必要があるのか。

社会科学の目的が「社会を科学的に理解し、制御する方法を見出すこと」だとすれば、人類・社会にとってこれほど重要な学問はあるまいと思われる。

しかし、その「社会科学」が残してきた結果をみると、学者の間でのみ通じる難しい理屈や、現実からかけ離れた実験研究が多いことは否定できない。

これは社会を対象にしていることでやむを得ない面もある。シマウマや岩石を研究するなら具体的である。だが、貨幣、組織、制度など、社会を構成している概念はもともと人が頭でつくりだした抽象物だ。貨幣がただの紙ではないのは、そのように皆が信じているからである。人が信じているものが大事だとすれば、いきおい抽象的で理屈っぽくならざるを得ないかもしれない。

また、社会を定量化するために使われてきたのはアンケートである。例えば「1から5の数字で答えてください」というアンケートへの回答は主観的で精度が低い。少なくとも、自然科学での精密かつ定量的な、いわゆる「科学」のイメージからは大きく外れている。これが二十世紀までの社会科学の現実だった。

ところが2000年前後から、米ボストン地区の大学で新しい動きが始まった。ボストンはMITやハーバード大学などを擁し、米国の知的活動の中核都市である。一見独立に、あるいは直接・間接に交流しつつ、ノースイースタン大学のアルバート・バラバシ教授、ボストン大学のユージーン・スタンレー教授、ハーバード大学のデービッド・レーザー教授などによって、ITシステムに蓄積された社会の大量データを使って、社会の挙動を理解する研究が始まったのだ。MITのペントランド教授もその中心人物のひとりだ。

この中でもペントランド教授の発想は独創的だ。人の行動に関わる断片的な「ゴミのようなデータ」こそが重要だと考えたのだ。

人間を定量的に理解しようとするとき多くの人は、その人がどんなことをいったか、どんなことを書き込んだか、どんな仕事をしたか、などの意味のある行動記録が重要だと考える。

ところが、ペントランド教授の発想は逆だった。一見意味のない微妙な身体運動の大きさやタイミング、たまたま誰の近くにいたか、たまたま何を目にしたか、などに関連する「パンくず」のようなデータにこそ社会を理解する宝があると考えたのだ。

実は、これらのゴミのような情報は、無意識に人の行動の影響を受けており、社会の実情を忠実に映しているというのである。2000年ごろ、時代は携帯電話がネットにつながりはじめ、また企業は定型業務をコンピュータで処理するようになったころのことだ。大量の生活や業務に関するデータが日々情報システムに蓄積されるようになった。もともとは社会研究のためのデータではないが、これを活用することは、社会を定量的にとらえるレンズが得られたのに等しい。

物理学が過去400年にわたり、客観的な計測データによる検証・反証により発展してきたように、社会についてもデータによる検証・反証可能な科学が発展しはじめたのである。

この動きを牽引してきたのが著者のペントランド教授であり、それが体系化されたのが「社会物理学」である。本書には、コンピュータに溜まった大量のデータを使うことで見えてきた社会の法則性が多数紹介されている。

◆動的な特徴に隠された意味

しかし、一部の人にはこの議論の根本のところがわからないかもしれない。私がこれまでさまざまな場所で議論したところでは、以下の反対論が根深くある。

「人間に法則なんてないよ、もっとどろどろしたもので、国や文化によっても違うし、一律な議論しても意味ないさ。結局のところ、学者さんには理解できないところがあるよ」。

ここで「社会物理学」と「物理学」との類似性が重要な役割を果たす。物理学の基本法則(ニュートンの運動法則)には、速さの変化(加速度)という「動的」な特徴に普遍的な法則が現れる。すなわち、動的な特徴(加速度)に関しては、一見まったく異質に見える「リンゴ」と「月」にも違いはないのだ。もちろん月とリンゴでは、速さも動きもまったく違う。したがって速さそのものには法則はない。速さの変化=加速度に注目するとき、月とリンゴに普遍的に成り立つ法則が見えてくる。

ニュートン以前には、強い力を受けた物体が速く動くという素朴な見方が信じられていた。もちろん実際にはそんなことはない。強い力は大きな加速度になるが、速い動きには直結しない。それは状況（物体の質量や初期条件）による。「社会物理学」も、社会ネットワークの中での「アイデアの流れ」という動的な成長プロセスの特徴（本書の中でいう「探求」や「エンゲージメント」、社会的学習など）に普遍法則があることを一貫して説いている点が重要だ。動的な特徴に関しては、国や時代によらないといっているのだ。一方で、上記物理法則がそうであったように、この法則は、国や時代により多様な現実が生まれるのをまったく妨げない。それは常に状況による。このような社会物理学による社会の理解は、従来の静的なルールや定常状態を前提にした議論を否定する。社会科学に物理が入ってくる必然性はこのあたりにある。より普遍性を高めた枠組みになっているのだ。

このような動的な世界の見方は、従来の静的な見方と対立する。マスコミ報道も、一般の人たちも、従来のステレオタイプなカテゴリ分けや静的な是非の議論を当然と思っている。

そこに新しいものの見方の枠組みを提示しているのが本書である。もちろん、社会全体のものの見方を変更するのは簡単ではない。ただし、そこに風穴を開けるのが、データによる定量的エビデンスであり、教授の提唱している社会的な信頼やプレッシャーを利用した介入技術である。

◆社会実験への執念

ペントランド教授は、単に法則性を見つけることでは満足しない。さらに社会を具体的に動かす介入方法についても、社会実験を通して深めている。その中には、人間に関する新しい洞察を与えてくれる結果がたくさんある。

私が特に刺激的に感じたのは「レッドバルーン・チャレンジ」である（具体的なところは、本書の第7章を読んでいただきたい）。周りへの小さな親切を通して信頼を得たい、という人間の隠れた本能を促すシステムを創れば、３００万人ものほとんど見知らぬ人々が、8時間という短時間に即興的に協力しあい、グローバルな問題を解決できることを証明した。

そこにあるのは、従来の階層組織での上司と部下の関係でもなく、売り手と買い手という取引関係でもない。もちろんマスコミと一般大衆のような関係とも違う。従来見たこともない大規模な協力の仕組みである。

ペントランド教授は、10年以上にわたり、大変精力的に実社会で実験を重ね、データを取得していった。本書にも紹介されているバッヂ型のウエアラブルセンサ「ソシオメーター」やスマートフォンなどを使って、企業、病院、学生、地域などのデータを取得していった。ボストンでの実験に加え、途上国を含めた世界各国で新たな目的を設計し、データを取得している。

ここまで精力的に実世界で社会実験を行っている人は他にいないと思う。その構想力とエネルギー、そして人間を見る一貫した目にふれることができるのも、本書の魅力である。

◆一貫性

共同研究している期間に、私はボストンに出張して教授と話す機会がしばしばあった。その中で、特に印象に残ったことがある。

当時、我々はいろいろな場所において共同で実験を行っていた。それは銀行、病院、研修所、コールセンタ、大学など様々だった。当然のことながら現場が違えば、具体的な結果は異なる。ところが、ペントランド教授は、違う会社や業種だから違う結果が出て当然、というような思考をまったくしなかった。そのようなものの見方は微塵も見せなかったといってよい。

つねに、あらゆる現場での実験結果を統一して見ることのできる一貫した説明をしようとしていた。実験結果が増えるごとに、結果が増えるのではなく、すべてを貫く唯一の一貫した説明が力強さを増していくのである。読者は当たり前と思うかもしれないが、業種や国や地域が異なれば、結果は違って当然という見方が普通だった。それをまったく許さなかった。

この多様な実験結果に対する一貫性のある態度に、私は知らず知らずに影響を受けていた。最近の私の成果であり、幅広い企業で大きな関心を呼んでいる「ハピネス計測」（身体活動から個人や集団の幸福度を計測する研究）にも、これが活きていることに、この解説を書きながら初めて気がついた。ペントランド教授が本書で強調している、本人も意識してない影響の連鎖がここでも見られるのだ。

先日、私は研究チームの若手のメンバーから「矢野さんのハピネス論文のまとめ方がとても勉強になりました」といわれた。彼はその実験で大きな貢献をしたが、彼が出した結果がそれ以外の現場での実験結果と統合されることで、一つの実験だけでは見えない一貫性のある結論へと導かれたことに感心したようだった。

それこそ私が教授から影響を受けている部分だ。それはアイデアというより、ものの見方でありスタンスというべきものだが、教授が本書の中で「アイデアの流れ」というときの「アイデア」とは、このようなものを含めているのだろう。その「アイデア」が、ボストンのペントランド教授から東京の矢野へ、そして若い世代へと、社会のネットワークを伝わっていくのを目の当たりにしたのだった。

最後に本書の世界をさらに深めるための書籍を、読書ガイドとして紹介する。

◎アレックス・ペントランド『正直シグナル―非言語コミュニケーションの科学』（みすず書房2013年）
ペントランド教授の前著である。『ソーシャル物理学』が都市や社会に多くの紙幅を割いているのに対し、『正直シグナル』では、より個人や少人数の振る舞いに多くの紙幅を割いて丁寧に解説している。本書と併せて読むと、教授の思考の全貌が理解できる。

◎ベン・ウェイバー『職場の人間科学―ビッグデータで考える「理想の働き方」』（早川書房2014年）
ペントランド教授の研究室で、ソシオメーターを使って精力的に研究を行った聡明な大学院生が著者のベン・ウェイバー氏である。学位取得、卒業後、ペントランド教授が会長、ウェイバー氏がCEOとしてコンサルティング会社「ソシオメトリック・ソリューションズ」が発足した（現在は、社名をヒューマナイズに変更した）。ウェイバー氏の著者では、コンサル会社のCEOとしてよりビジネス視点から、事例が紹介されている。

◎マーク・ブキャナン『人は原子、世界は物理法則で動く―社会物理学で読み解く人

間行動』(白揚社 2009年)

「ネイチャー」誌の編集者なども務めた著者は「社会物理学」という言葉を広めた人である。一見個人の自由な意思決定で行動しているように見える人間を物理学的な視点を通して見ることで、見通しがよくなる事例を挙げている。サイエンスライターの書いたものにふさわしく楽しく読める。

◎カール・ポパー『歴史主義の貧困』(日経BP社 2013年)

「社会物理学」の背後にある科学哲学の古典(原著1957年)。ポパーは「科学」と「非科学」を反証可能性によって区別したことで有名。本書ではさらに社会科学の方法として、マルクスに代表される歴史的必然に頼る方法を徹底批判し、社会を対象にしても科学の方法は一切揺るがず、物理学と変わらないことを論じきる。

◎矢野和男『データの見えざる手―ウエアラブルセンサが明かす人間・組織・社会の法則』(草思社 2014年、草思社文庫 2018年)

ペントランド教授やウェイバー氏と共同研究の後、我々は、ハピネスやフロー状態の定量化やビッグデータから儲けを自動で導く人工知能などに研究を独自に発展させた。人の身体運動のデータが、ハピネスの定量化につながったり、最適な時間の使い方や運の定量化などにつながる意外性が大きな評判になった。

付録1　リアリティマイニング

社会科学に革命をもたらす行動測定技術

社会科学は近年、デジタル革命に直面している。その先駆けとなったのが、計量社会科学だ。2009年にサイエンス誌に発表した論文において、デビッド・レーザーと私は、十数名の同僚の研究員とともに、計量社会科学の可能性を論じた。計量社会科学により、これまでにない規模と詳しさを持つ大量データを駆使し、個人や集団、そして社会に対する理解をより深められる可能性があるのだ。[1]この革命の主たる推進力は、人々や彼らの行動に関するビッグデータが利用可能になったことからきている。クレジットカードや携帯電話、ウェブ検索履歴など、様々な形でデータを集められるようになったということだ。テクノロジー・レビュー誌は、計量社会科学の取り組みの大部分を支える技術である「リアリティマイニング」について、「世界を変える10の技術」のひとつとして賞賛している。

私は学生たちと共に、この新しい科学分野の発展を促進するため、2つの行動測定プラットフォームを開発した。これらのプラットフォームは現在、世界中の数百という研究組織のために、大量の定量的データを生成している。最初のプラットフォームは「ソシオメトリック・バッヂ」だ。これはIDカード大の装置で、着用者の行動を記録することができる。そしてもうひとつのプラットフォームが、行動計測ソフトウエア「ファンフ（funf）」で、これはスマートフォン向けのアプリケーション（いまやあらゆる場所で見られるようになった）である。この付録では、これら2つのプラットフォームについて簡単に解説する。

ソシオメトリック・バッヂとスマートフォンのファンフ・システムを一緒に使う場合、一般的には長期間の「生きた実験室」、すなわち社会観察型の研究が行われることになる。またその際、支援システムが同時に使われ、センサーによる測定やデータ収集、データの加工、被験者とのコミュニケーションやフィードバックといった取り組みを可能にする。

こうした「生きた実験室」において行われる実験が目標としている点のひとつが、様々なコミュニケーションチャネル（対面、電話、メールなど）をまたぐ形で同時にデータを収集し、その特性や相互関係をより良く理解することである。この目標を達成するため、私たちがよく利用するのは次のような構成要素だ。

デジタルセンシング・プラットフォーム…これはデータ収集の中核となる要素だ。ソシオメトリック・バッヂ、もしくはスマートフォンをユーザーの自然の状態（*in situ*）をセンシングする「ソーシャルセンサー」として使い、ユーザーの活動状況やユーザー同士の接近のネットワーク、交流パターンなどを解析する。ソシオメトリック・バッヂは、IDカードを携帯するのがルールとなっている企業内における実験に最適だ。一方スマートフォンは、コミュニティ全体を対象とした「生きた実験室」における実験に適している。

アンケート…被験者には定期的にアンケートが行われる。たとえば毎月アンケートを実施し、被験者の自己認識や、他人との関係、集団への帰属意識、交流といったテーマに関する質問や、主要5因子性格検査のような質問を行う。またスマートフォンやウェブブラウザを通じて毎日アンケートを実施し、気分や睡眠、その他の活動状況などに関する質問を行う。

購買行動…購買に関する情報は、レシートやクレジットカードを通じて収集される。この要素では、エンターテイメントや夕食に関する選択など、仲間からの影響を受けやすい行動の検証が行われる。

SNSに関するデータを収集するアプリケーション…被験者の同意を得た上で、SNSに関するアプリケーションをインストールしてもらい、彼らのオンライン上でのコミュニケーション活動や、ネットワークに関連する活動のログ情報を収集する。

自動的に測定を行うデジタルツールとアンケートを比較すると、驚くような行動パターンが明らかになる。たとえば被験者がどの程度歩いたか、いつ誰に電話したか、いつどのくらいの頻度で対面での交流を行ったかといったデータだけで、被験者の性格パターンや可処分所得の量を推測することができる。またいつ誰がインフルエンザやうつ病にかかる可能性があるかまで把握できるのだ。

こうしたデジタル機器による自動測定から始めることで、社会物理学が本当にテーマとしている領域、すなわちアイデアの流れとネットワークのあり方に関する研究に取りかかりやすくなる。そこで観察対象となるものには、対面による交流や通話、S

NS上のネットワークなどが含まれる。しかしこれらと同じくらい興味深いのが、位置情報から明らかになるネットワークだ。たとえば誰と誰が同じ場所で過ごしているか、といったものである。ユーザー同士の接近のネットワーク、すなわち同じイベントに参加しているかといった情報も興味深い。

こうしたネットワークの測定によって、被験者がいろいろなアイデアや体験に接している姿が明らかになる。そうしたアイデアや体験への接触に関する情報に基づいて、人々の間に生まれる社会的影響の強さを推定したり、アイデアの流れの速さを計算したりすることができる。さらにこの結果から、ある集団における意思決定の品質を正確に予測したり、生産性や創造的成果の高さを正確に予測することも可能になる。

ソシオメトリック・バッヂ

ある組織内において最も価値のあるアイデアの流れは、対面もしくは電話を通じたコミュニケーションである。これらのチャネルでは、最も複雑で、繊細な情報を伝えることができるからだ。しかしこの測定を行っている組織はほとんど存在しない。そして当然ながら、測定されないものを管理することはできない。

私たちが行った研究の対象には、イノベーションチーム、病院の術後病棟、銀行の顧客担当チーム、バックオフィス業務の担当チーム、コールセンターなどが含まれる。こうした組織のメンバー全員（特に管理業務に携わる人々）にソシオメトリック・バッジ（図19を参照のこと）をつけてもらい、それを通じて被験者のコミュニケーション行動（声のトーンやボディランゲージ、誰にどの程度話しかけたかなど）に関するデータを収集するのである。様々な調査結果を通じて驚くほど一貫しているのは、チームの成功を予測する際、コミュニケーションのパターンが最も重要な要素になるという点だ。しかもその重要度の強さは、他のすべての要素（個人の知性や性格、スキル、アイデアの内容など）を合わせたものよりも大きいのである。

図19. 標準的なデザインのソシオメトリック・バッジ（出典：ソシオメトリック・ソリューションズ社）

図19のようなソシオメトリック・バッヂは、着用者が示す一般的な社会的シグナルを計測することで、社会行動データを収集・分析する。この装置には位置センサー、ボディランゲージを計測するための加速度計、周囲に誰がいるかを把握するための近接センサー、誰かが発言した場合に録音するためのマイクが内蔵されている。しかしプライバシー侵害を避けるために、会話内容や映像は記録しない。

ソシオメトリック・バッヂはちょうど社員証のように、首にかけて使用するようデザインされている。被験者が会社に来たときに着用してもらい、帰るときに外してもらう。ただし社員証と違うのは、バッテリーを充電するために、充電器やPCのUSBポートにつなぐ必要があるという点だ。

他にもソシオメトリック・バッヂは、次のような機能を持つ。

・複数の被験者の測定結果を蓄積することで、会合の場や職場のエネルギー（活気）やエンゲージメント、探求行為を測定する。
・個人のエネルギー（活気）レベルや、ボディランゲージに見られる外向性や感情移入の程度、フロー状態［作業や思考に没頭し集中している状態］にあることと関連するリズミカルな動きのパターンを測定する。

またソシオメトリック・バッヂは被験者となっている複数のチームに対して、集団間の交流パターンに関するリアルタイムのフィードバックを与えることにも活用できる。これは特にバーチャルチームや遠隔作業を行っているチームがある組織において有益だ。ソシオメトリック・バッヂの製造は、MITからスピンオフして誕生したソシオメトリック・ソリューションズ（私が共同創業者となっている）が行っており、同社のコンサルティング活動においても使われている。また非営利で研究グループへの提供も行っている。

ソシオメトリック・バッヂが収集したデータに基づいて、オフィスのレイアウトを変更したり、企業が社内の交流パターンを正確に把握したりといった取り組みが始まっている。この種のデータは特に、遠隔作業で働くメンバーがいたり、文化的背景が異なるメンバーが混ざっていたりするようなチーム（今日のグローバル経済では欠かせない存在だろう）において重要だ。これまで把握しづらかった交流パターンが可視化され、その改善に取り組むことが可能になるためである。

２０１３年時点で既に、数多くの研究グループが社会物理学の研究にソシオメトリック・バッヂを使い始めている。さらに数十の企業（多くのフォーチュン１０００企業を含む）において、オフィス空間の設計や組織体制の変更の際にソシオメトリック・バッヂが活用されている。より詳しい情報については、http://www.

sociometricsolutions.com で確認してほしい。

携帯電話によるセンシング

私は学生たちと共に、スマートフォンとパーベイシブ・コンピューティング（ユビキタス・コンピューティング）技術を活用し、携帯電話上で動く社会的活動データと行動データの収集システムを開発して、ファンフ（funf）と名付けた。ファンフが扱うデータには、携帯電話の機能によって継続的に収集される25以上のデータ（位置情報、加速度、ブルートゥースを活用した端末間の近接度、コミュニケーション活動、インストールされているアプリケーション、使用中のアプリケーション、マルチメディア機能やファイルシステムに関する情報、実験用に開発されたアプリケーションを通じて集められる追加情報など）が含まれる。さらにレシートやクレジットカードを通じた金銭に関する情報や、SNSに関するログ情報、毎日行われるアンケート（その日の気分やストレス、睡眠時間、生産性、他者との交流などに関して質問される）の入力結果、健康状態や衛生状態に関する情報、性格テストのような一般的心理学的テストの結果、その他ユーザーが手作業で入力する数多くのデータを収集している。

こうしたデータを活用することで、電話によるコミュニケーションや物理的な対面でのやり取り、オンライン上での関係などといった、被験者のコミュニティが持つ様々なネットワークのあり方を、自動的に再構築することが可能になる。そしてこうしたネットワークの観察を通じて、アイデアや意思決定、気分、インフルエンザなどといったものがコミュニティ内をどのように伝播しているのかを調査することができる。しかし私たちはさらに上の目標を目指している。住民たちの意思決定や行動に関連する社会メカニズムのうち「自然」なものと外部から強制されたものそれぞれについて調べることで、住民たちがより良い意思決定ができるよう支援するツールや仕組みを設計しその評価を行うことだ。

ナダフ・アーロニーらが２０１１年の論文で詳述した、このファンフ・オープン・センシング・フレームワークは、携帯電話用の拡

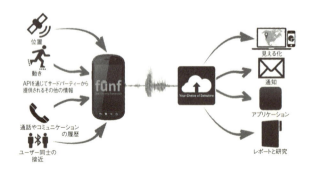

図20. 携帯電話センシングシステム「ファンフ（funf）」

張性のあるセンシングおよびデータ処理フレームワークである。ここで提供される機能群は、再利用可能・オープンソースで、幅広いデータの収集・アップロード・設定を可能にする。現在世界中で1500以上の研究グループがファンフを活用している。

ファンフは科学的な研究で使用されることを想定しており、利用にあたって最も注意しなければならないのが、プライバシーに関する情報や機密情報の取り扱いである。したがってファンフのすべての機能には、厳しいプライバシー保護対策が組み込まれている。たとえばデータが紐付けられているのは、電話の所有者に割り振られたIDコードであり、彼らの現実世界におけるIDではない。電話番号やテキストメッセージなど、人間が目で見てわかってしまうテキスト情報については、IDはすべてハッシュ化された上で収集され、平文では保管されない。

ファンフが情報収集対象としている標準的な項目の例を挙げておこう。

GPS
WLAN
加速度計
ブルートゥース
携帯電話の基地局ID

通話ログ
SMS送受信ログ
ブラウザ使用履歴
連絡先
使用中のアプリ
インストールされているアプリ
スクリーンの状態
バッテリーの状態

ソーシャルメディア上の活動状況やクレジットカードの利用状況など、他の情報の記録も可能だ。アンドロイド携帯電話版のファンフはhttp://www.funf.orgで入手できる。

付録2　オープンPDS

データは個人が所有し管理すべき

パーソナルデータ（個人の居場所や通話履歴、ウェブ検索履歴、好みなどに関するデジタル情報）は新しい時代の石油に喩えられており、私が研究してきた結果も、この捉え方を肯定している。[1] そうした高次元のデータを活用することで、アプリを通じたスマートなサービスの提供や、個人ごとにカスタマイズされた体験の提供が可能になる。グーグルの検索からネットフリックスの映画お勧め機能に至るまで、あるいはパンドラからアマゾンに至るまで、データはこうした無数のサービスを動かす燃料となっている。このようなユーザーを支援するアルゴリズムによって、ユーザーたちは他の人々とよりつながりを深めたり、より生産性を高めたり、より楽しんだりすることができる。またこうしたアプリケーションは、ユーザーに関係するデータが持つ大きな可能性とリスクの両方を象徴していると言えるだろう。

パーソナルデータなどのユーザーに関する様々なデータは、既に収集され、処理され、大規模な活用が行われている。データの収集と蓄積に関与しているサービスや企業は無数にある。このようにデータ収集が断片的に分散して行われていることで、革新的なサービスがデータにアクセスできない状況が生まれており、またそのデータを生み出した対象者自身も利用できないことが多い。そうなるとユーザーは自分のデータをフル活用することができず、また個人ではデータに伴うリスクを理解し、管理することが（不可能ではないにせよ）非常に難しくなる。大部分のデータでは匿名化が行われていないか、再度個人を特定することが可能なため、これは大きな問題だ。ユーザーに関連するデータの活用や分析の高度化を進める際には、データの所有権やプライバシーに関する検討も同時に進められなければならない。

パーソナルデータストアの実現に向けて

パーソナルデータの所有権はどうあるべきか、またそれはどう保管されるべきかについては、長年議論が行われてきた。しかしその解決を大規模に行おうとすると、卵が先か、鶏が先かという問題が立ちはだかる。ユーザー側が満足できるサービスの開始を待とうとする一方で、サービス側もユーザーの受け入れが進むのを待とうとするためである。

しかし私がデータ駆動型デザイン研究所のジョン・クリッピンガーと共に行った研究が示しているように、最近政治や法律の分野で起きつつある変化によって、このジレンマにも終止符が打たれようとしている。[2]私が博士研究員のイブ－アレクサンドル・ドゥ・モンジョワ、エレツ・シュムエリ、サミュエル・Ｓ・ワンと共に開発したフレームワーク「オープンＰＤＳ[3]」では、世界経済フォーラムで「データのニューディール」として発表した、データの「所有権」（すなわちデータを所有し、使用し、処分する権利）に関する定義を採用している[4]。またこのオープンＰＤＳは米国の連邦政府が発表した「サイバースペースにおける信頼できるアイデンティティに向けた国家戦略(The National Strategy for Trusted Identities in Cyberspace、NSTIC)[5]」や商務省の政策提案書、「サイバー空間のための国際戦略（International Strategy for Cyberspace）[6]」も参考にしている。またオープンＰＤＳは、欧州委員会による２０１２年の「ＥＵデータ保護指令改定[7]」の内容とも方針を共にしている。こうした政策提言や規制などはみな、そうしたデータが対象である個人の管理下に置かれることの必要性を認めている。パーソナルデータがもたらす価値とリスクのバランスを最も良く判断できるのは、対象となった個人であるからだ。

ユーザーたちが無数の企業と毎日のようにやり取りを行っている状況においては、パーソナルデータの所有権を実用的に整備するのにも、ましてやプライバシー侵害の懸念に対処するのにも、データの相互運用では不十分だ。本当のデータ所有権を実現するには、ユーザーが自らのデータを集めて集権型で管理することのできる、安全な場所がなくてはならない。そこで登場するのがパーソナルデータストア（ＰＤＳ）だ。これを構築することで、ユーザーは収集されたデータがどのように使われる可能性があるのかを理解し、データの流れの制御と、きめ細かなデータアクセスの管理ができるようになるだろう。

データ所有権の確立に貢献できるという点だけでなく、ＰＤＳはデータが扱われる公正で効率的な市場を可能にするという点でも魅力的である。つまりユーザーが自分のデータのための最高のサービスとアルゴリズムを手に入れられる市場が可能になるのだ。[8]

公正…ユーザーは自分のデータに対するアクセスを管理することで、サービスを評価することができる唯一の存在だ。ユーザーはサービス提供者の評判を考慮に入れた上で、そのサービスが要求するデータに見合うだけの価値を提供しているかどうかを判断できる。私たちが提案しているフレームワークでは、ユーザーは「この曲の名前を教えてもらうことは、自分の位置情報を提供するだけの価値があるのだろうか」といった問いを考えて判断を下す権限を持っており、不満があればデータ提供先を簡単に別のサービスに切り替えることができるのである。

効率的…ユーザーは新しいサービスに対して、自らのデータへのアクセスを認めるのに、別のサービスやアプリケーションを利用することなく、シームレスに行うことができる。私たちが提案するフレームワークは、新しい企業の参入障壁を取り除き、最も革新的な企業がより良いデータ活用サービスを提供することを可能にする。またユーザーに選ばれた企業は、多くのデータを自ら集める必要がなくなるため、企業にはこのフレームワークに参加しようという動機が生まれる。さらに許可が与えられた企業には、スマートフォンの内蔵センサーや、他のアプリ、サービスを通じて集められた過去のデータにもアクセスできる可能性がある。したがってサービスプロバイダーは、許可されたすべてのデータを使い、ユーザーに可能な限り最高のサービスを提供することに集中できる。たとえば音楽配信サービスは、ユーザーがウェブ上の様々な場所で好きな曲やアーティストについて行った発言や、彼らの友人たちの曲の好み、さらには彼らがどんなナイトクラブを訪れたかといったデータを分析して、ユーザーごとにカスタマイズされた「ラジオ局」機能を提供できるだろう。

パーソナルデータの保管やアクセス制御、プライバシーに関して、他にも様々なアプローチが提案されている。しかしオープンPDSは、現在の政治や法律の分野における考え方と方針を共有していること、またダイナミックなプライバシー保護メカニズムを備えていることという2つの点でユニークなアプローチだ。

パーソナルデータにおけるプライバシーの保護は、困難な課題として知られる。高次元のデータに伴うリスクはあいまいで、予測が難しいことが多い[9,10]。集約されたデータではなく、個人ごとの状態でのデータを匿名化するのは、専門家がこれまで「アルゴリズム的に不可能」と考えてきた難問だ[11]。ここ数年で行われた様々な研究からも、一見すると匿名化されているデータから、個人を再び特定されるリスクが存在していることが明らかになっている。たとえば数百万人分の移動データに対して、4つの時空間点を使うだけで、そこから個人を特定することができる可能性がある[12]。

新しいパラダイム――動的なプライバシー

パーソナルデータの保護や難読化については、様々な手法が提案されてきた。しかし今日収集されているような、高次元で多様な形式を持ち、常に進化するデータに対しては、そのいずれも十分な機能を果たせなかった。そこで私たちは、それに替わるものとして、動的プライバシーという概念を開発している。これは「アルゴリズム的に不可能な」匿名化という問題を、より扱いやすいセキュリティ上の問題に変えるために、情報の受け手に生データに対するアクセスを与えるのではなく、問い合わせへの答えを与えるというものだ。

たとえばいま、「ユーザーが走っているかどうか」に応じて、異なるユーザーエクスペリエンスを提供するようなサービスを実現すると仮定しよう。既存のモデルでは、このサービスはユーザーの携帯電話から位置情報や加速度計のデータを集め、サーバーにアップロードする。そして計算を行い、走っているかいないかという情報を割り出すことになる。一方でオープンPDS／動的プライバシーにおいては、ユーザーのPDSの中に、特別なソフトウェアが組み込まれている。この組み込まれたソフトウェアは、位置情報と加速度計のデータという取り扱いに注意が必要な情報を使って計算を行い、PDSという安全な環境において質問に対する答えを出す。そして答えだけがサーバーに送られるのだ。

データの所有権と組み合わせることで、このシンプルなアイデアはユーザーが生の加速度計データやGPS座標データを共有させることなく、自分用にカスタマイズされたサービスの提供を受けることを可能にする。言い換えれば、共有されるのは組み込まれたソフトウェアであり、データではないのだ。このソリューションはそれだけで完璧であるとは言えないが、ある課題の解決に必要な最低限のレベルまでデータの次元と範囲を削減し、それを共有することで、共有の安全性を高めることができる。またこうした仕組みを実現することで、ユーザーがデータへのアクセスの承認や取り消しを安全に行ったり、信頼できるサードパーティーといったものを必要とせずにデータを匿名で共有したり、データの使用状況を追跡したり監査したりすることが可能になる。さらに集団に関する集計を行うために、ユーザーが匿名で自分のデータを提供することが可能になり、「いまこの地域に何人のユーザーがいるか？」といった質問にも答えられるようになる。

ユーザーエクスペリエンス：アリスがPDSを使わずに、位置情報サービスであるフォースクエアのようなアンドロイドアプリをインストールし、使用するとしよう。アリスはアプリを自分の携帯電話にダウンロードして、フォースクエアが携帯電話のネットワーク通信、個人情報、機能に関する情報などにアクセスすることを許可する（アンドロイド携帯電話に新しいアプリをインストールする際には既に、ユーザーにはこうした対応が求められている）。設定が終わると、アリスはユーザーアカウントを作成し、フォースクエア上で他のユーザーたちとネットワークを築き始める。

フォースクエアは集めたアリスに関する情報を、バックエンドのサーバーに保管する。しかしアリスはそのデータや、データを使ってこれまでに行われた推定結果にアクセスすることはできない。さらに異なるサービス間でデータが統合される場合も、ユーザーからまったく見えない形で行われる。もしフォースクエアがツイッターやフェイスブックのデータも活用しようとした場合、アリスがそうする権限を与えるが、フォースクエアがどの程度の外部データを利用するのかは、アリスにはわからない。

仮にPDSに対応したバージョンのフォースクエアがあり、アリスがそれをダウンロードすることを選んだ場合、インストールの過程は他のアンドロイドアプリと同じように進む。まず立ち上げようとすると、アンドロイドアプリはユーザーに対し、フォースクエアアプリを彼らのPDS上にインストールするように指示する。PDSアプリは、フォースクエアのサーバーがPDS上にあるどのようなデータにアクセスするのかや、集約された関連情報のうち何が渡されるのかを正確に記述し、そのアプリをインストールすることがプライバシーにとって何を意味するのか、アリスが理解できるようにする。

この場合、PDS上で動くフォースクエアは、アリスのパーソナルデータを彼らのサーバー上に保管するのではなく、アリスのPDS上でデータにアクセスし、必要な処理を行う。アリスはPDSを好きなクラウド上か、自分で用意したサーバー上にインストール（もしくはクラウド上に用意されているものの使用権を購入）する。PDS上には時間と共に、彼女の携帯電話から集められた音楽の好みや連絡先といった情報や、彼女の日常生活を通じて得られた他のセンサー情報が蓄積される。アリスはこうしたすべてのデータをコントロールすることができ、自分の携帯電話や他のセンサー、サービス類がどのようなデータを集めているのかを正確に把握できる。

PDS版フォースクエアアプリはアリスが所有するコンピューティングインフラ上で走っているため、どのようなデータが外に出て行くのかを監査し、PDSを超えて予期せぬデータが漏洩していないか確認することができる。この方法であれば、アリスがデータの所有権を維持し、プライバシーを守る手段を有したままで、高機能なアプリやサービスを、様々なデータソースのすべてを活用するPDS上に築くことが可能だ。

アプリケーションの例…メンタルヘルスは社会に対して大きなコストを課すため、世界中の国々で、健康に関する主要な問題となっている。たとえばうつ病は、成熟した市場経済に障害をもたらす主因のひとつである。そして現在の精神障害の診断は、患者本人や教師、家族、近隣住民からの報告に大きく依存している。

精神障害の症状の多くは、体の動きや活動、コミュニケーションのパターンと関係がある。そしてこれらはすべて、携帯電話のデータから測定することができる。加速度計を使うことで、いらついた体の動きや歩行のペース、不意の動作や激しい動きなどを明らかにできる。位置を追跡することで、訪れる場所や通る道の変化や、トータルでどの程度の移動を行っているかを把握できる。その人が他人と行うコミュニケーションの頻度とパターン、そして彼らの発言の内容と様式も、いくつかの精神障害を検知するサインとして使うことができる。さらに、その人の行動がやっかいなものになり始めたらそのときに、彼はどう感じていたのか、何をしていたのかを時折質問することで、集められたデータの価値は倍増する。

こうした心的苦痛に関する「正直シグナル」［表情や体の動き、声などに表れる偽ることの困難な社会的シグナル］を受動的・自動的に測定することができれば、患者たちの生活が制御不能になってしまう前に、医療関係者が彼らに接触することができるだろう。さらに重要なのは、もし「何かがおかしい」というシグナルを彼らの友人も得ることができれば、友人からのサポートが大きな効果を発揮するタイミングで、患者に接触できるかもしれないという点だ。ただ当然ながらプライバシーの問題が残る。メンタルヘルスをどのようにして、「行動の正直シグナル」を使って測定するのか、またそうしたシグナルを携帯電話に内蔵されたセンサーを通じて収集できるということ、さらにシグナルを友人と共有することにどれだけの価値があるかということについての私の見解に、DARPAが興味を示した。オープンPDSとファンフ・システムが、DARPAの「心理的シグナルの検出とコンピューター分析（Detection and Computational Analysis of Psychological Signals　DCAPS）」プログラムに含まれるという結果につながったのである。[13]

DCAPSプログラムは退役軍人を対象としたもので、スマートフォンをプラットフォームとし、ユーザーの労力的負荷を最小にした形で、現実環境における途切れのないセンシングとモニタリングが実現される。デバイスを通じてユーザーの声のトーンや他人との交流の頻度、移動や活動の平均的なレベル、その他の正直シグナルを収集することができる。実際に、様々な精神衛生状態の診断を行うために使われるDSM―Ⅳ（『精神疾患の診断と統計マニュアル』第4版、最も普及しているメンタルヘルスの診断マニュアル）のかなりの部分が、行動の変化に注目しており、それはまさにスマートフォンを通じて測定することができる種類の情報だ（DSM―Ⅳは2013年にDSM―5にアップデートされた）。

私たちのオープンPDSとファンフ・システムは、プライバシーに配慮した、安全でスケーラブルなモバイルセンシングプラットフォームで、携帯電話を通じて正直シグナルを集めることができる。そして集められたシグナルを分析して、精神障害を示すパターンを検知できるというわけだ。また集められたデータはオープンPDS上で安全に保管でき、それぞれの対象者個人が自分のメンタルヘルスに関するフィードバックを確認したり、お互いに共有したりすることも可能になる。

図21が示しているのは、MIT内の私の研究室で開発した、DCAPS用の携帯電話インターフェースである（他のDCAPS契約企業はそれぞれ独自のインタ

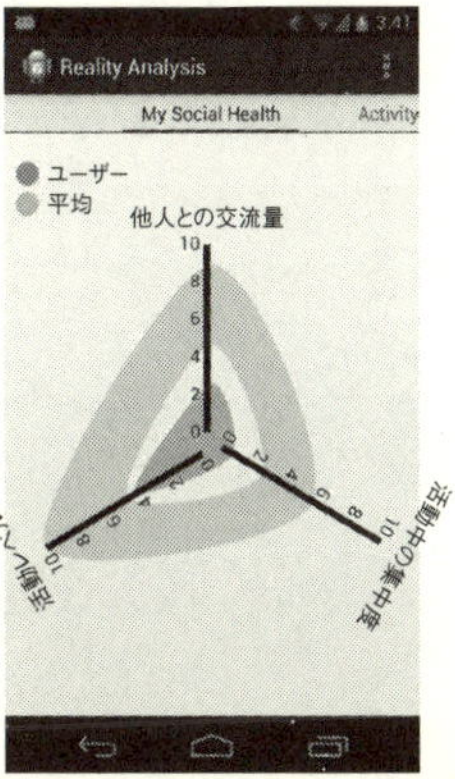

図21. 安全でプライベートな携帯電話用メンタルヘルス測定

ーフェースを開発している）。この画面では、ユーザーは３つの次元（活動レベル、他人との交流量、活動中の集中度）で前日の行動を評価することができる。３つの次元はすべて、DCM―Ⅳにおいてうつ病とPTSDを診断する際の基準となっているが、日常生活の状態を把握するために常識的に使える次元でもある。したがってそれが何を意味しているのか、ユーザーと医療関係者の双方が理解できる。**図21**では、内側の領域はユーザーの前日の行動を示しており、それを取り囲む領域は、ユーザーの仲間たちの各次元における最大値と最小値を示している。この場合、ユーザーは明らかに仲間たちの平均的な姿から逸脱している。なぜこのような状態が起きているのか、ユーザーとその仲間たちは考えてみるべきだと言える。

付録3　速い思考、遅い思考、自由意思

私たちの心を構成する2種類の思考

心理学者のダニエル・カーネマンと、人工知能（ＡＩ）研究の先駆者であるハーバート・サイモン（どちらもノーベル賞受賞者だ）は、人間の心には２つの思考方法があると考えた[1]。カーネマンの理論では、そのひとつは速く、自動的で、ほとんど無意識で行われる思考であり、もうひとつは遅く、ルールに基づいており、意識的に行われる思考である。簡単に言えば、速い思考では様々な体験（自分が経験したものや他人の経験を見聞きしたもの）の間にある関連性が見出され、習慣や直感といったものを生み出す。それとは対照的に、遅い思考では推論や信念といったものが使われ、新しい結論が追求される。

速い思考…速い思考は古くから存在するシステムで、瞬時に答えを得るのに最適な思考法である（ただしこれに頼ることには複合的なトレードオフが存在する）。また速い思考は、パターンや関連性を見出すことに最適化されている。私たちの「速い思考」能力は、自分が得た経験や、見聞きした他人の経験から学ぶことを得意とする。しかしそれは関連性を見つけることに限定されていて、抽象的な推論を行うというわけではない。速い思考は私たちが類人猿の祖先から受け継いだものであり、初期の人類の精神的能力は、このシステムに大きく依存していた可能性が高い。

速い思考は、有益だと考えられるアイデア（取るべきアクション、それを実行する文脈、考えられる成果）を取り上げ、それを将来の行動におけるモデルとするというプロセスで成り立っている。速い思考は自動的かつ無意識に行われるため、どのアイデアがその基盤として採用されるかについては、極めて保守的な傾向になる。したがって、私たちが新しい行動習慣を身につけるのが遅いのは不思議なことではない。あるアイデアが自分の行動習慣として取り入れられるまでには、普通は多くの成功例が見られなければならず、そのため同じアイデアを経験している他人とのエンゲージメントが、私たちが新しい習慣を身につける上での一般的なルートとなっている。[2] 他人の経験を観察することで、自分がその新しいアイデアを採用すれば成功するかどうかを判断する材料が得られるのである。

遅い思考…速い思考は非常にうまく機能する（少なくとも数億年前から多くの生物の間で使われてきた）が、現在の状況における正しい行動を選ぶメカニズムとして、関連性に依存しているという限界があるため、大きな欠点も存在する。実際にカーネマンらは、そうした欠点が「遅い思考」の発展を促したのだろうと考えている。

遅い思考は、様々な信念が基となっているが、それら信念は興味深いと感じられる個人的な推論や、いつか使えるかもしれないとして記憶されてきた観測事実によって形成されたものだ。遅い思考はルールに基づいて行われ、内省的であるため、新しく不確かな信念を検討しても安全である。それで「遊んでみる」ことで、その内容が自分の信じている他の様々な信念と一致するかどうか、最終的に判断すればいいからだ。私たちが新しい事実を素早く身につけられることや、探求を常に行うという傾向も、遅い思考から考えれば納得がいく。第2章で見たように、探求行為は私たちが良い意思決定を行う力を高めてくれる。

言語と遅い思考は極めて密接に関係している。言語があるおかげで私たちは覚えやすい物語を通じて、他人の経験を速い思考用の「習慣のレパートリー」に加えることができるが、言語が持つ本当の力は、遅い思考の「信念体系」を人々の集団全体に行き届かせることができるという点だ。遅い思考は非常にスピードが遅く、結論に達するのに労力を費やさなければならないが、「いまここで起きた」身近な体験という限界を超えていく力が、私たち人類が繁栄する上で、遅い思考が最も貢献した点だろう。[3]

多くの課題に対して、遅い思考よりも速い思考の方がうまく働く。それを知ると、たいていの人は驚くようだ。[4] 複雑で、複数の目標の間でトレードオフが発生するような問題の場合、速い思考の関連性に基づくメカニズムは、遅い思考の推論メカニズムよりもいつも優れたパフォーマンスを発揮する。判断を下すまで限られた時間しかない場合には特に有効だ。そのため多くの科学者は、私たちの日常的な行動の大部分が、速い思考に基づいていると考えている。私たちは文字通り、遅い思考を使って何かを考え抜く時間がないのである。[5] 速い思考の力が最も明確になるのは緊急時、人々が「考える間もなく、体が反応していた」と表現するような状況だ。同じロジックが、私たちが日常生活で繰り返し行っている、単調な行動にも当てはまる。そうした行動をしている際、人々は白昼夢を見ながらでも、おしゃべりしながらでも、資料をファイルしたり、自動車を運転したりといったことができる。

したがって私たちは高レベルで、意識的な意思決定を行うことがある一方で、多くの行動は非常に熟練され、自動的に行われるものであり、それは速い思考によって制御され、意識というスポットライトの外に置かれている。私たちの生活の多くが自動的に行われているというのが最も明確になるのは、日常の中で繰り返し現れる作業を行ったり、雑談をしたり、自動車や自転車に乗ったりといった、自分が熟練している行動をする場合だ。こうした習慣的な行動について、どんなことを行ったのか、なぜ行ったのかを聞かれると、人は答えに窮してしまう。それを行ったとき、その人は「自動運転」モードになっていたからだ。

速い思考と遅い思考の関係

速い思考と遅い思考は、進化の中で密接に結びつけられてきたため、それらの間でどのようなやり取りが行われているのか、詳細を解明することは難しい。「ソーシャル・エボリューション」研究と「フレンズ・アンド・ファミリー」研究で確認された現象の大部分で私たちが見ていたのは、習慣や直感といった速い思考が果たす役割であったと考えている。そこで観察された、ある集団や状況の下での共通して見られる新しい行動の学習は速い思考の役割だろう。それとは対照的に、推論に基づく遅い思考は非常に多様で複雑なため、これらの研究において単一の要素としては現れることはない（例外はどのアイデアの流れに加わるかを選ぶ場面だ）。しかし私たちは、第3章で解説したビッグデータ実験などを通じて、速い思考と遅い思考がどのように補完し合いながら機能しているかを、次第に解明しつつある。

私の研究が示唆しているのは、人間の継続的な探求行為は一般的に、意識的な遅い思考によるものであり、それを誘導するものとして、様々なコミュニケーションチャネルを通じた、他人との社会的な交流があるという点だ。たとえば、「仲間の間で人気になっている」ということは遅い思考を誘導するが、こうした仲間からの圧力は情報を提供するものではあっても、規範として働くものではない。

幅広い社会的交流によって、探求という遅い思考プロセスが誘導されるものの、それは速い思考の学習プロセスと密接に結びついているわけではない。新しく発見された行動が、速い思考の「習慣や直感のレパートリー」のひとつとして採用されるかどうかは、その行動が仲間同士のコミュニティの中で長年かけて培われてきた常識と一致しているかどうかとの関連が大きい。

簡単にまとめると、習慣や本能的直感は速い思考に根ざしている。速い思考は、エンゲージメントを通じて他人の経験を自分自身の経験と結びつけ、私たちの行動の習慣を構築する。探求や、物事の解明を促す注意の誘導は、遅い思考の中核的機能であると考えられる。遅い思考は、個人の認知や言語を通じて得られた出来事や文脈、相関関係といったものを観察することで促される。[6]

「人間には2つの思考回路があり、それぞれ異なった働きをする」という事実が明らかになったことで、これまで哲学や人類学、そして社会学で長年行われてきた論争の多くが、その姿を変えつつある。[7] この学術論争の一方にいたのが、クロード・レヴィ＝ストロースのような人類学者や、カール・マルクスやアダム・スミスといった哲学／経済学者、そして多くの社会心理学者である。彼らの側に立つ人々は、社会構造が個人の行動を形作る点を重視する。そして論争のもう一方の側に立つのが、ジャン＝ポール・サルトルのような哲学者や、ゲーム理論家、認知科学者であり、彼らは自由意思や、個人の認知プロセスが個人の行動を形作る点を重視する。

人間の心には2つの種類があるという発見は、ひとつの結論を導き出す。自由意思対社会的背景という争いは、どちらの主張も正しく、またどちらも間違っている。すべての人間行動について、いついかなる場合も当てはまるわけではないからだ。たとえば政治信念について調査したソーシャル・エボリューション実験において、人々は明らかに遅い思考のツールを使い、リベラルと保守のどちらが納得できるかを決めていた。しかし決断を下すと、速い思考の自動学習ツールが機能し、選んだグループの直観的思考や習慣を取り入れるようになるのである。

ただ定量的な分析を行うと、社会的影響の力の方が上回ることがわかる。私たちの行動のほとんどは、私たち自身が考えている姿とは異なり、論理的な判断の結果というよりも習慣的なものである。[8] カーネマンが主張したように、人間の行動の大部分は直観や習慣といった速い思考に基づいており、推論などの遅い思考に基づくものではない。しかし自由意思を重視する側が指摘するように、私たちが下す重要な判断の多くが、遅い思考に基づいて行われるのである。

原注

第1章

1. A. Smith 2009.
2. 専門用語を使って表現すれば、均衡状態だけでなく動力学も考察し、プール市場よりも取引ネットワークを議論すべきときが来たと言えるだろう。さらに合理性だけでなく社会的影響を考察し、効用をスカラー量というよりもベクトル量(健康や好奇心、社会的地位などの多元的な尺度を持ったもの)として捉えなければならない。
3. Zipf 1949.
4. Zipf 1946.
5. Snijders 2001; Krackhardt and Hanson 1993; Macy and Willer 2002; Burt 1992; Uzzi 1997; White 2002.
6. Kleinberg 2013; Brabási 2002; Monge and Contractor 2003; Gonzalez et al. 2008; Onnela et al. 2007, 2011.
7. Centola 2010; Lazer and Friedman 2007; Aral et al. 2009; Eagle et al. 2010; Pentland 2008.
8. Marr 1982.
9. Pentland 2012c, 2013a.
10. Lazer et al. 2009.
11. Barker 1968; Dawber 1980.
12. 「生きた実験室」を対象に、数々の標準的なアンケート調査が行われており、社会学や心理学、健康状態に関するものなど多様なデータが、定期的に集められている(多くはウェブを通じて行われる)。またスマートフォンを通じて、より簡易的で実施頻度の高いアンケート調査が行われている。
13. Aharony et al. 2011.
14. Madan et al. 2012.
15. Eagle and Pentland 2006.
16. Pentland 2012b.
17. 参加者にはインフォームドコンセントによる保護が行われた。また彼らはいつでも参加を取りやめることができ、すべての個人情報に対するコントロールが保証され、参加にあたっては報酬が支払われた。
18. Pentland 2009.
19. World Economic Forum 2011. "Personal Data: The Emergence of a New Asset Class." 次のURLを参照のこと。
    http://www3.weforum.org/docs/WEF_ITTC_PersonalDataNewAsset_Report_2011.pdf
20. 現在の社会科学の問題点として、実験規模の小ささだけでなく、大部分の学者が、西洋の先進国出身で高学歴であり、国際的で、富裕層に属しており、民主的社会の人々である点などが挙げられる。つまり社会科学は一部の特殊な人々のためのものになってしまっているのだ(Henrich et al. 2010)。
21. Kahneman 2011.

第2章

1. Beahm, George, ed. I, Steve: Steve Jobs in His Own Words (Chicago: Agate B2), 2011.
2. Papert and Harel 1991.
3. Buchanan 2007.
4. Conradt and Roper 2005.
5. Surowiecki 2004.
6. Dall et al. 2005.
7. Lorenz et al. 2011.
8. Dall et al. 2005; Danchin et al. 2004.
9. King et al. 2012.
10. Hong and Page 2004; Krause et al. 2011.

11. Altshuler et al. 2012; Pan, Altshuler, and Pentland 2012. イートロ(http://www.etoro.com)は外貨や商品取引を扱うオンラインの金融取引サービスで、買いや空売り、レバレッジ取引といった操作を簡単に行うことができる。イートロは金融取引を誰にでも参加でき、楽しいものにするサービスであり、最小で数ドル単位の投資額からロングあるいはショートのポジションを取ることができる。それは投資というより宝くじに近い感覚かもしれないが、コンピューターが当たりくじを選ぶ宝くじとは異なり、ユーザーたちは現実世界を相手に競い合っている。私たちが研究を行った時点で、イートロは300万人のユーザーを抱えていたが、それでも外為取引市場においては比較的小規模な存在だったことに注意する必要がある。彼らは市場を主導する存在ではなかった。

12. 洗練された数学的分析手法を用いることで、アイデアの流れの速さを測定することが可能になる。アイデアの流れの速さは、ある割合のユーザーが、ソーシャルネットワークに持ち込まれた新しい戦略を採用する確率を示している(確率分布の形で示される)。この重要な尺度は、ソーシャルネットワークの構造と、個人間の社会的影響力、個人ごとの新しいアイデアに対する受容性から算出される。どのようにアイデアの流れが計算されたのか、数学的な解説に興味がある場合は、本書の「付録4　数学」を参照のこと。

13. 各トレーダーのパフォーマンスは市場の変動による影響を取り除いてあるため、投資利益率(ROI)の変化も市場変動の結果ではない。

14. アイデアの流れの速さがある値の場合に、ROIにばらつきが生じるのは、日によって資産クラスの割合が異なるためである。個々の資産クラスによって、どの程度のアイデアの流れの速さが最適かが微妙に異なり、この点を考慮に入れると、ROIの変動率は劇的に低下する。

15. Yamamoto et al. 2013; Sueur et al. 2012.

16. Farrell 2011.

17. Lazer and Friedman 2007.

18. Glinton et al. 2010; Anghel et al. 2004.

19. あるユーザーのフォロワー数がdである確率が$Prob(d) \sim d-\gamma$の場合。

20. Shmueli et al. 2013. つまり変化するつながりの数が、様々な規模で表れるわけである。

21. 第4章において、感染症と行動変化の間にあるもうひとつの重要な違いについて見ていく。思考に基づく意識的な信念(「この店は午前8時に開店する」など)の場合は、たった1つのコメントで伝わることもあるが、習慣的で無意識な行動(クレジットカードよりも現金を使う、など)を置き換え、新しい行動を採用するには、通常は短期間に複数のロールモデルに接することが必要になる。前者の行動変化は単純感染、後者は複雑感染として知られる。2つの行動変化は非常に似た形でネットワーク上を伝わっていくが、複雑感染では一般的に伝播のスピードがずっと遅く、結びつきが密接なローカルネットワークが必要になる。そうしたローカルネットワークでは、あるアイデアがネットワーク内に入ってくると、そのアイデアへの接触が短時間の間に何度も発生することになるからだ。詳しくはWatts and Dodds 2007、Centola 2010、Centola and Macy 2007を参照のこと。

22. Kelly 1999.

23. Choudhury and Pentland 2004.

24. 専門用語を使って言えば、会話の際により大きな発言権を握る人物は、ソーシャルネットワーク内で高い媒介中心性を持つと考えられる。これは非常に強い関係性であり、決定係数R^2は0.9となる。

25. Pan, Altshuler, and Pentland 2012; Saavedraa et al. 2011.

26. *Financial Times*, April 18, 2013.
27. 一度に1つ以上の戦略を検討することで、多様化を実現することが重要である。環境が変化する中で、古い戦略は機能しなくなり、新しい戦略が有効になるからだ。したがって求められるのは、これまで最も成功した戦略に従うことではなく、これから最も成功しそうな戦略を見つけることである。そして未来を予測するのは難しいため、社会的学習を多様化することが重要になるのだ。

第3章

1. Bandura 1977.
2. Meltzoff 1988.
3. おそらく類人猿の「文化」は、隔離された村や部族の停滞した文化に近いのだろう。そこではアイデアの共有が身近な集団とだけしか行われず、そのためコミュニティ内の行動は硬直化し、非創造的なものになる。
4. ソーシャル・エボリューション研究では、一部のデータに対して多くの前処理を行う必要があった。たとえば私とあなた、2人の被験者がいて、あなたが持つ電話が私の存在を検知しているにもかかわらず、私が持つ電話があなたの存在を検知していない場合には、2台の電話は近い距離にいたものと判定した。同様に、同じWi-Fiのホットスポットに接続した場合も、同じ場所にいたものと判定した。フレンズ・アンド・ファミリー研究ではセンシングに関してより良い仕組みを導入したため、こうした前処理は必要なかった。詳しくは次のURLを参照のこと。http://realitycommons.media.MIT.edu
5. Christakis and Fowler 2007.
6. Madan et al. 2012
7. 本章では健康習慣、政治観、アプリの導入、音楽のダウンロードという例を取り上げているが、いずれも同じようなメカニズムと影響の大きさを示している。次章では、健康習慣や購買行動、投票行動、オフィスでの行動を、デジタルのソーシャルネットワークを使って変更することについて解説しよう。
8. 社会的影響はいま活発な研究が行われている領域で、様々な議論も生まれている(Alan et al. 2009)。本章で紹介している、健康や政治に関する習慣、アプリの導入に関する研究は、他の研究よりも説得力があるものだが、それにはいくつかの理由がある。(1)これらの研究が扱っている効果は主に社会的学習に関するもので、社会的圧力ではない。この場合、強い絆でつながっている人物(友人など)の行動にはそれほどの効果はなく、弱い絆でつながっているただの知り合いのような人物の行動は大きな効果を持つ。(2)私たちはスナップショットの測定を行ったのではなく、時系列に沿った連続的な測定を行っているので、因果関係と考えるにふさわしいタイミングだったかを判断できる。(3)私たちのデータは、単に「社会的絆が存在しているか否か」という二値的な情報ではなく、社会的な接触に関する定量的で継続的な測定データである。そして最後に、私たちが現実世界を対象に行った分析結果は、デーモン・セントラが行ったような(Centola 2010)、オンラインでの実験(環境を厳密に制御することができる)の結果と非常によく似ている。
9. Madan et al. 2011.
10. しかしこれは一時的な効果である。政治的論争の終了後には、元の状態へと戻る。
11. Aharony et al. 2011.
12. Pan et al. 2011a.
13. Krumme et al. 2012; Tran et al. 2011.
14. Salganik et al. 2006.
15. Rendell et al. 2010.

16. Lazer and Friedman 2007; Glinton et al. 2010; Anghel et al. 2004; Yamamoto et al. 2013; Sueur et al. 2012; Farrell 2011.
17. Simon 1978; Kahneman 2002.
18. Kahneman 2011.
19. Hassin et al. 2005
20. Rand et al. 2009; Fudenberg et al. 2012.
21. Hadit 2010.
22. Brennan and Lo 2011.
23. Hassin et al. 2005.

第4章

1. Stewart and Harcourt 1994.
2. Boinski and Campbell 1995.
3. Conradt and Roper 2005; Couzin et al. 2005; Couzin 2007.
4. Kelly 1999.
5. Cohen et al. 2010.
6. Calvó-Armengol and Jackson 2010.
7. Kandel and Lazear 1992.
8. Breza 2012.
9. Nowak 2006.
10. Rand et al. 2009; Fehr and Gachter 2002.
11. Pink 2009; Gneezy et al. 2011.
12. Mani, Rahwan, and Pentland 2013.
13. つまりインセンティブ1ドルあたりの行動変化が4倍になったわけだ。
14. それぞれの条件において、1単位の改善にかかった費用(限界費用)を比較してみるとさらにこの効果が印象づけられるだろう。
*個人に(ピグー的)インセンティブを支払う場合:83ドル
*仲間によりチェックされる場合:39.5ドル
*仲間に対し報酬がある場合:12ドル
同様に、行動における平均改善率の結果もすばらしいものだ。
*個人に(ピグー的)インセンティブを支払う場合:3.2パーセント
*仲間によりチェックされる場合:5.5パーセント
*仲間に対し報酬がある場合:10.4パーセント
15. Adjodah and Pentland 2013.
16. たとえば会話や電話の回数など。しかし立ち聞きや他人の行動を目にするなど、間接的な交流は指標にはならなかった。
17. 行動変化量と電話回数の間にある相関関係の決定係数R^2は、0.8となる。すべてのコミュニケーションチャネルを対象にした場合、R^2は0.9となる。
18. 信頼に関する質問を、被験者のペア全員に実施している。たとえば「相手に子供のお守りを頼もうと思うか?」「お金を貸そうと思うか?」「自動車を貸そうと思うか?」といった具合である。そしてこうした質問にいくつ「はい」と回答したかを数え、合計値を信頼度として設定した。ポスドク研究員のエレツ・シュムエリ、ヴィヴェク・シン、そして私の3人で、この信頼度と両者の間で直接的交流が行われた回数を比較してみたところ、直接的交流の合計回数から非常に正確に信頼度を予測することができた。ここでも電話の場合の 決定係数R^2は0.8で、すべてのコミュニケーションチャネルを対象にした場合には、R^2は0.9となった。
19. Mani et al. 2012.
20. Mani, Loock, Rahwan, and Pentland 2013.
21. De Montjoye et al. 2013.
22. Smith 2009.
23. Lim et al. 2007.
24. Nowak 2006; Rand et al. 2009; Fehr and Gachter 2002.
25. Buchanan 2007.
26. Stewart and Harcourt 1994; Boinski and Campbell 1995.

27. Zimbardo 2007; Milgram 1974b.
28. Pentland 2008; Olguín et al. 2009; Pentland 2012b.
29. Dong and Pentland 2007; Pan, Dong, Cebrian, Kim, Fowler, and Pentland 2012.
30. Castellano et al. 2009; Gomez-Rodriguez et al. 2010.
31. Dong et al. 2007; Pan, Dong, Cebrian, Kim, Fowler, and Pentland 2012.

第5章

1. Woolley et al. 2010.
2. Pentland 2011.
3. Dong et al. 2009; Dong et al. 2012; Pentland 2008.
4. Pentland 2010a; Cebrian et al. 2010.
5. Olguín et, al. 2009; 次のURLも参照のこと。http://www.sociometricsolutions.com
6. Pentland 2012b. この論文はハーバード・ビジネス・レビュー誌のマッキンゼー賞と、米国経営学会のプラクティショナー賞を受賞した。
7. Wu et al. 2008.
8. Couzin 2009.
9. Ancona et al. 2002.
10. Olguín et, al. 2009.
11. Eagle and Pentland 2006.
12. Dong and Pentland 2007.
13. Amabile et al. 1996.
14. Tripathi 2011; Tripathi and Burleson 2012.
15. Hassin et al. 2005.
16. これもネットワーク制約と呼ばれている。
17. Pentland 2012b.

第6章

1. Pentland 2012b.
2. ここまでの説明から明らかになっていると思うが、それぞれの交流や何らかのアイデアへの接触は、個人にとって学習の機会であり、私たちの実験結果は、ある人から別の人への効果的なアイデアの流れ(たとえば新しい行動を行うようになる確率など)は交流や接触の回数に対してなめらかに増加する関数であることを示している。この結果が社会学の先駆者たち、たとえばネットワークのトポロジーやコミュニケーションの頻度に注目したロン・バートといった研究者たちの研究成果とも一致している点は、注目に値するだろう。もしあなたが認知科学者なら、接触と行動変容の間にこれほどシンプルな関係があることに居心地の悪さを感じるかもしれない。しかしデータはそう示しているのだ。何らかの行動の普及率は、統計学的に極めて似た傾向を示し、計算によって求めることができる。しかしアイデアの種類が異なれば、伝播の際にも異なった性質を示し、またコミュニケーションのチャネルが異なれば、影響の形も異なり、さらに何らかのアイデアに対する受容性は、個人ごとに異なることに注意してほしい。もしあなたがコンピューター科学者なら、接触(近接性)はコミュニケーションと同意ではないかと考えるかもしれない。しかし私はこの2つを慎重に分けて使っている。さらにWyatt et al. 2011を参照してもらえればわかると思うが、彼らは近接性と会話の発生確率の関係を検証している。この論文では2つを別の現象として区別しているのだ。ただある社会の中にいる人々全員を対象に、1週間かそれ以上の観察を行えば、会話の頻度と近接の頻度の間には高い相関関係があることがわかるだろう。詳しくは第4章および「付録3　速い思考、遅い思考、自由意思」と「付録4　数学」を参照してほしい。

3. Burt 2004.
4. Kim et al. 2008; Kim 2011.
5. 会議の場においては、エンゲージメントは誰もがアイデアの提供と、他人のアイデアへの反応を行っていることを意味する。言い換えれば、いつも決まった人がしゃべって決まった人が反応するという状態ではいけないのだ。
6. これらの実験においては、信頼は古典的な公共財供給ゲームを通じて測定されている。
7. Kim 2011.
8. 次のURLにある"Sensible Organization: Inspired by Social Sensor Technologies"を参照のこと。http://hd.media.mit.edu/tech-reports/TR-602.pdf
9. Wellman 2011.
10. Pentland 2012b; 次のURLも参照のこと。http://www.sociometricsolutions.com
11. Chen et al. 2003; Chen et al. 2004.
12. Prelec 2004.
13. より専門的な言い方をすれば、人々の間にある条件付き確率を追跡するということになる。これは「付録4　数学」で解説されている「影響モデル」を利用することで可能になる。
14. 私たちはこれらの間に因果関係があることを証明している。Kim 2011を参照のこと。
15. Pentland 2010b.
16. Choudhurry and Pentland 2003, 2004.

第7章

1. Pickard et al. 2011.
2. Rutherford et al. 2013.
3. 次のURLを参照のこと。http://archive.darpa.mil/networkchallenge
4. Nagar 2012.
5. Olguín et, al. 2009.
6. Waber 2013.
7. Wellman 2001.
8. Putnam 1995.
9. Pentland 2008.
10. Buchanan 2009.
11. Lepri et al. 2009; Dong et al. 2007.
12. Curhan and Pentland 2007.
13. Choudhurry and Pentland 2004.
14. Barsade 2002.
15. Iacoboni and Mazziotta 2007.

第8章

1. Pentland 2012a.
2. 次のURLを参照のこと。http://www.sensenetworks.com
3. Eagle and Pentland 2006.
4. Dong and Pentland 2009.
5. Berlingerio et al. 2013.
6. Smith, Mashadi, and Capra 2013.
7. Schneider 2010.
8. Madan et al. 2010; Madan et al. 2012; Dong et al. 2012.
9. 次のURLを参照のこと。http://www.ginger.io
10. Dong et al. 2012; Pentland et al. 2009.
11. Dong et al. 2012.
12. Lima et al. 2013; Pentland et al. 2009.
13. Mani, Look, Rahwan, and Pentland 2013.
14. Pentland 2012a.
15. Lima et al. 213; Smith, Mashadi, and Capra 2013; Berlingerio et al. 2013; Pentland et al. 2009; Pentland 2012a.

第9章

1. Crane and Kinzig 2005.
2. Glaeser et al. 2000.

3. Smith 1937.
4. Milgram 1974a; Becker et al. 1999; Krugman 1993; Fujita et al. 1999; Bettencourt et al. 2007; Bettencourt and West 2010.
5. Audretsch and Feldman 1996; Jaffe et al. 1993; Anselin et al. 1997.
6. Arbesman et al. 2009; Leskovec et al. 2009; Expert et al. 2011; Onnela et al. 2011; Mucha et al. 2010.
7. Pan et al. 2013.
8. Krugman 1993.
9. Wirth 1938; Hägerstand 1952, 1957; Florida 2002, 2005, 2007.
10. Liben-Nowell et al. 2005.
11. この反比例関係は、対面での交流がもたらす自然の流れと言えるだろう。一方、これに加えて、すべての関係のおよそ5分の2が距離からの影響を受けていないことが明らかになっているが、それらはおそらくオンラインでの交流から生じたものなのだろう。つまりデジタルコミュニケーションは、社会的絆と都市の生産性／創造性の間にある関係を変えている可能性があるわけだ。しかし習慣を変えるという文脈においては、対面での社会的絆の方が、デジタルでの絆よりずっと影響が大きいという点を心に留めておくことが重要である。つまり探索の数が増えていたとしても、行動変化はゆっくりとしか生じていないのだ。
12. Nguyen and Szymanski 2012.
13. *Pj*=1/*rank*(j)。ある人物と社会的絆が構築される可能性は、そこに介入してくる他の人々の数に反比例する。
14. 米疾病予防管理センター、次のURLを参照のこと。
http://www.cdc.gov/hiv/topics/surveillance/index.htm
15. Calabrese et al. 2011.
16. Krumme 2012.
17. Krumme et al. 2013.
18. これがジップの法則である。この名前は、別の社会的現象の中からこの法則を見出した研究者にちなんでつけられた。
19. Pan et al. 2011b.
20. Frijters et al. 2004; Paridon et al. 2006; Clydesdale 1997; Pong and Ju 2000.
21. GDPから算出された交流の最大半径の半分を、平均通勤距離として想定した。
22. Smith, Mashadi, and Capra 2013; Smith, Quercia, and Capra 2013.
23. 犯罪率の増加と生産性の向上は、イノベーションの産物と言えるかもしれない。
24. Jacobs 1961.
25. ここでは6つの主要な社会グループが存在すると仮定した。若者、親、高齢者というグループを、それぞれ男女に分けたものである。各グループのメンバーの数はダンバー数(150人)の2乗で、これは「友人の友人」の数の最大値となる。
26. ここで言いたいのは、豊かな社会的支援が得られる一方で、変化がゆっくりと進むような場所を創造するということである。それにより、いま現れつつある「つながりすぎた世界」における現実的な危険である、速くて破壊的な変化から子供や家族を守ることができると私は考える。もちろんこの考え方には賛同せず、大きな社会変化を支持する人もいるだろう。
27. Burt 1992; Granovetter 1973, 2005; Eagle et al. 2010; Wu et al. 2008; Allen 2003; Reagans and Zuckerman 2001.
28. Eagle and Pentland 2009; Wu et al. 2008; Pentland 2008.
29. Kim et al. 2011.
30. Singh et al.(執筆中)

第10章

1. World Economic Forum 2011, "Personal Data: The Emergence of a New Asset Class." 次のURLを参照のこ

と。
http://www3.weforum.org/docs/WEF_ITTC_PersonalDataNewAsset_Report_2011.pdf
2. Pentland 2009.
3. Ostrom 1990.
4. De Soto and Cheneval 2006.
5. Pentland 2009.
6. World Economic Forum 2011, "Personal Data: The Emergence of a New Asset Class." 次のURLを参照のこと。
http://www3.weforum.org/docs/WEF_ITTC_PersonalDataNewAsset_Report_2011.pdf
7. http://www.idcubed.org を参照のこと。
8. De Montjoye et al. 2012.
9. Smith, Mashadi, and Capra 2013; Bucicovschi et al. 2013.
10. De Montjoye et al. 2012.

第11章

1. Smith 2009.
2. Nowak 2006; Rand et al. 2009; Ostrom 1990; Putnam 1995.
3. Weber 1946.
4. Marx 1867.
5. Acemoglu et al. 2012.
6. 世界経済は同じように制約のあるネットワーク構造をしている。Hidalgo et al. 2007を参照のこと。
7. Salamone 1997; Lee 1988; Gray 2009; Thomas 2006.
8. Mani et al. 2010.
9. 社会効率が局地的に実現されるのは、ネットワーク内の各参加者が、自分がつながっているネットワークの一部で手に入る、最も良い交換条件(パレート最適となる取引など)を見つけるからである。これにより、ネットワーク構造によって課せられる制約の中で、社会的な最適性が最も高い状態が達成される。この点については、Mani et al. 2010を参照のこと。
10. Bouchaud and Mezard 2000も参照のこと。
11. Grund et al. 2013、Helbing et al. 2011も参照のこと。
12. 公正な交換ネットワークは、人々の間の同盟関係という観点からも、安定した存在である。そうした同盟が生まれるのは、仲間同士のグループ(たとえば銀行家の集まりなど)の中で、他人と(たとえば弁護士たちと)どうやって取引するかに関する規範が生まれ、それが習慣として共有されることで、協調的な行動が可能になる場合である。交換ネットワークに基づく社会は、仲間同士のグループ間でのやり取りが協調して行われる場合でも、安定して公正なものになり得る。取引相手のグループと習慣を共有することで、そうした同盟関係のバランスが保たれるからである。数学的に言うと、交換ネットワークは複数の個人ではなく複数のグループによって構成される「スーパーノード」を含むようになるが、これはその社会の公正さや信頼関係を壊すものではない。
13. Lim et al. 2007.
14. Dunbar 1992.
15. つまり大部分の人々が、彼らの効用関数を最大化している場合である。
16. 情報はアイデアを生み出せる可能性のある素材であり、さらに私たちの信念を生み出す重要な素材でもある。
17. http://www.swift.com/ を参照のこと。
18. Rand et al. 2009; Sigmund et al. 2010.
19. Smith, Mashadi, and Capra 2013.
20. Eagle et al. 2010.
21. Bucicovschi et al. 2013.
22. Berlingerio et al. 2013.
23. Lima et al. 2013.

付録1

1. Lazer et al. 2009.

付録2

1. World Economic Forum 2011, "Personal Data: The Emergence of a New Asset Class." 次のURLを参照のこと。
http://www3.weforum.org/docs/WEF_ITTC_PersonalDataNew Asset_Report_2011.pdf
2. http://idcubed.org を参照のこと。
3. De Montjoye et al. 2012.
4. Pentland 2009.
5. National Strategy for Trusted Identities in Cyberspace. "National Strategy for Trusted Identities in Cyberspace" initiative. 次のURLを参照のこと。
http://www.nist.gov/nstic
6. International Strategy for Cyberspace. 次のURLを参照のこと。
http://www.whitehouse.gov/sites/default/files/rss_viewer/international_strategy_for_cyberspace.pdf
7. "Commission Proposes a Comprehensive Reform of Data Protection Rules to Increase Users' Control of Their Data and to Cut Costs for Businesses." 次のURLを参照のこと。
http://europa.eu/rapid/press-release_IP-12-46_en.htm
8. World Economic Forum 2011, "Personal Data: The Emergence of a New Asset Class." 次のURLを参照のこと。
http://www3.weforum.org/docs/WEF_ITTC_PersonalDataNew Asset_Report_2011.pdf
9. "Has Big Data Made Anonymity Impossible?" 次のURLを参照のこと。
http://www.technologyreview.com/news/514351/has-big-data-made-anonymity-impossible
10. Sweeney 2002.
11. Schwartz 2003; Butler 2007; "Your Apps Are Watching You." 次のURLを参照のこと。
http://online.wsj.com/article/SB10001424052748704694004576020083703574602.html
12. Blumberg and Eckersley 2009.
13. 次のURLを参照のこと。
http://www.darpa.mil/Our_Work/I2O/Programs/Detection_and_Computational_Analysis_of_Psychological_Signals_(DCAPS).aspx

付録3

1. Kahnemann 2002; Simon 1978.
2. Centola 2010; Centola and Macy 2007.
3. 遅い思考は、私たちが信じているほど優れたものではない。たとえばTetlock 2005の研究では、世界最高の専門家たちに予測を行わせているのだが、たとえ自分の専門領域に関する予測であっても、ランダムに予測したのとほとんど精度が変わらないという結果が出ている。
4. Dijksterhuis 2004.
5. Hassin et al. 2005.
6. Kahnemann 2011.
7. Lévi-Strauss 1955; Marx 1867; Smith 1937; Sartre 1943; Arrow 1987.
8. Kahneman 2002, 2011; Hassin et al. 2005; Pentland 2008; Simon 1978; Bandura 1977.

付録4

1. Dong and Pentland 2007.
2. Pan, Dong, Cebrian, Kim, Fowler, and Pentland 2012.
3. Granovetter and Soong 1983.
4. Aral et al. 2009.
5. Gomez-Rodriguez et al. 2010; Myers and Leskovec 2010.
6. Dong and Pentland 2007.
7. Lepri et al. 2009.
8. Dong and Pentland 2009.
9. Dong et al. 2012.
10. Pan, Dong, Cebrian, Kim, Fowler, and Pentland 2012.
11. Ibid.
12. Pan et al. 2011a.
13. Christakis and Fowler 2007.
14. Centola 2010.
15. Pan et al. 2011a.
16. Altshuler et al. 2012.
17. Ibid.
18. Dietz et al. 2003.
19. Hardin 1968.
20. Baumol 1972.
21. Calvó-Armengol and Jackson 2010.
22. Baumol 1972; Slemrod 1990.
23. Nowak 2006.
24. Coase 1960.
25. Mani, Rahwan, and,Pentland 2013.
26. Calvó-Armengol and Jackson 2010.

参考文献

Acemoglu, D., V. Carvalho, A. Ozdaglar, and A. Tahbaz-Salehi. 2012. "The Network Origins of Aggregate Fluctuations." *Econometrica* 80 (5): 1977–2016.

Adjodah, D., and A. Pentland. 2013. "Understanding Social Influence Using Network Analysis and Machine Learning." *NetSci Conference*, Copenhagen, Denmark, June 5–6.

Aharony, N., W. Pan, I. Cory, I. Khayal, and A. Pentland. 2011. "Social fMRI: Investigating and Shaping Social Mechanisms in the Real World." *Pervasive and Mobile Computing* 7, no. 6 (December): 643–59.

Allen, T. 2003. *Managing the Flow of Technology: Technology Transfer and the Dissemination of Technological Information Within the R&D Organization.* Cambridge, MA: MIT Press.（邦訳は『知的創造の現場―プロジェクトハウスが組織と人を変革する』トーマス・J・アレン／グンター・W・ヘン著、糀谷利雄／冨樫経廣訳、ダイヤモンド社）

Altshuler, Y., W. Pan, and A. Pentland. 2012. "Trends Prediction Using Social Diffusion Models." In *Social Computing, Behavioral-Cultural Modeling and Prediction.* Lecture Notes in Computer Science series. 7227 Berlin, Heidelberg: Springer. 97–104.

Amabile, T. M., R. Conti, H. Coon, J. Lazenby, and M. Herron. 1996. "Assessing the Work Environment for Creativity." *Academy of Management Journal* 39 (5): 1154–84.

Ancona, D., H. Bresman, and K. Kaeufer. 2002. "The Comparative Advantage of X-teams." *MIT Sloan Management Review* 43, no. 3 (Spring): 33–40.

Anghel, M., Z. Toroczkai, K. Bassler, and G. Korniss. 2004. "Competition in Social Networks: Emergence of a Scale-Free Leadership Structure and Collective Efficiency." *Physical Review Letters* 92 (5): 058701.

Anselin, L., A. Varga, and Z. Acs. 1997. "Local Geographic Spillovers Between University Research and High Technology Innovations." *Journal of Urban Economics* 42 (3): 422–48.

Aral, S., L. Muchnik, and A. Sundararajan. 2009. "Distinguishing Influence-Based Contagion from Homophily-Driven Diffusion in Dynamic Networks." *Proceedings of the National Academy of Sciences* 106 (51): 21544–49.

Arbesman, S., J. Kleinberg, and S. Strogatz. 2009. "Superlinear Scaling for Innovation in Cities." *Physical Review E* 79 (1): 16115.

Arrow, K. J. 1987. "Economic Theory and the Hypothesis of Rationality." In *The New Palgrave: Utility and Probability,* ed. J. Eatwell, M. Milgate, and P. Newman. New York: W.W. Norton (1990), 25–37.

Audretsch, D., and M. Feldman. 1996. "R&D Spillovers and the Geography of Innovation and Production." *The American Economic Review* 86 (3): 630–40.

Bandura, A. 1977. *Social Learning Theory.* Englewood Cliffs, NJ: Prentice-Hall.（邦訳は『社会的学習理論―人間理解と教育の基礎』A・バンデュラ著、原野広太郎監訳、金子書房）

Barabási, A.-L. 2002. *Linked: The New Science of Networks.* Cambridge, MA: Perseus

Publishing.(邦訳は『新ネットワーク思考―世界のしくみを読み解く』アルバート=ラズロ・バラバシ著、青木薫訳、NHK出版)

Barker, R. 1968. *Ecological Psychology: Concepts and Methods for Studying the Environment of Human Behavior.* Palo Alto, CA: Stanford University Press.

Barsade, S. 2002. "The Ripple Effect: Emotional Contagion and Its Influence on Group Behavior." *Administrative Science Quarterly* 47 (4): 644–75.

Baumol, W. J. 1972. "On Taxation and the Control of Externalities." *The American Economic Review* 62 (3): 307–22.

Beahm, George, ed. 2011. *I Steve: Steve Jobs in His Own Words.* Chicago, Agate B2.

Becker, G., E. Glaeser, and K. Murphy. 1999. "Population and Economic Growth." *The American Economic Review* 89 (2): 145–49.

Berlingerio, M., F. Calabrese, G. Di Lorenzo, R. Nair, F. Pinelli, and M. L. Sbodio. 2013. "AllAboard: A System for Exploring Urban Mobility and Optimizing Public Transport Using Cellphone Data." See www.d4d.orange.com/home.

Bettencourt, L., J. Lobo, D. Helbing, C. Kuhnert, and G. West. 2007. "Growth, Innovation, Scaling, and the Pace of Life in Cities." *Proceedings of the National Academy of Sciences* 104 (17): 7301–6.

Bettencourt, L., and G. West. 2010. "A Unified Theory of Urban Living." *Nature* 467 (October 21): 912–13.

Blumberg, A., and P. Eckersley. 2009. "On Locational Privacy and How to Avoid Losing It Forever." San Francisco: Electronic Frontier Foundation. See https://www.eff.org/wp/ locational-privacy.

Boinski, S., and A. F. Campbell. 1995. "Use of Trill Vocalizations to Coordinate Troop Movement Among White-Faced Capuchins: A Second Field Test." *Behaviour* 132 (11–12): 875–901.

Bouchaud, J. P., and M. Mezard. 2000. "Wealth Condensation in a Simple Model of Economy." *Physica A: Statistical Mechanics and Its Applications* 282 (3): 536–45.

Brennan, T., and A. Lo. 2011. "The Origin of Behavior." *Quarterly Journal of Finance* 1 (1): 55–108. See http://ssrn.com/abstract=1506264.

Breza, E. 2012. Essays on Strategic Social Interactions: Evidence from Microfinance and Laboratory Experiments in the Field. PhD thesis. Economics Department, MIT.

Buchanan, M. 2007. *The Social Atom: Why the Rich Get Richer, Cheaters Get Caught, and Your Neighbor Usually Looks Like You.* New York: Bloomsbury.(邦訳は『人は原子、世界は物理法則で動く―社会物理学で読み解く人間行動』マーク・ブキャナン著、阪本芳久訳、白揚社)

———. 2009. "Secret Signals". *Nature* 457 (January 29): 528–30.

Bucicovschi, O., R. W. Douglass, D. A. Meyer, M. Ram, D. Rideout, and D. Song. 2013. "Analyzing Social Divisions Using Cell Phone Data." See http://www.d4d.orange.com/ home.

Burt, R. 1992. *Structural Holes: The Social Structure of Competition.* Cambridge, MA: Harvard University Press.

———. 2004. "Structural Holes and Good Ideas." *American Journal of Sociology,* 110 (2): 349–99.

Butler, D. 2007. "Data Sharing Threatens Privacy." *Nature* 449 (October 11): 644–45.

Calabrese, F., D. Dahlem, A. Gerber, D. Paul, X. Chen, J. Rowland, C. Rath, and C. Ratti. 2011. "The Connected States Of America: Quantifying Social Radii of Influence." In *Privacy, Security, Risk and Trust (PASSAT), 2011 IEEE Third International Conference and 2011 IEEE Third International Conference on Social Computing (SocialCom)*: 223–30.

Calvó-Armengol, A., and M. Jackson. 2010. "Peer Pressure." *Journal of the European Economic Association* 8 (1): 62–89.

Castellano, C., S. Fortunato, and V. Loreto. 2009. "Statistical Physics of Social Dynamics." *Reviews of Modern Physics* 81 (2): 591–646.

Cebrian, M., M. Lahiri, N. Oliver, and A. Pentland. 2010. "Measuring the Collective Potential of Populations from Dynamic Social Interaction Data." *Journal of Selected Topics in Signal Processing* 4 (4): 677–86.

Centola, D. 2010. "The Spread of Behavior in an Online Social Network Experiment." *Science* 329, no. 5996 (September 3): 1194–97.

Centola, D., and M. Macy. 2007. "Complex Contagions and the Weakness of Long Ties." *The American Journal of Sociology* 113 (3): 702–34.

Chen, K. Y., L. Fine, and B. Huberman. 2003. "Predicting the Future." *Information Systems Frontiers* 5 (1): 47-61.

———. 2004. "Eliminating Public Knowledge Biases in Information-Aggregation Mechanisms." *Management Science* 50 (7): 983–94.

Choudhury, T., and A. Pentland. 2003. "Sensing and Modeling Human Networks Using the Sociometer." In *Proceedings of the 7th IEEE International Symposium on Wearable Computers*: 215–22.

———. 2004. "Characterizing Social Networks Using the Sociometer." In *Proceedings of the North American Association of Computational Social and Organizational Science*, Pittsburgh, Pennsylvania, June 10–12. See http://www.cs.dartmouth.edu/~tanzeem/pubs/ Choudhury_CASOS.pdf.

Christakis, N., and J. Fowler. 2007. "The Spread of Obesity in a Large Social Network over 32 Years." *New England Journal of Medicine* 357 (July 26): 370–79.

Clydesdale, T. 1997. "Family Behaviors Among Early US Baby Boomers: Exploring the Effects of Religion and Income Change, 1965–1982." *Social Forces* 76 (2): 605–35.

Coase, R. 1960. "The Problem of Social Cost." *Journal of Law and Economics* 3: 1–44.

Cohen, E. E., R. Ejsmond-Frey, N. Knight, and R. Dunbar. 2010. "Rowers' High: Behavioural Synchrony Is Correlated with Elevated Pain Thresholds." *Biology Letters* 6, no. 2 (February 23): 106–8; doi: 10.1098/rsbl.2009.0670. Epub 2009 Sep 15.

Conradt, L., and T. Roper. 2005. "Consensus Decision Making in Animals." *Trends in Ecology and Evolution* 20 (8): 449–56.

Couzin, I. 2007. "Collective Minds." *Nature* 445 (February 15): 715.

———. 2009. "Collective Cognition in Animal Groups." *Trends in Cognitive Sciences* 13 (1): 36–43.

Couzin, I., J. Krause, N. Franks, and S. Levin. 2005. "Effective Leadership and DecisionMaking in Animal Groups on the Move." *Nature* 433 (February 3): 513–16.

Crane, P., and A. Kinzig. 2005. "Nature in the Metropolis." *Science* 308, no. 5726 (May 27): 1225.

Curhan, J., and A. Pentland. 2007. "Thin Slices of Negotiation: Predicting Outcomes from Conversational Dynamics Within the First Five Minutes." *Journal of Applied Psychology* 92 (3): 802–11.

Dall, S. R. X., L. A. Giraldeau, O. Olsson, J. M. McNamara, and D. W. Stephens. 2005. "Information and Its Use by Animals in Evolutionary Ecology." *Trends in Ecology and Evolution* 20 (4): 187–93; doi:10.1016/j.tree.2005.01.010.

Danchin, E., L. A. Giraldeau, T. J. Valone, and R. H. Wagner. 2004. "Public Information: From Nosy Neighbors to Cultural Evolution." *Science* 305, no. 5683 (July 23): 487–91; doi:10.1126/science.1098254.

Dawber, T. 1980. *The Framingham Study: The Epidemiology of Atherosclerotic Disease.* Cambridge, MA: Harvard University Press.

De Montjoye, Y., C. Finn, and A. Pentland. 2013. "Building Thriving Networks: Synchronization in Human-Driven Systems." *ChASM: 2013 Computational Approaches to Social Modeling,* Barcelona, Spain (June 5–7).

De Montjoye, Y., S. Wang, and A. Pentland. 2012. "On the Trusted Use of Large-Scale Personal Data." *IEEE Data Engineering* 35 (4): 5–8.

De Soto, H., and F. Cheneval. 2006. *Swiss Human Rights Book, Volume 1: Realizing Property Rights.* Switzerland: Rüffer&Rub.

Dietz, T., E. Ostrom, and P. Stern. 2003. "The Struggle to Govern the Commons." *Science* 302, no. 5652 (December 12): 1907–12.

Dijksterhuis, A. 2004. "Think Different: The Merits of Unconscious Thought in Preference, Development and Decision Making." *Journal of Personality and Social Psychology* 87 (5): 586–98.

Dong, W., K. Heller, and A. Pentland. 2012. "Modeling Infection with Multi-Agent Dynamics." In *Social Computing, Behavioral-Cultural Modeling and Prediction.* Lecture Notes in Computer Science series. 7227. Berlin, Heidelberg: Springer. 172–79.

Dong, W., T. Kim, and A. Pentland. 2009. "A Quantitative Analysis of the Collective Creativity in Playing 20-Questions Games." In *Proceedings of the Seventh ACM Conference on Creativity and Cognition* (October 27–30): 365–66.

Dong, W., B. Lepri, A. Cappelletti, A. Pentland, F. Pianesi, and M. Zancanaro. 2007. "Using the Influence Model to Recognize Functional Roles in Meetings." In *Proceedings of the Ninth International Conference on Multimodal Interfaces* (November 12–15): 271–78.

Dong, W., and A. Pentland. 2007. "Modeling Influence Between Experts." In *Artificial Intelligence for Human Computing.* Lecture notes in Computer Science. 4451. Berlin: Springer-Verlag. 170–89. See http://link.springer.com/chapter/10.1007/978-3-540-72348 -6_9#page-

1.
———. 2009. "A Network Analysis of Road Traffic with Vehicle Tracking Data." In *Proceedings: AAAI Spring Symposium: Human Behavior Modeling.* 7–12.

Dunbar, R. 1992. "Neocortex Size As a Constraint on Group Size in Primates." *Journal of Human Evolution* 20 (6): 469–93.

Eagle, N., M. Macy, and R. Claxton. 2010. "Network Diversity and Economic Development." *Science* 328, no. 5981 (May 21): 1029–31. See http://www.sciencemag.org/content/328/5981/1029.full.pdf.

Eagle, N., and A. Pentland. 2006. "Reality Mining: Sensing Complex Social Systems." *Personal and Ubiquitous Computing* 10 (4): 255–68.

———. 2009. "Eigenbehaviors: Identifying Structure in Routine." *Behavioral Ecology and Sociobiology* 63 (7): 1057–66.

Expert, P., T. Evans, V. Blondel, and R. Lambiotte. 2011. "Uncovering Space-Independent Communities in Spatial Networks." *Proceedings of the National Academy of Sciences* 108 (19): 7663–68.

Farrell, S. 2011. "Social Influence Benefits the Wisdom of Individuals in the Crowd." *Proceedings of the National Academy of Sciences* 108 (36): E625.

Fehr, E. and S. Gachter. 2002. "Altruistic Punishment in Humans." *Nature* 415 (January 10): 137–40.

Florida, R. 2002. *The Rise of the Creative Class and How It's Transforming Work, Leisure, Community, and Everyday Life.* New York: Basic Books.

———. 2005. *Cities and the Creative Class.* New York: Routledge.（邦訳は『クリエイティブ都市経済論—地域活性化の条件』リチャード・フロリダ著、小長谷一之訳、日本評論社）

———. 2007. *The Flight of The Creative Class: The New Global Competition for Talent.* New York: HarperCollins.（邦訳は『クリエイティブ・クラスの世紀—新時代の国、都市、人材の条件』リチャード・フロリダ著、井口典夫訳、ダイヤモンド社）

Frijters, P., J. Haisken-DeNew, and M. Shields. 2004. "Money Does Matter! Evidence from Increasing Real Income and Life Satisfaction in East Germany Following Reunification." *American Economic Review* 94 (3): 730–40.

Fudenberg D., D. G. Rand, and A. Dreber. 2012. "Slow to Anger and Fast to Forgive: Cooperation in an Uncertain World." *American Economic Review* 102 (2): 720–49. See http://dx.doi.org/10.1257/aer.102.2.720.

Fujita, M., P. Krugman, and A. Venables. 1999. *The Spatial Economy: Cities, Regions, and International Trade.* Cambridge, MA: MIT Press.

Glaeser, E., J. Kolko, and A. Saiz. 2000. Technical report. Cambridge, MA: National Bureau of Economic Research.

Glinton, R., P. Scerri, and K. Sycara. 2010. "Exploiting Scale Invariant Dynamics for Efficient Information Propagation in Large Teams." In *Proceedings of the Ninth International Conference on Autonomous Agents and Multiagent Systems* in Toronto, Canada. Richland, SC: International Foundation for Autonomous Agents and Multiagent Systems. May 10–14.

Gneezy, U., S. Meier, and P. Rey-Biel. 2011. "When and Why Incentives (Don't)

Work to Modify Behavior." *Journal of Economic Perspectives* 25 (4): 191–209.

Gomez-Rodriguez, M., J. Leskovec, and A. Krause. 2010. "Inferring Networks of Diffusion and Influence." In *Proceedings of the 16th ACM SIGKDD International Conference on Knowledge Discovery and Data Mining.* New York: *ACM:* 1019–28.

Gonzalez, M. C., C. A. Hidalgo, and A.-L. Barabási. 2008. "Understanding Individual Human Mobility Patterns." *Nature* 453 (June 5): 779–82; doi:10.1038/nature06958.

Granovetter, M. 1973. "The Strength of Weak Ties." *American Journal of Sociology* 78 (6): 1360–80.

———. 2005. "The Impact of Social Structure on Economic Outcomes." *Journal of Economic Perspectives* 19 (1): 33–50.

Granovetter, M., and R. Soong. 1983. "Threshold Models of Diffusion and Collective Behavior." *Journal of Mathematical Sociology* 9 (3): 165–79.

Gray, P. 2009. "Play as a Foundation for Hunter-Gatherer Social Existence." *American Journal of Play,* 1, 476–522.

Grund, T., C. Waloszek, and D. Helbing. 2013. "How Natural Selection Can Create Both Self- and Other-Regarding Preferences, and Networked Minds." *Scientific Reports* 3, no. 1480 (March 19); doi: 10.1038/srep01480.

Hägerstrand, T. 1952. "The Propagation of Innovation Waves." *Lund Studies in Geography: Series B, Human Geography.* no. 4. Sweden: Royal University of Lund.

———. 1957. "Migration and Area: Survey of a Sample of Swedish Migration Fields and Hypothetical Considerations of Their Genesis in Migration in Sweden, A Symposium." *Lund Studies in Geography: Series B, Human Geography.* no. 13. Sweden: Royal University of Lund.

Haidt, J. 2010. "The Emotional Dog and Its Rational Tail: A Social Intuitionist Approach to Moral Judgment." *Psychology Review* 108, no. 4: 814–34.

Hardin, G. 1968. "Tragedy of the Commons." *Science* 162, no. 3859 (December 13): 1243–48.

Hassin, R., J. Uleman, and J. Bargh, eds. 2005. *The New Unconscious.* Oxford Series in Social Cognition and Social Neuroscience. New York: Oxford University Press.

Helbing, D., W. Yu and H. Rauhut. 2011. "Self-organization and Emergence in Social Systems: Modeling the Coevolution of Social Environments and Cooperative Behavior." *Journal of Mathematical Sociology* 35 (1–3): 177–208.

Henrich, J., S. Heine, and A. Norenzayan. 2010. "The Weirdest People in the World?" *Behavioral and Brain Sciences* 33 (2–3): 61–83.

Hidalgo, C., B. Klinger, A.-L. Barabási, and R. Hausmann. 2007. "The Product Space Conditions the Development of Nations." *Science* 317, no. 5837 (July 27): 482–87.

Hidalgo, C. A., and C. Rodriguez-Sickert. 2008. "The Dynamics of a Mobile Phone Network." *Physica A: Statistical Mechanics and Its Applications* 387 (12): 3017–24; doi:10.1016/j.physa.2008.01.073.

Hong, L., and S. E. Page. 2004. "Groups of

Diverse Problem Solvers Can Outperform Groups of High-Ability Problem Solvers." *Proceedings of the National Academy of Sciences* 101 (46): 16385–89; doi:10.1073/pnas.0403723101.

Iacoboni, M., and J. C. Mazziotta. 2007. "Mirror Neuron System: Basic Findings and Clinical Applications." *Annals of Neurology* 62 (3): 213–18.

Jacobs, J. 1961. *The Death and Life of Great American Cities.* New York: Random House.（邦訳は『アメリカ大都市の死と生』ジェイン・ジェイコブズ著、山形浩生訳、鹿島出版会）

Jaffe, A., M. Trajtenberg, and R. Henderson. 1993. "Geographic Localization of Knowledge Spillovers as Evidenced by Patent Citations." *Quarterly Journal of Economics* 108 (3): 577–98.

Kahneman, D. 2002. "Maps of Bounded Rationality," Nobel Prize Lecture. See http://www .nobelprize.org/nobel_prizes/economics/laure ates/2002/kahneman-lecture.html.

———. 2011. *Thinking, Fast and Slow.* New York: Farrar, Straus and Giroux.（邦訳は『ファスト&スロー——あなたの意思はどのように決まるのか?』ダニエル・カーネマン著、村井章子訳、早川書房）

Kandel, E., and E. Lazear. 1992. "Peer Pressure and Partnerships." *Journal of Political Economy* 100 (4): 801–17.

Kelly, R. 1999. "How to Be a Star Engineer." *IEEE Spectrum* 36 (10): 51–58.

Kim, T. 2011. "Enhancing Distributed Collaboration Using Sociometric Feedback." PhD thesis, MIT.

Kim, T., A. Chang, L. Holland, and A. Pentland. 2008. Meeting Mediator: Enhancing Group Collaboration Using Sociometric Feedback." In *Proceedings of the 2008 ACM Conference on Computer Supported Cooperative Work.* New York: ACM: 457–66.

Kim, T., P. Hinds, and A. Pentland. 2011. "Awareness as an Antidote to Distance: Making Distributed Groups Cooperative and Consistent." In *Proceedings of the 2012 ACM Conference on Computer Supported Cooperative Work.* New York: ACM: 1237–46.

King, A. J., L. Cheng, S. D. Starke, and J. P. Myatt. 2012. "Is the True 'Wisdom of the Crowd' to Copy Successful Individuals?" *Biology Letters* 8, no. 2 (April 23): 197–200.

Kleinberg, J. 2013. "Analysis of Large-Scale Social and Information Networks." *Philosophical Transactions of the Royal Society* 371, no. 1987 (March): 20120378.

Krackhardt, D., and J. Hanson. 1993. "Informal Networks: The Company Behind the Chart." *Harvard Business Review* 71, no. 4 (July/August): 104–11.

Krause, S., R. James, J. J. Faria, G. D. Ruxton, and J. Krause. 2011. "Swarm Intelligence in Humans: Diversity Trumps Ability." *Animal Behaviour* 81 (5): 941–48; doi:10.1016/ j. anbehav.2010.12.018.

Krugman, P. 1993. "On the Number and Location of Cities." *European Economic Review* 37 (2–3): 293–98.

Krumme, C. 2012. How Predictable: Modeling Rates of Change in Individuals and Populations. PhD thesis, MIT.

Krumme, C., M. Cebrian, G. Pickard, and A. Pentland. 2012. "Quantifying Social Influence in an Online Cultural

Market." *PLoS ONE* 7 (5): e33785; doi:10.1371/journal.pone.0033785.

Krumme, C., A. Llorente, M. Cebrian, A. Pentland, and E. Moro. 2013. "The Predictability of Consumer Visitation Patterns." *Scientific Reports* 3, no. 1645 (April 18); doi:10.1038/srep01645.

Lazer, D., and A. Friedman. 2007. "The Network Structure of Exploration and Exploitation." *Administrative Science Quarterly* 52 (4): 667–94.

Lazer, D., A. Pentland, L. Adamic, S. Aral, A.-L. Barabási, D. Brewer, N. Christakis, N. Contractor, J. Fowler, M. Gutmann, T. Jebara, G. King, M. Macy, D. Roy, and M. Van Alstyne. 2009. "Life in the Network: The Coming Age of Computational Social Science." *Science* 323, no. 5915 (February 6): 721–23.

Lee, R. B. 1988. "Reflections on Primitive Communism." In *Hunters and Gatherers, Vol. 1* ed. T. Ingold, D. Riches, and J. Woodburn, 252–68. Oxford, UK: Berg Publishers.

Lepri, B., A. Mani, A. Pentland, and F. Pianesi. 2009. "Honest Signals in the Recognition of Functional Relational Roles in Meetings." In *Proceedings of AAAI Spring Symposium on Behavior Modeling.* Stanford, CA.

Leskovec, J., K. Lang, A. Dasgupta, and M. Mahoney. 2009. "Community Structure in Large Networks: Natural Cluster Sizes and the Absence of Large Well-Defined Clusters." *Internet Mathematics* 6 (1): 29–123.

Lévi-Strauss, C. 1955. *Tristes Tropiques.* New York: Penguin Group (2012).(邦訳は『悲しき熱帯』レヴィ=ストロース著、川田順造訳、中央公論新社)

Liben-Nowell, D., J. Novak, R. Kumar, P. Raghavan, and A. Tomkins. 2005. "Geographic Routing in Social Networks." *Proceedings of the National Academy of Sciences* 102 (33): 11623–28.

Lim, M., R. Metzler, and Y. Bar-Yam. 2007. "Global Pattern Formation and Ethnic/Cultural Violence." *Science* 317, no. 5844 (September 14): 1540–44; doi: 10.1126/science.1142734.

Lima, A., M. De Domenico, V. Pejovic, and M. Musolesi. 2013. "Exploiting Cellular Data for Disease Containment and Information Campaign Strategies in Country-Wide Epidemics." See http://www.d4d.orange.com/home.

Lorenz, J., H. Rauhut, F. Schweitzer, and D. Helbing. 2011. "How Social Influence Can Undermine the Wisdom of Crowd Effect." *Proceedings of the National Academy of Sciences* 108 (22): 9020–25; doi:10.1073/pnas.1008636108.

Macy, M., and R. Willer. 2002. "From Factors to Actors: Computational Sociology and AgentBased Modeling." *Annual Review of Sociology* 28: 143–66.

Madan, A., M. Cebrian, D. Lazer, and A. Pentland. 2010. "Social Sensing for Epidemiological Behavior Change." In *Proceedings of the 12th ACM International Conference on Ubiquitous Computing.* Ubicomp'10. Copenhagen: Denmark: ACM: 291–300; doi:10.1145/1864349.1864394.

Madan, A., M. Cebrian, S. Moturu, K. Farrahi, and A. Pentland. 2012. "Sensing the 'Health State' of a Community." *IEEE Pervasive Computing* 11, no. 4 (October–December): 36–45.

Madan, A., K. Farrahi, D. G. Perez, and A.

Pentland. 2011. "Pervasive Sensing to Model Political Opinions in Face-to-Face Networks." Lecture Notes in Computer Science. *Pervasive Computing*. 6696: 214–31.

Mani, A., C. M. Loock, I. Rahwan, and A. Pentland. 2013. "Fostering Peer Interaction to Save Energy." 2013 Behavior, Energy, and Climate Change Conference. Sacramento, CA. November 17.

Mani, A., C. M. Loock, I. Rahwan, T. Staake, E. Fleisch, and A. Pentland. 2012. "Fostering Peer Interaction to Save Energy." *International Conference on Information Systems (ICIS)*, Orlando, Florida, December 15–19.

Mani, A., A. Pentland, and A. Ozdalgar. 2010. "Existence of Stable Exclusive Bilateral Exchanges in Networks." See http://hd.media.mit.edu/tech-reports/TR-659.pdf.

Mani, A., I. Rahwan, and A. Pentland. 2013. "Inducing Peer Pressure to Promote Cooperation. *Scientific Reports* 3, no. 1735; doi:10.1038/srep01735.

Marr, D. 1982. *Vision: A Computational Approach*. San Francisco: W. H. Freeman.

Marx, K. 1867. *Capital: Critique of Political Economy*. New York: Modern Library (1936).（邦訳は『資本論』カール・マルクス著、フリードリヒ・エンゲルス編、向坂逸郎訳、岩波書店など）

Meltzoff, A. N. 1988. "The Human Infant as *Homo Imitans*." In *Social Learning* ed. T. R. Zentall and B. G. J. Galef. Hillsdale, NJ: Lawrence Erlbaum Associates. 319–41.

Milgram, S. 1974a. "The Experience of Living in Cities." In *Crowding and Behavior* ed. C. M. Loo. New York: MSS Information Corporation. 41–54.

———. 1974b. *Obedience to Authority: An Experimental View*. New York: Harper and Row.（邦訳は『服従の心理』S・ミルグラム著、山形浩生訳、河出書房新社）

Monge P. R., and N. Contractor. 2003. *Theories of Communication Networks*. New York: Oxford University Press.

Mucha, P., T. Richardson, K. Macon, M. Porter, and J. P. Onnela. 2010. "Community Structure in Time-Dependent, Multiscale, and Multiplex Networks." *Science* 328, no. 5980 (May 14): 876–78.

Myers, S., and J. Leskovec. 2010. "On the Convexity of Latent Social Network Inference." Neural Information Processing Systems conference. Vancouver, Canada. December 8.

Nagar, Y. 2012. "What Do You Think? The Structuring of an Online Community as a Collective-Sensemaking Process." In *Proceedings of the ACM 2012 Conference on Computer Supported Cooperative Work*. New York: ACM: 393–402.

Nguyen, T., and B. K. Szymanski. 2012. "Using Location-Based Social Networks to Validate Human Mobility and Relationships Models." In *Advances in Social Networks Analysis and Mining*. IEEE/ASONAM conference. Istanbul, Turkey (August 26): 1215–21. See http:// arxiv.org/abs/1208.3653.

Nowak, M. 2006. "Five Rules for the Evolution of Cooperation." *Science* 314, no. 5805 (December 8): 1560–63; doi: 10.1126/science.1133755.

Olguín, D. O., B. Waber, T. Kim, A. Mohan, K. Ara, and A. Pentland. 2009. "Sensible Organizations: Technology and

Methodology for Automatically Measuring Organizational Behavior." *IEEE Transactions on Systems, Man, and Cybernetics, Part B: Cybernetics,* 39 (1): 43–55. See http://web.media.mit.edu/~dolguin/Sensible_Organizations.pdf.

Onnela, J. P., S. Arbesman, M. Gonzalez, A.-L. Barabási, and N. Christakis. 2011. "Geographic Constraints on Social Network Groups." *PLoS ONE* 6 (4): e16939.

Onnela, J. P., J. Saramäki, J. Hyvönen, G. Szabó, D. Lazer, K. Kaski, J. Kertész, and A.-L. Barabási. 2007. "Structure and Tie Strengths in Mobile Communication Networks." *Proceedings of the National Academy of Sciences* 104 (18): 7332–36.

Ostrom, E. 1990. *Governing the Commons: The Evolution of Institutions for Collective Action.* Cambridge, UK: Cambridge University Press.

Pan, W., N. Aharony, and A. Pentland. 2011a. "Composite Social Network for Predicting Mobile Apps Installation." In *Proceedings of the Twenty-Fifth AAAI Conference on Artificial Intelligence.* Menlo Park, CA: AAAI Press. 821–27. See http://arxiv.org/ abs/1106.0359.

———. 2011b. "Fortune Monitor or Fortune Teller: Understanding the Connection Between Interaction Patterns and Financial Status." In *Privacy, Security, Risk and Trust (PASSAT), 2011 IEEE Third International Conference on (IEEE).* Boston, MA (October 9–11): 200–7.

Pan, W., Y. Altshuler, and A. Pentland. 2012. "Decoding Social Influence and the Wisdom of the Crowd in Financial Trading Network." *Privacy, Security, Risk and Trust (PASSAT), 2012 International Conference on Social Computing,* Amsterdam, Netherlands. September 3–5; doi: 10.1109/SocialCom-PASSAT.2012.133.

Pan, W., W. Dong, M. Cebrian, T. Kim, J. Fowler, and A. Pentland. 2012. "Modeling Dynamical Influence in Human Interaction: Using Data to Make Better Inferences About Influence Within Social Systems." *Signal Processing.* 29 (2): 77–86.

Pan, W., G. Ghoshal, C. Krumme, M. Cebrian, and A. Pentland. 2013. "Urban Characteristics Attributable to Density-Driven Tie Formation." *Nature Communications* 4, no. 1961 (June 4); doi:10.1038/ncomms2961.

Papert, S., and I. Harel. 1991. "Situating Constructionism." *Constructionism.* 1–11.

Paridon, T., S. Carraher, and S. Carraher. 2006. "The Income Effect in Personal Shopping Value, Consumer Self-Confidence, and Information Sharing (Word-of-Mouth Communication) Research." *Academy of Marketing Studies* 10 (2): 107–24.

Pentland, A. 2008. *Honest Signals: How They Shape Our World.* Cambridge, MA: MIT Press.（邦訳は『正直シグナル―非言語コミュニケーションの科学』アレックス（サンディ）・ペントランド著、柴田裕之訳、安西祐一郎監訳、みすず書房）

———. 2009. "Reality Mining of Mobile Communications: Toward a New Deal on Data." In *The Global Information Technology Report 2008–2009: Mobility in a Networked World.* eds. S. Dutta and I. Mia. Geneva: World Economic Forum. 75–80. See http://www.insead.edu/ v1/gitr/wef/main/fullreport/files/Chap1/1.6.pdf.

———. 2010a. "To Signal Is Human." *American Scientist* 98 (3): 204–10.

———. 2010b. "We Can Measure the Power of Charisma." *Harvard Business Review* 88, no. 1 (January–February): 34–35.

———. 2011. "Signals and Speech." In *Twelfth Annual Conference of the International Speech Communication Association*. Florence, Italy (August 28–31).

———. 2012a. "Society's Nervous System: Building Effective Government, Energy, and Public Health Systems." *IEEE Computer* 45 (1): 31–38.

———. 2012b. "The New Science of Building Great Teams." *Harvard Business Review* 90, no. 4 (April): 60–69. See http://www.ibdcorporation.net/images/buildingteams.pdf.

———. 2012c. "Reinventing Society in the Wake of Big Data: A Conversation with Alex (Sandy) Pentland." Edge.org (August 30). See http://www.edge.org/conversation/reinventing-society-in-the-wake-of-big-data.

———. 2013a. "Strength in Numbers." To appear in *Scientific American,* October 2013.

———. 2013g. "Beyond the Echo Chamber." *Harvard Business Review*. November 2013.

Pentland, A., D. Lazer, D. Brewer, and T. Heibeck. 2009. "Improving Public Health and Medicine by Use of Reality Mining." In *Studies in Health Technology Informatics,* 149. Amsterdam, Netherlands: IOS Press. 93–102.

Pickard, G., W. Pan, I. Rahwan, M. Cebrian, R. Crane, A. Madan, and A. Pentland. 2011. "Time-Critical Social Mobilization." *Science* 334, no. 6055 (October 28): 509–12; doi: 10.1126/science.1205869.

Pink, D. 2009. *Drive: The Surprising Truth About What Motivates Us*. New York: Penguin.

Pong, S., and D. Ju. 2000. "The Effects of Change in Family Structure and Income on Dropping Out of Middle and High School." *Journal of Family Issues* 21 (2): 147–69.

Prelec, D. 2004. "A Bayesian Truth Serum for Subjective Data." *Science* 306, no. 5695 (October 15): 462–66.

Putnam, R. 1995. "Bowling Alone: America's Declining Social Capital." *Journal of Democracy* 6 (1): 65–78.

Rand, D. G., A. Dreber, T. Ellingsen, D. Fudenberg, and M. A. Nowak. 2009. "Positive Interactions Promote Public Cooperation." *Science* 325, no. 5945 (September 4): 1272–75.

Reagans, R., and E. Zuckerman. 2001. "Networks, Diversity, and Productivity: The Social Capital of Corporate R&D Teams." *Organization Science* 12 (4): 502–17.

Rendell, L., R. Boyd, D. Cownden, M. Enquist, K. Eriksson, M. W. Feldman, L. Fogarty, S. Ghirlanda, T. Lillicrap, and K. N. Laland. 2010. "Why Copy Others? Insights from the Social Learning Strategies Tournament." Science 328, no. 5975 (April 9): 208-13.

Rutherford, A., M. Cebrian, S. Dsouza, E. Moro, A. Pentland, and I. Rahwan. 2013. "Limits of Social Mobilization." *Proceedings of the National Academy of Sciences* 110 (16): 6281–86.

Saavedraa, S., K. Hagerty, and B. Uzzi. 2011. "Synchronicity, Instant Messaging, and Performance Among Financial

Traders." *Proceeding of the National Academy of Sciences* 108 (13): 5296–301.

Salamone, F. A. 1997. *The Yanomami and Their Interpreters: Fierce People or Fierce Interpreters?* Lanham, MD: University Press of America.

Salganik, M., P. Dodd, and D. Watts. 2006. "Experimental Study of Inequality and Unpredictability in an Artificial Cultural Market. Science 311, no. 5762 (February 10): 854–56.

Sartre, J.-P. 1943. *Being and Nothingness / L'étre et le néant.* New York: Philosophical Library (1956).

Schneider, M. J. 2010. *Introduction to Public Health.* Sudbury, MA: Jones and Bartlett.

Schwartz, P. 2003. "Property, Privacy, and Personal Data." *Harvard Law Review* 117: 2056.

Shmueli, E., Y. Altshuler, and A. Pentland. 2013. "Temporal Percolation in Scale-Free Networks." *International School and Conference on Network Science (NetSci).* Copenhagen, Denmark, June 5–6.

Sigmund, K., H. De Silva, A. Traulsen, and C. Hauert. 2010. "Social Learning Promotes Institutions for Governing the Commons." *Nature* 466 (August 12): 861–63.

Simon, H. 1978. "Rational Decision Making in Business Organizations," Nobel Prize in Economic Sciences lecture. See http://www.nobelprize.org/nobel_prizes/economics/laureates/1978/simon-lecture.html.

Singh, V., E. Shmueli, and A. Pentland. "Channels of Communication;" in preparation.

Slemrod, J. 1990. "Optimal Taxation and Optimal Tax Systems." *Journal of Economic Perspectives* 4 (1): 157–78.

Smith, A. 1937. *The Wealth of Nations.* New York: Modern Library, 740.

———. 2009. *Theory of Moral Sentiments.* New York: Penguin Classics.

Smith, C., A. Mashadi, and L. Capra. 2013. "Ubiquitous Sensing for Mapping Poverty in Developing Countries." See http://www.d4d.orange.com/home.

Smith, C., D. Quercia, and L. Capra. 2013. "Finger on the Pulse: Identifying Deprivation Using Transit Flow Analysis." In *Proceedings of the 2013 Conference on Computer Supported Cooperative Work.* New York: ACM: 683–92; doi: 10.1145/2441776.2441852.

Snijders, T. A. B. 2001. "The Statistical Evaluation of Social Network Dynamics." *Sociological Methodology* 31 (1): 361–95.

Stewart, K. J., and A. H. Harcourt. 1994. "Gorilla Vocalizations During Rest Periods: Signals of Impending Departure." *Behaviour* 130 (1–2): 29–40.

Sueur, C., A. King, M. Pele, and O. Petit. 2012. "Fast and Accurate Decisions as a Result of Scale-Free Network Properties in Two Primate Species." *Proceedings of the Complex System Society* (January).

Surowiecki, J. 2004. *The Wisdom of Crowds: Why the Many Are Smarter Than the Few and How Collective Wisdom Shapes Business, Economies, Societies and Nations.* London: Little Brown.（邦訳は『群衆の智慧』ジェームズ・スロウィッキー著、小髙尚子訳、角川書店）

Sweeney, L. 2002. "k-anonymity: A Model for Protecting Privacy." *International*

Journal of Uncertainty, Fuzziness and Knowledge-Based Systems 10 (05): 557–70.

Tetlock, P. E. 2005. *Expert Political Opinion: How Good Is It? How Can We Know?* Princeton, NJ: Princeton University Press.

Tett, G. "Markets Insight: Wake Up to the #Twitter Effect on Markets." *Financial Times*, April 18, 2013. See http://www.physiciansmoney digest.com/personal-finance/Wake-up-to-the -Twitter-Effect-on-Markets-FT.

Thomas, E. M. 2006. *The Old Way: A Story of the First People.* New York: Farrar, Straus and Giroux.

Tran, L., M. Cebrian, C. Krumme, and A. Pentland. 2011. "Social Distance Drives the Convergence of Preferences in an Online Music-Sharing Network." *Privacy, Security, Risk and Trust (PASSAT), 2011 IEEE Third International Conference on Social Computing.* Boston, MA, October 9–11.

Tripathi, P. 2011. Predicting Creativity in the Wild. PhD thesis, Arizona State University.

Tripathi, P., and W. Burleson. 2012. "Predicting Creativity in the Wild: Experience Sample and Sociometric Modeling of Teams." In *Proceedings of the ACM 2012 Conference on Computer Supported Cooperative Work.* Seattle, WA (February 11-15). New York: ACM: 1203–12.

Uzzi, B. 1997. "Social Structure and Competition in Interfirm Networks: The Paradox of Embeddedness." *Administrative Science Quarterly* 42 (1): 35–67.

Waber, B. 2013. *People Analytics: How Social Sensing Technology Will Transform Business and What It Tells Us About the Future of Work.* Upper Saddle River, NJ: FT Press.（邦訳は『職場の人間科学―ビッグデータで考える「理想の働き方」』ベン・ウェイバー著、千葉敏生訳、早川書房）

Watts, D. J., and P. S. Dodds. 2007. "Influentials, Networks, and Public Opinion Formation." *Journal of Consumer Research* 34 (4): 441–58.

Weber, M. 1946. "Class, Status, Party." In *From Max Weber: Essays in Sociology,* eds. H. Gerth and C. Wright Mills. Abingdon, UK: Routledge. 180–95.

Wellman, B. 2001. "Physical Place and Cyberplace: The Rise of Personalized Networking." *International Journal of Urban and Regional Research* 25 (2): 227–52.

White, H. 2002. *Markets from Networks: Socioeconomic Models of Production.* Princeton, NJ: Princeton University Press.

Wirth, L. 1938. "Urbanism as a Way of Life." *American Journal of Sociology* 98 no. 1 (July): 1–24.

Woolley, A., C. Chabris, A. Pentland, N. Hashmi, and T. Malone. 2010. "Evidence for a Collective Intelligence Factor in the Performance of Human Groups." *Science* 330, no. 6004 (October 29): 686–88. doi: 10.1126/science.1193147.

World Economic Forum. 2011. Personal data: The emergence of a new asset class. See http:// www3.weforum.org/docs/WEF_ITTC_PersonalDataNewAsset_Report_2011.pdf.

Wu, L., B. Waber, S. Aral, E. Brynjolfsson,

and A. Pentland. 2008. Mining face-to-face interaction networks using sociometric badges: Predicting productivity in an IT configuration task. Available at Social Science Research Network (SSRN) working papers series 1130251 (May 7).

Wyatt, D., T. Choudhury, J. Bilmes, and J. Kitts. 2011. "Inferring Colocation and Conversation Networks from Privacy-Sensitive Audio with Implications for Computational Social Science." *ACM Transactions on Intelligent Systems and Technology (TIST)* 2 no. 1 (January): 7.

Yamamoto, S., T. Humle, and M. Tanaka. 2013. "Basis for Cumulative Cultural Evolution in Chimpanzees: Social Learning of a More Efficient Tool-Use Technique." *PLoS ONE* 8 (1): e55768; doi:10.1371/journal.pone.0055768.

Zimbardo, P. 2007. *The Lucifer Effect: Understanding How Good People Turn Evil.* New York: Random House.

Zipf, G. K. 1946. The P1 P2 / D hypothesis: On the inter-city movement of persons. *American Sociological Review* 11, no. 6 (December): 677–86.

———. 1949. *Human Behavior and the Principle of Least Effort.* Cambridge, MA: AddisonWesley Press. See http://en.wikipedia.org/wiki/Zipf's_law.

付録4　数学

人々の交流をモデル化する

社会システムにおける影響や社会的学習、仲間からの圧力といった現象をモデル化するにはどうすれば良いのだろうか？　人々の交流がどのようなネットワークを形成しているのか、その姿が明らかになっていない状況でもモデル化は可能だろうか？　この付録の目的は、次の4点である。(1)「影響モデル」を概説する。このモデルでは個々の独立した時系列を利用して、社会システム内の特定の行為者の状態が、他の行為者の状態にどの程度の影響を与えるかを推定する。(2)このモデルが、複数の形式の社会的学習をモデル化するのに使えることを示す。(3)社会ネットワーク上における行動変化の伝播（アイデアの流れ）を予測する方法を示す。(4)このアイデアの流れを変えるために、ソーシャルネットワーク・インセンティブを活用する方法を示す。

自然科学において、影響という概念は極めて重要である。「ある存在が生み出すものが、他の存在が生み出すものの原因となる」というのが、影響の基本的な捉え方だ。最初のドミノが倒れれば、次のドミノが倒れる。この場合に、2つのドミノの間でどのようなやり取りがあったのかを把握できれば、すなわち一方のドミノがもう一方のドミノにどのような影響を与えたのかを正確に把握でき、さらにドミノの初期状態がどのようなものだったのか、2つのドミノはどのように配置されていたのかを把握できれば、システム全体が生み出す結果を予測できるだろう。

社会科学者たちはこの数十年間、社会システムにおいて誰が誰に影響を与えているのかを分析し、理解することに興味を示してきた。しかし先ほどのドミノの喩えと同様に、それは状況によって異なり、交流がどのような文脈で行われたのかによって、ある行為者が別の行為者に対してどのような効果を与えるかが変化する。さらに難しいのは、誰と誰が交流するのかは、行為者の選択によって決まるという点だ。そのために、行為者の間で行われた行動から行為者間の影響を推察しようという努力も無に帰すことになりがちだ。こうした理由から、交流ネットワークが社会的行為の拡散に対して持つ影響力を理解する手法の開発には、非常に重要な意味があるのである。

社会科学者たちはこれまで、影響の裏側にある因果関係を理解するために、グループディスカッションのようなコミュニケーション環境を研究対象としてきた。しかし最近のセンシング技術の発展（ソシオメトリック・バッヂや携帯電話など）により、いまや非常に高精度で、情報量の多い社会行動シグナルを個人から集めることが可能になった。問題は、そうしたデータをどのように使って、社会システム内の影響についてより良い推論を行うかである。

この付録ではまず、私たちが開発した「影響モデル」について解説する。この影響モデルの現行バージョンは、最初に私とウェン・ドンが彼の修士論文用に開発したものである。その後私の研究室のウェイ・パン、マニュエル・セブリアン、テミー・キムが、カリフォルニア大学サンディエゴ校の社会科学者、ジェイムズ・ファウラーと共に修正を行った[1]。この付録で使用している方程式は、パンらの論文で解説されているものである[2]。これと似た影響の定義が他の研究において使われている例としての、投票モデルを物理学のアプローチで構築したもの、カスケードのモデルを疫学のアプローチで構築したもの、態度に関する影響を心理学のアプローチで考えたもの、情報交換モデルを経済学のア

プローチで構築したものなどが挙げられる。

しかし従来の方法では、現実世界の観察を通じて行動変化の予測を行うことは、非常に難しいか不可能だった。グラノヴェッターの研究のような伝統的な伝播モデルでは、シミュレーションは実施できるものの、実際のデータを使ったり、予測を行ったりすることはできない[3]。社会科学者たちが活用してきた統計分析は、ネットワーク効果やネットワークのメカニズムを把握する場合にしか有効ではない[4]。コンピューター科学において最近行われている、ネットワーク構造を推測する研究では、伝播が単純なメカニズムで行われることを前提としており、人工的なシミュレーションデータにしか当てはめることができない[5]。

本書で紹介した様々な事例で示されているように、私たちの研究成果は、こうした問題点を克服している。もちろん私たちの影響モデルが、社会的交流の力学をモデル化する唯一の方法ではないし、社会物理学における唯一のモデルというわけでもない。しかしそれは、個々の人々が様々な属性を持つ集団や、変化する社会的関係、あるいは欠損があったりノイズが多かったりするデータを扱うことのできる、スケーラブルで効率的な手法である。また、様々な状況に当てはめることも可能なことが確かめられてもいる。

私たちの影響モデルが依拠しているのは、明快で抽象化された「影響」の定義である。その定義とは、「ある存在の状態は、それが所属するネットワークにおける近隣の存在の状態からの作用を受け、その状態に応じて変化する」というものだ。ネットワーク上の個々の存在は、それぞれ個別に定義された、他の存在に対する影響力を持つ。またそれぞれの相互の結びつきの強さも、この影響力の大きさに応じて大きくなったり小さくなったりする。

フレンズ・アンド・ファミリー研究やソーシャル・エボリューション研究など、私たちが行った研究を通じて明らかになったのは、ある特定の行

動を既に行っている仲間に接触した量が、接触した個人が同じ行動を行うようになるかどうかを予測する優れた指標になるという点である(少なくとも動作とその結果が目に見える形で表れるような行動の場合)。社会物理学が機能するのは、それが理由だ。こうした強い社会学習効果と社会的圧力効果がなければ、個人一人ひとりについて、思考パターンを詳細にモデル化しなければならないだろう。

したがって、影響モデルと「仲間の行動に接触した量」や「社会的絆の強さ」の測定を結びつけることで、ある個人が特定の行動をするようになる可能性の有効な予測を行うことができる。典型的な場合では、行動選択における変動の40パーセントがこの方法によって説明できる。つまり私たちが開発した影響予測手法は、知能指数や遺伝子構造と同じぐらい、表面に表れる行動を予測することができるのである。

この影響モデルは、非常に幅広い社会システムに応用することができるため、社会科学において他では代替できないツールになると私は考えている。また影響モデルは、ネットワーク構造が不明確な場合でも、ネットワーク内の交流のあり方や、そのダイナミクスを推察することを可能にする。必要なのは、個人を観察して、シグナルに関する情報を時系列で集めることだけだ。

観測に基づくネットワーク研究には限界があるものだが、このモデル化手法にも同じ限界がある。しかし行動が時間と社会的空間の中でどのような順番で行われたかがわかるので、選択効果や文脈効果の非一様性のような、他のメカニズムで説明できない影響のパターンも、このモデルでは把握することができる。

個人間の影響

人間の社会的交流をモデル化する「影響モデル」は、複数の

人々から成る存在（エンティティ）Cからスタートする。各存在cは独立した行為者であり、たとえばグループディスカッションの場合には、個人の人間を意味する。そうした存在の間では、ソーシャルネットワークを通じて交流が発生し、お互いに影響を与え合う。影響は、ある時点tにおける各々の存在の状態$h_t^{(c)}$と、その直前の時点$t-1$における各々の存在の状態$h_{t-1}^{(c)}$1との間にある、条件付き依存関係として定義される。したがって$h_t^{(c)}$は、他の存在すべてから影響を与えられることになる。このマルコフの仮定から導かれる重要な推測は、$t-1$より前の時点の状態から生まれたすべての影響は、$t-1$の時点のすべての情報から説明できるというものだ。これは別に、問題となる時点よりも前に起きたことが何の影響も重要性も持たない、という意味ではない。単に以前に起きた効果のすべてが、直前の時点での状態に含まれているという意味である。

各存在cには、可能性のある状態の有限集合1，……，Sが結びつけられている。ある時点tにおいて、各存在cはそうした状態のいずれかにあり、$h_t^{(c)} \in (1, \cdots\cdots, S)$と表現される。各存在が同じ可能性のある状態の集合と結びついている必要はないが、話を単純化するため、ここでは各存在の潜在的な状態空間が一般性を失わずに同一であると仮定しよう。各存在の状態は直接的には観察できない。しかし隠れマルコフモデル（HMM）では、各存在はある時点tにおいて、その時点での隠れた状態$h_t^{(c)}$に基づく確率で観測可能なシグナル$O_t^{(c)}$を放出する。その条件付き放出確率は$Prob\left(O_t^{(c)} | h_t^{(c)}\right)$と示される。

社会的影響を状態の依存関係（ある存在の状態が他の存在に何らかの影響を与える）で表すというアイデアのルーツは、統計物理学と機械学習にある。科学者たちは長い間、社会的交流の時系列データを理解し、処理するために、ベイジアンネットワークを使ってきた。初期の研究では結合隠れマルコフモデルも使われ、さらに以前の研究

では、動的システムツリーや相互作用のあるマルコフ連鎖なども活用されてきた。私たちのモデルは、ソーシャルネットワークと依存状態を簡潔に結びつけており、その意味で独自のものであると言えるだろう。

社会システムは様々な存在からなり、それらの間では交流が行われ、お互いに影響を与え合っている。社会的影響は、各存在のある時点tでの状態$h_t^{(c)}$と、その直前$t-1$の時点における他のすべての存在の状態$h_{t-1}^{(1)}$, ……, $h_{t-1}^{(C)}$との間にある、条件付き依存関係として表すことができる。したがって、$h_t^{(c)}$は他のすべての存在から影響を受けていることになる。条件付き確率は次のように表される。

$$Prob\left(h_t^{(c')}|h_{t-1}^{(1)}, \cdots\cdots, h_{t-1}^{(C)}\right) \qquad (1)$$

そしてこの条件付き確率は、生成的確率過程を表している。結合マルコフモデルを使うことで、一般的な組み合わせアプローチを用いて式(1)を同等のHMMへと変換することができる。このHMMでは、ある状態は、各々の異なる潜在的な状態の組み合わせ$h_{t-1}^{(1)}$, ……, $h_{t-1}^{(C)}$を表している。したがって、存在Cの間で交流が行われているあるシステムに対して、同等のHMMはS^Cの規模を持つ隠れた状態空間を持つ。その規模はシステム内の存在の数に応じて指数関数的に増大するため、現実のアプリケーションに利用するには許容できない。

これとは対照的に、私たちの影響モデルでは、ずっと少ない変数を用いたシンプルなアプローチを採用している。存在1, ……, Cがc'に与える影響は、次のように表される。

$$Prob\left(h_t^{(c')}|h_{t-1}^{(1)}, \cdots\cdots, h_{t-1}^{(C)}\right)$$
$$=\sum_{c=(1,\cdots\cdots,C)} R^{c',c} \times Prob\left(h_t^{(c')}|h_{t-1}^{(C)}\right) \qquad (2)$$

RはC×Cの確率行列で、存在の間にある絆の強さをモデル化している。$Prob\left(h_t^{(c')}|h_{t-1}^{(C)}\right)$は$S\times S$の確率行列$M^{c,c'}$を使うことでモデル化されているが、これは遷移確率行列として知られるもので、異なる存在の状態間の条件付き確率を示している。これは通常の場合、各存在cに対して、C個の異なる遷移行列が存在し、cとc'=1, ……, Cの間にある影響を表す。しかしこの状況は、C個の異なる行列をたった2つの$S\times S$行列F^cとE^cに置き換えることで単純化できる。$E^c=M^{c,c'}$は自己遷移を表す。また存在cの他の存在に対する影響も同様に決定されるため、$c'\neq c$であるすべての場合において、存在間の状態遷移$M^{c,c'}=F^c$が成り立つ。

方程式(2)は、「$t-1$の時点におけるすべての存在の状態が、tの時点における存在c'の状態に影響を及ぼす」と理解することができる。しかし影響の力は、個々の存在によって異なる。$R^{c',c}$は存在cのc'に対する影響力を表す。tの時点における存在c'の状態分布は、他のすべての存在からの影響を、彼らのc'に対する影響力の強さで重み付けして組み合わせたものである。Rはあらゆる2つの存在間における影響の強さを表すため、Rを「影響行列」と呼んでいる。

この方程式では、パラメーターの数は存在の数Cと潜在状態の空間規模Sに応じて、二次関数的に増加する。これによって巨大な訓練データセットが不要になり、モデルの過剰適合が発生するリスクも少なくなるため、私たちの影響モデルはより大きな社会システムにも当てはめることが可能なスケーラビリティを持つ。さらにRは必然的に、有向重み付きグラフの隣接行列として扱うことができる。このモデルによって求められる、2つのノード間に存在する影響の強さは、ソーシャルネットワーク内のつながりの重みとして扱うことができる。このように私たちのモデルでは、条件付き確率的依存関係を重み付きネットワークトポロジーと結びつけている。事実、Rの最も一般的な使い道は、社会構造の理

解だ。影響モデルのパラメーターを推定するためのMatlabコードと例題を、以下のURLで確認できる。
http://vismod.media.mit.edu/vismod/demos/influence-model/index. html

影響モデルは様々な社会科学実験に応用されてきた。特に活用されたのが、ソシオメトリック・バッヂやスマートフォンを使って被験者のモニタリングを行う実験だ[6]。会話における発言頻度や、ソーシャルネットワークにおける上下関係を把握したり、交流においてコンテクストが果たす役割を理解したりといった研究である。たとえば私は学生と共に、あるディスカッションの様子を記録したデータに影響モデルを当てはめ、参加者の役割(「追従者」や「先導者」「提供者」「探求者」など)を把握するという研究を行った[7]。そして算出された影響行列から、他の従来型のアプローチよりも正確に、役割の把握を行えることを確認した。最近では、交通のパターン[8]やインフルエンザの流行[9]など、影響モデルは様々な社会システムに応用されるようになっている。

これに加えて、影響モデルは動的変化を影響行列そのものに組み入れることができるという方法論的利点も有している[10]。

これに関連するアプローチとして、ベイジアンネットワークを使い、社会的交流に関する時系列データを分析するというものがある。たとえば結合隠れマルコフモデルや、動的システムツリー、相互作用のあるマルコフ連鎖などである。

逆問題:隠れた変数の推定…実際に研究を行っていると、多くの場合、行動を測定した時系列データしか手に入らない。そうした観察結果に基づいて、その裏側にある隠れた変数や、影響モデルのためのシステムパラメーターを把握する必要がある。私たちの研究では、期待値最大化法(EM法)を活用しているが、平均場法も使えるだろう。詳

しくはパンらの論文を参照してほしい[11]。

ディスカッション…ここまで私たちが開発した影響モデルについて説明し、それを様々な社会シグナルに当てはめ、ネットワークを構成する個人が他の個人にどのような影響を与えるかを推測できることを示してきた。特にこのモデルを活用した結果として得られる「影響行列」を使い、その裏にあるソーシャルネットワークと、観測対象となる個人の行動状態が遷移する確率プロセスとを結びつけることができる。

影響モデルには、他の機械学習モデルと同じ限界がある。たとえば推定を行うためには、十分な訓練データが必要であり、最高の結果を出すためにチューニングを行わなければならない。最大の限界は、因果関係を様々なメカニズムが影響を及ぼしている可能性のある観察データから推察しようとしているという点である。2人の行動の間に相関関係が見出されたとしよう。それは片方がもう片方に影響を与えたことが原因かもしれないし、選択バイアスのせいかもしれないし(人は自分と似た人物とつきあう傾向にある)、コンテクスト上の理由かもしれない(両者が同じ出来事から影響を受けている可能性や、データには表れていない第三者が影響を与えている可能性もある)。そうした混乱させるような状況が、当たり前のように起きている。しかし私たちは、因果関係を検証するための時系列データと、影響の方向性を検証するための、ネットワーク上の関係における非対称性に関する情報を持っている。この事実は、対称的な関係におけるスナップショットのデータしかない場合よりも(完璧ではないにせよ)因果関係について大きな自信を持てることを意味する。

複数のチャネルを通じた影響のモデル化(第3章)

私が研究で活用したような最近のスマートフォンは、内蔵されたセンサーを使い、様々なソーシャルネットワークを観測することができる。連絡先として登録されている人物や、よく近くにいる人物、移動傾向が似ている人物といった具合である。そうしたネットワークの一つひとつが、個人に新しいアイデアをもたらし、そこから社会的学習の機会が生まれるわけだ。

私たちがフレンズ・アンド・ファミリー研究やソーシャル・エボリューション研究などで行った実験の結果は、ある新しい行動を既に行っている仲間との接触量を計測することで、その人物が同じ行動をするようになる確率を予測できることを示唆している(少なくともその行動の行為と結果が目に見える状況においては)。次の問題は、影響モデルを拡張して、異なる様式の様々な影響パラメーターを扱えるようにし、複数のチャネルに接触した結果起きる行動変化を予測することだ。

博士課程の大学院生であるウェイ・パンは、私ともう一人の博士課程の大学院生であるナダフ・アーロニーと共に、より正確に行動変化を予測するためのシンプルな計算モデルを開発した。このモデルでは、携帯電話を通じて計測された、複数の異なるネットワークを統合して使用している。また行動変化における個々人の多様性や外的要因も考慮している。行動変化を予測する際に、こうした要因をすべて検証することの重要性を解説し、最終的に行動変化の予測が可能であることを示そう。この項で使用している方程式は、パンらが発表した論文から引用している[12]。

イントロダクション…私が最近行ってきた研究は、ソーシャルネットワークへの接触と体重の変化や投票行動などの個人の行動変化の間

には相関関係があることを示している[13]。ここで私たちが行おうとしているのは、影響モデルを拡張して、ネットワークに基づいた予測を可能にすることだ。スマートフォンなど様々なセンサーを通じて計測された、数多くの異なるタイプのネットワークのデータを活用して、より一般的でより正確な行動変化の予測を実現することが目的である。

行動変化をモデル化し、予測可能にする上で、既存の大規模なソーシャルネットワーク研究で使われているツール類を応用することは難しい。それには次のような理由がある。

1. ネットワークが実際にはどのような構造をしているのか、完璧に計測することはできない。この点について、私たちの研究では、最適複合ネットワークを推定するという対応を行った。つまりあるスマートフォンなどのセンサーで簡単に観測できる様々なネットワークの複数の階層を組み合わせ、行動変化を最も正確に予測することのできるネットワークを割り出すのである。1つの、特定のネットワークが、行動変化の原因となった「本当の」ソーシャルネットワークであると考えることはしなかった。
2. 行動変化には外的要因も影響する。行動変化のためのネットワーク分析では、観測対象となるネットワーク上でのやり取りだけが、行動変化を起こすメカニズムであると仮定することが多い。これはもちろん正確ではない。マスメディアや観測されないネットワークなどが存在し、それらも行動変化を引き起こすのである。私たちの研究がこの領域に対して行った主な貢献のひとつが、こうした複雑性があったとしても、有益な予測ツールを構築するのは可能であると示したことである。
3. 行動変化における個人ごとの差が非常に大きい場合には、データからはネットワーク効果が観測不可能のままのこともありうる。

たとえばある技術に対してアーリーアダプターとしての反応を示す人もいれば、レイトアダプターとしての反応を示す人もいるわけだ。

ここからは、ネットワーク内における行動変化を捉えるためのモデルについて解説する。ここからの解説において、GはグラフGの隣接行列を表す。個々のユーザーは$u \in \{1, \cdots\cdots, U\}$で表される。またそれぞれの行動は$a \in \{1, \cdots\cdots, A\}$で表される。また行動変化の状態（アプリをインストールしたか等）を示すために、二値確率変数X_u^aを定義した。$X_u^a=1$の場合、行動aがユーザーuによって採用されており、0の場合は採用されていないことを意味する。前に解説した通り、携帯電話から集められたデータによって推定することのできる様々なソーシャルネットワークは、$G^1, \cdots\cdots, G^M$で表される。私たちのモデルは、すべてのソーシャルネットワークを統合した、最も予測に役立つ最適複合ネットワークG^{opt}を推定することを目標にしている。グラフG_mにおけるリンク$e_{i,j}$の重みは$w_{i,j}^m$で表される。G^{opt}におけるリンクの重みは、単に$w_{i,j}$で表される。

このモデルにおいて基礎となる要素のひとつが、非負累積仮定である。これは他の線形混合モデルと私たちのモデルを明確に分けるものだ。私たちはG^{opt}を次のように定義した。

$$G^{\mathrm{opt}}=\sum_m \alpha_m G^m$$

ここで、$\forall m', \alpha_m \geq 0$である。

この非負累積仮定の裏側にあるのは、次のような考え方だ。もし2つのノードがある種のネットワークによって結びついている場合、彼らの行動の間には相関関係が見られるかもしれないし、見られないかもしれない。一方で、2つのノードがネットワークによって結びついていない

場合、彼らの間につながりがないことは、彼らがアプリを使うようになるという行動の間の相関関係には正の影響も負の影響も与えない。したがって、α_1, ……, α_mは、最適な複合ネットワークを表す上で、非負の重み付けとなる。さらに私たちは、ノードらに隣接するノードを$N(i)=\{j|\exists m \text{ s.t. } w^m_{i,j}\geq 0\}$と定義した場合のネットワークのポテンシャル$p_a(i)$を次のように定義した。

$$p_a(i)=\sum_{j\in N(i)} w_{i,j} x^a_j$$

ポテンシャル$p_a(i)$は、異なるネットワークにおけるポテンシャルに分解することもできる。$p_a(i)$がiのポテンシャルであり、複合ネットワーク上の人々を観察することで新しい行動が採用されることを示していると考えられる。最終的に私たちは、条件付き確率を次のように定義した。

$$Prob\left(x^a_u=1|x^a_{u'}:u'\in N(u)\right)=1-\exp(-s_u-p_a(u))$$

ここでS_uは新しい行動に対する個々のメンバーの受容性で、$\forall u$, $S_u\geq 0$である。

指数関数を使ったのには、2つの理由がある。

1. $f(x)=1-\exp(-x)$の単調凹関数としての性質が、最近行われた、社会的影響を通じた行動変化に関する研究と一致しているため。それらの研究によれば、外部のネットワークからのシグナルが増加すると、行動変化の発生率は上昇するが、上昇率は緩やかになっていくことが示された[14]。
2. モデル学習において、確率の最大値の推定を行う際に、凹最適化問題の形になるため。

依然として、ある行動の人気度など、外的要因を考慮する必要がある。ここでは仮想グラフG^pを使うことでモデル化を行った。この仮想グラフは、複合ネットワークの枠組みに簡単に組み込むことができる。G^pは各ユーザーuに対して、仮想ノード$u+1$とリンク$e_{u+1,u}$を追加することで構築されている。それに付随する各リンクの重み$w_{u+1,u}$は、行動の人気度を示す正数である。

こうした外的要因を組み込むことは、ネットワーク効果を測定する上でも重要な意味を持つ。たとえば2つのノードが1つのリンクで結ばれているネットワークがあり、各ノードが何らかの共通する行動をしているとしよう。仮にこの行動が非常に有名なものであるなら、2つのノードが同じ行動を取っているという事実は、ネットワーク効果の存在を示すとは限らない。逆にこの行動がまったく知られていないものであれば、2つのノードが同じ行動を取っている事実は、強いネットワーク効果の存在を示すことになるだろう。したがって外的要因を考慮することで、私たちのアルゴリズムの測定精度を上げることができる。

モデル学習…モデル学習フェーズでは、α_1, ……, α_mとs_1, ……, s_uの最適値を推定する。私たちはこれを、すべての条件付き確率の合計値を最大化することで、最適化問題として形式化した。これは凹最適化問題である。したがって、大域的最適が保証されており、より大きなデータセットにも適応できるスケーラビリティを持つ、効率的なアルゴリズムが存在する。

実験結果…携帯電話のあるアプリの普及率を予測するといった実験において、このモデルは人口統計を使ったベイズ法に基づく推定値よりも、約5倍の精度でアプリの普及率を予測することができた[15]。改めて

強調しておきたいのは、私たちのアルゴリズムはネットワーク効果における因果関係の問題を解き明かすものではないということだ。つまりなぜネットワーク上の隣人が同じような行動を取るのかについて、何らかの理由を見出そうとするものではないという点である。それはアイデアの拡散(隣人が教えてくれた)かもしれないし、ホモフィリー(隣人が同じ興味や性格を有している)かもしれないし、あるいは両者が共有する第3の理由があるのかもしれない。

ソーシャルネットワークにおける流行予測(第2章)

ソーシャルネットワーク内で様々なアイデアへの接触が観測できる場合、ある個人が新しい行動をするようになる確率や、それがより多くの人々に伝播する確率を計算できるようになる。この確率こそ私が「アイデアの流れ」と名付けたもの、すなわちネットワーク内における新しいアイデアの伝播である。

そうしたアイデアの流れにおける流行を予測することは難しいが、その主な理由のひとつは、「近い将来に普遍的に見られるようになるトレンド」の伝播の第1フェーズは、他の種類のパターンと極めてよく似ているという点である。言い換えれば、仮にソーシャルネットワーク内でいくつかの行動変化が観測された場合、そのどれが大きなトレンドとなり、どれが消えてしまうかを予想するのは非常に困難なのである。

博士研究員のヤニフ・アルトシュラーはこの問題に対処するため、私とウェイ・パンと共に、前述の複合影響モデルのフレームワークを使って、流行の伝播に関する予測モデルを構築した[16]。私たちはコミュニティ、あるいはソーシャルネットワークを、U(コミュニティの構成員)とW(彼らの間の社会的つながり)から構成されるグラフGとしてモデル化した。またネットワークの規模、すなわち$|U|$をnで表した。このネット

ワークにおいて私たちが興味を持っているのは、観測された変則的なパターンαの将来を予測することだ。αはグルーポンのような新しいウェブサービスの利用者増や、「99パーセント」運動[上位1%の富裕層の所有する資産が増加し続けていることに抗議する運動]と自分とを結びつけるような選択行動など、様々な現象を表している。

トレンドへの接触は推移的なものであることに注意してほしい。つまりあるトレンドに接触したユーザーは「接触エージェント」を生成し、このエージェントはさらにソーシャルネットワーク上の友人たちへと次々に伝播してユーザーをトレンドに接触させていくことができるのである。そこで私たちは、交流を通じてトレンドへの接触が伝播していく様を、ネットワーク内におけるランダムウォーク・エージェントの動きとしてモデル化した。あるトレンドαに接触したユーザーは、平均してβ個のエージェントを生成する。

ここでは私たちのネットワークが、$G(n, c, \gamma)$というスケールフリーのネットワークである(あるいはこのネットワークで近似される)と仮定した。つまりn人のユーザーによって構成されるネットワークであり、ユーザーuがd人の近隣ユーザーを持つ確率$P(d)$は、次のべき法則に従う。

$$P(d) \sim c \cdot d^{-\gamma}$$

このモデルは、本書に登場するほぼすべてのソーシャルネットワークに対して正確に当てはまることが証明されている。面白いことに、べき法則分布が見られないと考えられていたネットワーク(通話のネットワークなど)の一部も、比較的固定された外因性成分と、付加べき法則成分を使うことでモデル化できた。最近行われた研究で、社会的なつながりの上を影響が伝わっていく過程が検証されている。前述の複合影響モデルを使い、ネットワーク内のあるユーザーが、友人が導入した

あるアプリに接触した後で、そのアプリを導入するかどうかの確率が検証されたのである。あるユーザーをuとした場合、この行動は次のようにモデル化される。

$$P_{Local\text{-}Adopt}(\alpha, u, t, \Delta t)=1-\exp\{-(s_u+p_a(u))\}$$

S_uと$W_{u,v}$の値を取得するための定義と方法は、さきほど行動変化の項で解説したものと一緒だ。$u \in U$であるすべてのメンバーについて、対象となっているのがどのような行動か(あるいはトレンドか)にかかわらず、$S_u \geq 0$はこのメンバーの受容性を示す。$P_a(u)$はトレンドαに関してユーザーuが持つネットワーク・ポテンシャルを示し、ユーザーuが彼と彼の持つトレンドαに接触してくる友人たちに対して持つ、ネットワーク非依存の社会的重みの合計として定義される。両方の性質がトレンドには非依存であることに注意してほしい。しかしS_uが各ユーザーについて評価され、ネットワーク非依存である一方で、$P_a(u)$はネットワーク依存の情報に寄与しており、私たちがキャンペーンの最初で対象にするべきネットワーク内のユーザーを特定するために使うことができる。$P_{Local\text{-}Adopt}$からは、私が「アイデアの流れ」と名付けたP_{Trend}を算出することができる[17]。私たちは開発したモデルの正確性と予測力を、複数の広範囲に及ぶデータセットを基に証明した。たとえば若い家族が構成する小さなコミュニティの社会的側面を捉えた「フレンズ・アンド・ファミリー研究」のデータセットや、ソーシャルトレードのコミュニティ160万人分の金融取引データを扱った「イートロ研究」のデータセットなどである。同じフレームワークは、企業内や都市全体におけるアイデアの流れのモデル化や、次の項で説明する、アイデアの流れと生産性、GDPとの関連づけを行うためにも使われている。

企業と都市におけるアイデアの流れ(第6章・第9章)

ソシオメトリック・バッヂを使えば、企業内の交流を測定できるし、さらに携帯電話を使えば、都市における社会的なつながりの密度に関するモデルを構築することもできる。また様々な行動伝播(アプリの普及や購買に関するパターンなど)から得られたパラメーターをこうしたネットワークのトポロジーと組み合わせることで、特定のソーシャルネットワークにおけるアイデアの流れをモデル化することができる。そして新しいアイデアが新しい行動として定着し、ネットワーク内で伝播していく過程をシミュレーションできるのである。

このシミュレーションを実現するためには、第3章と付録3で解説した「速い思考と遅い思考」という思考回路を思い出す必要がある。この2つがあることで、学習のあり方にも2つの種類が存在する。

遅い思考の場合、たった1回新しいアイデアや新しい情報に触れただけでも、行動を変えるのに十分な場合が多い。たとえば新しい事実(「あの道は建設中だ」)や、噂話(「彼女が何をしたって!?」)の伝播などである。これと同じモデルになるのが、典型的な感染症の流行である。人々の間に広まりやすいアイデアは、ちょうど感染症のように、社会的絆を通じて拡散していくのである。これはソーシャルネットワークの影響モデルにおける状態遷移の連鎖という形でシミュレーションすることができる。

しかし私たちの行動の大部分が、速い思考によって引き起こされることがわかっている。この場合、シンプルな感染型モデルでは多くの習慣変化を正しく捉えることができない。速い思考では通常、何らかの新しい行動を自分でもやってみようと思うようになる前に、その行動を別の人が行って成功しているという「お手本」に何度か接する必要がある。こうした速い思考による習慣獲得過程をより良く表現できるのは、2番目

の複雑感染モデルである。

それこそまさに、第3章で解説した新しいSNS技術や新しいアプリの普及に関する研究であり、他人との接触がいかに食習慣や政治観の変化をもたらすかといった事例もこの範疇に含まれる。それはソーシャルネットワークの影響モデルにおける、状態遷移のカスケードという形でシミュレーションできるが、ネットワークパラメーターはこのより保守的なアイデア拡散に合致するよう設定される。

したがって、情報およびアイデアの流れが社会的絆を伝わることと、行動の変化を結びつけるには、速い思考と遅い思考の両方を考慮しなければならない。数学的には、これは2つの異なる影響モデルを検証する必要があることを意味する。1つのバージョンでは、アイデアへの接触がたった1回でも行動変化が起きるという、単純感染モデルの前提に立つ。そしてもう1つのバージョンでは、新しい行動が行われるようになるには同じアイデアに複数回接触しなければならないという、複雑感染モデルの前提に立つ。

2つのモデルでは、P_{Trend}(あるアイデアがコミュニティで普及する確率を予測する、アイデアの流れの尺度)の値が異なる。しかし2つのモデルの実質的な違いは、1つしかない。行動変化が起きるために必要な、短い期間内に発生する肯定的なお手本の数だ。その結果、長い期間にわたってソーシャルネットワーク内に何度ももたらされるアイデアについては、2つのモデルは極めてよく似た行動変化の伝播のパターンを示す。2つの最大の違いは、複雑感染モデルでは新しい行動の伝播はずっと遅くなり、かつ行動変化はつながりが希薄なソーシャルネットワークの端には到達しないことが多いという点だ。GDPのモデル化といった多くのアプリケーションでは、安定した定常状態を比較しているため、単純感染モデルと複雑感染モデルの間にあるスピードの違いは問題とならない。

社会的圧力(第4章)

利己的な個人が大規模な社会において協力し合うというのは、重要だが極めて達成が難しい目標だ[18]。環境破壊や地球温暖化、医療費の拡大など、現代社会が抱える最も大きな問題の一部は、大規模な協力関係を築けていないことに起因している。

「コモンズの悲劇」は、自分の利益に従って行動する複数の合理的な個人が、共有資源を使い果たしてしまい、皆に損失を与えることによって生じる[19]。この悲劇の原因は、個人の非協力的な態度によって個人は利益を得る一方で、そこから生まれる負の外部性[外部性とは経済行為者(売り手・買い手など)の行為がそれ以外の人に影響を及ぼすことを指す、経済学の概念。「負の外部性」は不利益を与える影響を指し、公害はその代表例]が広い社会に影響を与えてしまうことにある。

様々な研究結果が示しているのは、協力は匿名の個人の間でよりも、近い場所にいる仲間同士の間での方がずっと容易に達成できるという点だ[20]。個人の行動の影響がその仲間にだけ及ぶ場合、仲間たちはその個人の非協力的な行動から生まれる負の外部性をこうむるが、その行動を取った個人も社会的コストを払うことになる。仲間同士のグループ内で協力を生み出す方法のひとつは、仲間からの圧力によって非協力的な行動のコストを高めることである[21]。

社会における協力の問題を解決する、古典的なソリューションのひとつが、配給制(割り当て制)や税、助成といった手段を活用する方法である。配給制は負の外部性が生み出されることに制限を加える。一方でより市場型のアプローチでは、ピグー税[負の外部性を及ぼす経済活動に対する課税]や助成金[負の外部性を減らす行為への助成金]が活用される[22]。税よりも助成の方が望ましいが、それには(a)助

成は正のフィードバックを生み出し、より大きな効果を生み出す、(b)自由社会においては、協調的な態度を取らない(健康的な生活を送らないなど)という理由だけで個人に税を課す政策を取るのが難しい、という2つの理由がある[23]。ピグー税の場合と同様に、助成は個人が自らの行為から生まれる外部性を内部化させる効果を持つ。

事実上、こうした政策は社会に属する全員から税金を集め、それを協力行動を促すための助成金として再配分することに等しい。助成に必要な予算はかなりの額になる可能性があり、再分配にも経費がかかる。そうした政策から得られる成果は、社会にとって最適なものとは言えない。そこには次の2つの問題がある。(a)巨額の取引コストが発生するため、コースの定理[負の外部性への対策として課税でも助成金でも同じ効果が達成されるという定理。ただし取引コストがかからないことを前提としている]が成立しなくなる。このため、単純な再分配ではパレート効率性[誰かの効用を悪化させずに別の誰かの効用を改善できない状態]が達成できず、つまり最適な状態にならない。(b)こうした政策は社会が独立した個人から構成されていると想定しており、個人の意思決定が仲間との交流から影響を受けているという事実を軽視している[24]。つまり外部性に関する標準的なモデルは、社会における仲間内での交流を考慮していないのだ。

アンクール・マニは、マスダールの客員講師であるイヤド・ラーワン、および私と共に作成した自身の博士論文において、「コモンズの悲劇」問題を検討するフレームワークに仲間の間での交流という要素を持ち込み、外部性と「仲間からの圧力」としての仲間の間での交流を組み合わせたモデルを開発した[25]。私たちが構築したのは、ネットワーク社会のための新しいモデルであり、政策立案者が外部性の問題に対処するための新しいメカニズムを提供している。

このメカニズムは、外部性はグローバルに及ぼされるが交流の範

囲はローカルというネットワーク社会に適している。ピグー税や助成を通じて、個人が外部性を内部化させることよりも、それをソーシャルネットワーク内の仲間同士の交流としてローカル化し、仲間からの圧力を利用するのだ。外部性がローカル化されると、協力関係もローカルに成立し、次第にグローバルな協力関係も実現されるようになる。ソーシャルなメカニズムが（税や助成を通じて）個人の仲間にインセンティブを与え、彼や彼女に対して（肯定的あるいは否定的な）圧力をかけることを促し、それによって負の外部性が生まれることを抑制する（もしくは正の外部性を高める）のである。

非常に一般的な環境の下では、このアプローチはピグー税的な助成制度を活用する場合よりも、社会的に効率的でより良い結果を、より少ない予算で達成できるということを解説しよう。

私たちが注目したのは、対象となる個人の仲間に焦点を当てることで、仲間からの圧力を通じ、その個人の行動を望ましいものに変えるという報酬の効果を増幅できるという発見である。外部性を生み出す個人に焦点を当てるピグー税的なアプローチとは対照的に、私たちのメカニズムでは、ソーシャルネットワーク内に存在するその人物の仲間に焦点を当てる。エージェントAの仲間にインセンティブを与え、Aに対して（肯定的あるいは否定的な）圧力をかけることを促すのである。

私たちのメカニズムの要点は、次のような質問で表すことができるだろう。エージェントAの仲間に報酬を与えれば、彼らは負の外部性を減らすようAに対してより大きな圧力をかけるだろうか？　そしてこの政策は、ピグー税的な政策と比べて効率的なものになるだろうか？

対象とする人の仲間に働きかけることで、仲間からその人物に対する圧力の効果を増幅することができる。つまりある条件の下では、同じ予算を使ったとしても、結果として得られる負の外部性の抑制量が大きくなる可能性があるのだ。

私たちが研究に用いた新しい戦略モデルは、外部性とソーシャルネットワークにおける仲間からの圧力を統合したものだ。このモデルでは、エージェントが生み出す外部性はネットワーク全体に影響を及ぼすもので、また各エージェントは仲間に対して「仲間からの圧力」を行使するが、それにはコストがかかると仮定する。またこのモデルは、カルヴォ・アルメンゴルとジャクソンの研究に密接に関係している[26]。

このゲームの均衡状態では、外部性を最も強く感じる仲間だけが圧力をかけることが明らかになった。さらにどの均衡状態においても、ネットワーク内の個人が感じる圧力は同一である。このような状態は社会的余剰[すべての経済主体が得る便益の合計]に何らかの改善をもたらすが、最適なものではない可能性がある。

こうした特殊評価をふまえて、次に私たちは、ソーシャルネットワークの構造に関する情報を使用して、慎重に設計されたソーシャル型メカニズムを通じて最適な社会的余剰をいかに達成するかについて検討した。その結果、ソーシャル型メカニズムが最適な成果を生み出すのに必要な予算と合計コストは、ピグー税的なメカニズムを使った場合よりも少ないと示すことができた。

ソーシャル型メカニズムが優れている理由は、次の2つである。(1)ピグー税的メカニズムで行われるように、すべての外部性が内部化されると、外部性を生み出すエージェントに対する仲間からの圧力はなくなり、したがって助成金を追加する必要が生じる。(2)仲間からの圧力を行使するのにかかる限界費用が、社会全体に対する限界外部性と「仲間からの圧力」に対する限界反応を掛け合わせたものより低くなるので[つまり、社会的圧力を行使するコストは、それによって減る外部性より低い]、ソーシャル型メカニズムを利用すると助成金の効果が増幅されることになる。この増幅の大きさは仲間同士の間にある関係の強さによって増加し、仲間からの圧力を行使するコストに反比例する。

こうしたメカニズムの応用例として、次の2つを想定している。(1)公害のような広範囲に及ぶ外部性を抑制するための政策。(2)協力型検索エンジンやソーシャル型レコメンデーションなど、ネットワーク外部性を持つ製品[電話のネットワークのように加入者が増加すると便益も増加する製品。正の外部性を持つ]の収益の最大化。

仲間からの圧力を伴う外部性…この新しいモデルでは、行為者はソーシャルネットワーク内における彼らの仲間に対して、圧力を行使する能力を持つ。ネットワークpにおけるすべての行為者xの効用の合計Uは、個人の効用u_iと、他の個人からiに対して押しつけられる外部性のコストv_i、個人xiに対してその周囲がかける「仲間からの圧力」行使のコストc、ソーシャルネットワーク・インセンティブr_{ji}、エージェントiがその仲間jに対して行使する仲間からの圧力によって定義される。iとjがソーシャルネットワーク内での仲間ではない場合、P_{ij}=0であることに注意すること。

$$U_i(x, p) = u_i(x_i) - v^i\left(\sum_{j \neq i} x_j\right) - \sum_{j \in Nbr(i)} P_{ji} + \sum_{j \in Nbr(i)} r_{ji}(x_j)$$

この式では、uは厳密に凹形であり、vは厳密に凸形で増加すると想定されている。影響モデルの観点から考えると、インセンティブはソーシャルネットワーク全体の状態展開を変化させる境界条件である。ソーシャルネットワーク・インセンティブのr_{ji}が実現するのは、エージェントiに状態遷移確率を修正させ、彼らの周囲にいる別のエージェントjが望ましい行動を取るように状態を変えるようにすることである。つまりインセンティブはエージェントiがエージェントjに対して社会的圧力をかけるように促すのだ。

ソーシャルネットワーク型メカニズム(仲間に対する報酬)…前述の通り、ソーシャル型メカニズムでは個人に対して、彼らの仲間の行動に応じた報酬を支払う。事実上、彼らが行使する「仲間からの圧力」のコストに対して、助成金を与える形になるわけだ。こうしたソーシャル型メカニズムを構築する際には、様々な報酬体系が考えられる。ここで紹介したのは、エージェントiに対して、その仲間であるエージェントjの行動x_jに応じて報酬を支払うというものである。

そうした社会的報酬を配分するのに最も適したアプローチは何だろうか?　私たちは次のような性質を持つ報酬関数を構築したいと考えている。

1. シンプルな報酬であること。私たちは報酬関数を一定の限界報酬を持つ[1単位の効果に必要な報酬が一定ということ]もの(すなわち報酬関数は線形)として考えた。
2. ゲームのサブゲーム完全均衡が存在すること。
3. 均衡行動が最適であること。
4. 仲間の各自が、エージェントの行動が変化したことに応じて報酬を与えられること。
5. 報酬の予算が、ここまでの条件に合致する報酬関数に対して最小限になること。

極めてシンプルな報酬関数で、これらの条件を満たすことができると判明した。1〜5の条件を変えれば、異なる報酬関数が得られる。この報酬には消費者に依存する要素と[ネットワーク外部性を持つ製品の場合]、周囲の人々に依存する要素があること[負の外部性抑制の場合]に注意してほしい。

要約

この付録では、本書に登場する様々な事例において、どのような数学が使われているのかを解説した。当然ながら、本題の方に興味がある場合は本文を参照してほしい。またこの付録の目的は、社会物理学で使われている唯一の数学を示すことではない。ここまで解説してきた、ソーシャルネットワーク上における現象のデータ駆動型モデル化手法は、極めて正確で堅牢性が高いことが証明されている。しかし私は、時間と共により良い方程式が構築されていくだろうと信じている。

要するに、動的な確率的ネットワークを使うことで、社会的学習を通じた行動習慣の伝播を、簡単に観察することのできる行動から正確にモデル化できるのである。こうしたモデル化によって、人間社会のダイナミズムがより良く理解できるようになり、将来に備えた設計を行うことも可能になるだろう。

＊本書は、二〇一五年に当社より刊行された著作を文庫化したものです。

草思社文庫

ソーシャル物理学

「良いアイデアはいかに広がるか」の新しい科学

2018年10月8日　第1刷発行

著　者　アレックス・ペントランド

訳　者　小林啓倫

発行者　藤田　博

発行所　株式会社 草思社

〒160-0022　東京都新宿区新宿1-10-1

電話　03(4580)7680(編集)

　　　03(4580)7676(営業)

　　　http://www.soshisha.com/

本文組版　有限会社 一企画

印刷所　中央精版印刷 株式会社

製本所　加藤製本 株式会社

本体表紙デザイン　間村俊一

2015, 2018 © Soshisha

ISBN978-4-7942-2357-9　Printed in Japan

草思社文庫既刊

矢野和男
データの見えざる手
ウエアラブルセンサが明かす人間・組織・社会の法則

AI、センサ、ビッグデータを駆使した最先端の研究から仕事におけるコミュニケーションが果たす役割、幸福と生産性の関係などを解き明かす。「データの見えざる手」によって導き出される社会の豊かさとは？

クリフォード・ストール　池央耿＝訳
カッコウはコンピュータに卵を産む（上・下）

インターネットが地球を覆い始める黎明期、世界を驚かせたハッカー事件。ハッカーは、国防総省のネットワークをかいくぐり、米国各地の軍事施設、CIAにまで手を伸ばしていた。スリリングな電脳追跡劇！

ブライアン・クリスチャン　吉田晋治＝訳
機械より人間らしくなれるか？

AI（人工知能）が進化するにつれ、「人間にしかできないこと」が減っていく。AIは人間を超えるか？　チューリングテスト大会に人間代表として参加した著者が、AI時代の「人間らしさ」の意味を問う。

草思社文庫既刊

バルバラ・ベルクハン　瀬野文教＝訳

いつもテンパってしまう人の気持ち切り替え術

「頑張ること」は今日でやめましょう。がむしゃらに働くだけで成功し、お金を稼ぐことなど不可能。スマートに怠けるコツ、時間と気力を奪う人への対処法、仕事をラクにする気持ち切り替え術を伝授します。

マーク・フォステイター＝編　池田雅之＝訳

『自省録』の教え

折れない心をつくるローマ皇帝の人生訓

ローマ帝国時代、「いかに生きるべきか」をひたすら自らに問い続けた賢帝マルクス・アウレリウス。著書『自省録』を現代を生きる人の人生テーマに合わせて一冊に。

『自分の人生に出会うための言葉』 改題

死を悼む動物たち

バーバラ・J・キング　秋山勝＝訳

死んだ子を離そうとしないイルカ、母親の死を追うように衰弱死したチンパンジーなど、死をめぐる動物たちの驚くべき行動が報告されている。さまざまな動物たちの行動の向こう側に見えてくるのは――。

草思社文庫既刊

柳川範之
東大教授が教える独学勉強法

いきなり勉強してはいけない。まずは、正しい「学び方」を身につけてから。高校へ行かず、通信制大学から東大教授になった著者が、自らの体験に基づき、本当に必要な学び方を体系的にレクチャーする。

西多昌規
「器が小さい人」をやめる50の行動
脳科学が教えるベストな感情コントロール法

ムカつく、テンパる、キレる——「器」が小さい行動をとってしまう理由は「脳の処理能力の低下」だった!? 脳科学、精神医学、心理学の知識をもとに、もう感情に振り回されないための50の解決策を教えます。

デイビッド・セイン&岡悦子
とにかく通じる英語

英語は完璧に話せなくても、通じればOK! 〝とにかく通じる英語〟を知っていれば、堂々と話せます。ビジネスシーンに合わせてNG英語→とにかく通じる英語→パーフェクト英語を紹介。**音声ダウンロード付き**

草思社文庫既刊

銃・病原菌・鉄（上・下）

ジャレド・ダイアモンド　倉骨　彰＝訳

なぜ、アメリカ先住民は旧大陸を征服できなかったのか。現在の世界に広がる〝格差〟を生み出したのは何だったのか。人類の歴史に隠された壮大な謎を、最新科学による研究成果をもとに解き明かす。

文明崩壊（上・下）

ジャレド・ダイアモンド　楡井浩一＝訳

繁栄を極めた文明はなぜ消滅したのか。古代マヤ文明やイースター島、北米アナサジ文明などのケースを解析、社会発展と環境負荷との相関関係から「崩壊の法則」を導き出す。現代世界への警告の書。

人間の性はなぜ奇妙に進化したのか

ジャレド・ダイアモンド　長谷川寿一＝訳

まわりから隠れてセックスそのものを楽しむ——これって人間だけだった!?　ヒトの性は動物と比べて実に奇妙である。動物の性と対比しながら、人間の奇妙なセクシャリティの進化を解き明かす、性の謎解き本。

草思社文庫既刊

氏家幹人
かたき討ち 復讐の作法
自ら腹を割き、遺書で敵に切腹を迫る「さし腹」、先妻が後妻を襲撃する「うわなり打」、密通した妻と間男の殺害「妻敵討」……。討つ者の作法から討たれる者の作法まで、近世武家社会の驚くべき実態を明かす。

氏家幹人
江戸人の性
衆道、不義密通、遊里、春画……。江戸社会には多彩な性愛文化が花開いたが、その背後には、地震、流行病、飢饉という当時の生の危うさがあった。豊富な史料から奔放で切実な江戸の性愛を覗き見る刺激的な書。

中村喜春
江戸っ子芸者一代記
コクトー、チャップリンなど来日した要人のお座敷で接待した新橋芸者・喜春姐さん。銀座の医者の家に生まれ、芸者になったいきさつ、華族との恋、外交官との結婚と戦前の花柳界を生きた半生を記す。

草思社文庫既刊

幕末不戦派軍記
野口武彦

慶応元年、第二次長州征伐に集まった仲良し御家人四人組は長州、鳥羽伏見、そして箱館と続く維新の戦乱に嫌々かつノーテンキに従軍する。幕府滅亡の象徴する〝戦意なき〟ぐうたら四人衆を描く傑作幕末小説。

幕末明治 不平士族ものがたり
野口武彦

明治という国家権力に抗い、維新のやり直しに命を捧げた男たちの秘史。挙兵を企てた旧会津藩士と警察官との激闘「思案橋事件」、西南戦争での西郷隆盛の最期を巡る一異説「城山の軍楽隊」など八編。

百姓たちの幕末維新
渡辺尚志

当時、日本人の8割を占めた百姓。明治期に入ってからの百姓たちの衣食住、土地と農業への想い、年貢をめぐる騒動、百姓一揆や戊辰戦争への関わりなど史料に基づき、詳細に解説。もう一つの幕末維新史。